住房和城乡建设部"十四五"规划教材

高等学校工程管理和工程造价专业系列教材

建设工程计价

CONSTRUCTION COST ESTIMATING

柯　洪　主编

李丽红　主审

中国建筑工业出版社

图书在版编目（CIP）数据

建设工程计价 = CONSTRUCTION COST ESTIMATING /
柯洪主编 . —北京：中国建筑工业出版社，2023.3
住房和城乡建设部"十四五"规划教材 高等学校工
程管理和工程造价专业系列教材
ISBN 978-7-112-28492-4

Ⅰ.①建… Ⅱ.①柯… Ⅲ.①建筑工程—工程造价—
高等学校—教材 Ⅳ.① TU723.3

中国国家版本馆 CIP 数据核字（2023）第 046275 号

本教材在梳理了建设工程计价的基本理论和发展沿革的基础上，系统性地阐述了建设工程计价的原理与实务。由于建设工程类型以及交易方式多种多样，彼此之间有共性也有差异，本教材主要以常见的房屋建筑类项目和DBB承发包模式为主进行了较为全面的介绍。同时为了体现出工程造价改革的发展趋势，也重点突出了在不完全依赖统一定额的基础上如何进行概算、预算和招标控制价的编制，以及EPC建设工程交易方式下的特殊承发包的计价和BIM在各阶段计价中的应用，还对新出现的装配式建筑中的计价特殊性问题进行了分析和介绍。

本教材主要供高等学校工程造价专业本科生使用，也可以作为工程管理专业研究生的辅助教材，同时还可以作为工程造价专业人士的工具书或参考用书。

为更好地支持相应课程的教学，我们向采用本书作为教材的教师提供教学课件，有需要者可与出版社联系，邮箱：jckj@cabp.com.cn，电话：（010）58337285，建工书院：https：//edu.cabplink.com（PC端）。

责任编辑：牟琳琳 张 晶
责任校对：芦欣甜

住房和城乡建设部"十四五"规划教材
高等学校工程管理和工程造价专业系列教材
建设工程计价
CONSTRUCTION COST ESTIMATING
柯 洪 主编
李丽红 主审

*

中国建筑工业出版社出版、发行（北京海淀三里河路9号）

各地新华书店、建筑书店经销
北京雅盈中佳图文设计公司制版
北京市密东印刷有限公司印刷

*

开本：787 毫米 × 1092 毫米 1/16 印张：21¼ 字数：448 千字
2023 年 8 月第一版 2023 年 8 月第一次印刷
定价：56.00 元（赠教师课件）
ISBN 978-7-112-28492-4
（40954）

出版说明

党和国家高度重视教材建设。2016年，中办国办印发了《关于加强和改进新形势下大中小学教材建设的意见》，提出要健全国家教材制度。2019年12月，教育部牵头制定了《普通高等学校教材管理办法》和《职业院校教材管理办法》，旨在全面加强党的领导，切实提高教材建设的科学化水平，打造精品教材。住房和城乡建设部历来重视土建类学科专业教材建设，从"九五"开始组织部级规划教材立项工作，经过近30年的不断建设，规划教材提升了住房和城乡建设行业教材质量和认可度，出版了一系列精品教材，有效促进了行业部门引导专业教育，推动了行业高质量发展。

为进一步加强高等教育、职业教育住房和城乡建设领域学科专业教材建设工作，提高住房和城乡建设行业人才培养质量，2020年12月，住房和城乡建设部办公厅印发《关于申报高等教育职业教育住房和城乡建设领域学科专业"十四五"规划教材的通知》（建办人函〔2020〕656号），开展了住房和城乡建设部"十四五"规划教材选题的申报工作。经过专家评审和部人事司审核，512项选题列入住房和城乡建设领域学科专业"十四五"规划教材（简称规划教材）。2021年9月，住房和城乡建设部印发了《高等教育职业教育住房和城乡建设领域学科专业"十四五"规划教材选题的通知》（建人函〔2021〕36号）。为做好"十四五"规划教材的编写、审核、出版等工作，《通知》要求：（1）规划教材的编著者应依据《住房和城乡建设领域学科专业"十四五"规划教材申请书》（简称《申请书》）中的立项目标、申报依据、工作安排及进度，按时编写出高质量的教材；（2）规划教材编著者所在单位应履行《申请书》中的学校保证计划实施的主要条件，支持编著者按计划完成书稿编写工作；（3）高等学校土建类专业课程教材与教学资源专家委员会、全国住房和城乡建设职业教育教学指导委员会、住房和城乡建设部中等职业教育专业指导委员会应做好规划教材的指导、协调和审稿等工作，保证编写质量；（4）规划教材出版单位应积极配合，做好编辑、出版、发行等工作；（5）规划教材封面和书脊应标注"住房和城乡建设部'十四五'规划教材"字样和统一标识；（6）规划教材应在"十四五"期间完成出版，逾期不能完成的，不再作为《住房和城乡建设领域学科专业"十四五"规划教材》。

住房和城乡建设领域学科专业"十四五"规划教材的特点，一是重点以修订教育部、住房和城乡建设部"十二五""十三五"规划教材为主；二是严格按照专业标准规范要求编写，体现新发展理念；三是系列教材具有明显特点，满足不同层次和类型的学校专业教学要求；四是配备了数字资源，适应现代化教学的要求。规划教材的出版凝聚了作者、主审及编辑的心血，得到了有关院校、出版单位的大力支持，教材建设管理过程有严格保障。希望广大院校及各专业师生在选用、使用过程中，对规划教材的编写、出版质量进行反馈，以促进规划教材建设质量不断提高。

住房和城乡建设部"十四五"规划教材办公室

2021 年 11 月

前　言

　　工程造价专业旨在培养掌握建设工程领域的基本技术知识，掌握与工程造价管理相关的管理、经济和法律等基础知识，具有较高的科学文化素养、专业综合素质与能力，全面获得工程师基本训练，能够在建设工程领域从事工程建设全过程造价管理的高级专门人才。工程造价专业人才正逐渐形成以全过程投资管控为核心的项目管理能力。而建设工程计价是专业人员核心能力的基础，合理的工程计价机制对于完善建设工程领域的市场化改革以及提升项目的核心价值具有十分重要的意义。

　　造价工程师是工程造价专业主要的职业资格，2020年修订的《注册造价工程师管理办法》将造价工程师的职能定位拓展为提升项目的核心价值，具体表现为5个方面：参与项目决策，加强投资管控；优化设计方案和施工组织方案，满足利益诉求；进行招标策划，加强合同管理；加强工程价款管理，提升项目价值；发挥专业能力，提供工程经济签证。而实现这些建设项目全过程的工程造价管理与工程造价咨询的职能，无一不依赖于建设项目全过程各阶段的合理计价方式和计价结果。

　　工程造价的市场化改革是长期以来的重要任务。自2003年以来，我国建立了比较完善的工程发承包计价环节的竞争机制，全面推行了工程量清单计价。但同时也存在着定额等计价依据不能很好满足市场需要、造价信息服务水平不高、造价形成机制不够科学等问题。为此，《住房和城乡建设部办公厅关于印发工程造价改革工作方案的通知》（建办标〔2020〕38号）提出了"改进工程计量和计价规则、完善工程计价依据发布机制、加强工程造价数据积累、强化建设单位造价管控责任、严格施工合同履约管理等措施，推行清单计量、市场询价、自主报价、竞争定价的工程计价方式，进一步完善工程造价市场形成机制"的工程造价改革总体思路。

　　与此同时，2017年，《国务院办公厅关于促进建筑业持续健康发展的意见》（国办发〔2017〕19号）提出，"推广包括EPC、装配式建筑等在内的一系列新的建设方式和新的建筑类型，这都对传统的建设工程计价方式提出了挑战。"

　　针对上述分析中提及的工程造价专业人才及建设工程领域的新目标、新定位、新方向以及新类型，需要编纂适合这一新形势的"建设工程计价"的专门性教材，在保留传统计价体系框架结构的基础上，融入新的计价体系和计价机制中涉及的新内容。

　　本教材共9章，可以分为3个部分。第1部分为1~3章，主要内容为工程计价的含义、内容、原理、构成、依据等基础性知识，构建了全过程工程计价的框架体系，并突出阐述了定额计价方式和工程量清单计价方式的历史发展沿革、彼此的联系、区别和未来的发展趋势；第2部分为4~8章，主要内容包括工程造价"五算"的编制和审查，重点突出了在不完全依赖统一定额的基础上如何进行概算、预算和招标控制价的编制，EPC建设工程交易方式下的特殊承发包的计价，以及在各阶段计价中的BIM应用；第3部分为第9章，主要内容是根据目前出现的新建筑类型，介绍装配式建筑中的计价特殊性问题。

　　本教材由天津理工大学柯洪教授策划和编写，由沈阳建筑大学李丽红教授作为主审，为满足教学的需要，教材在每一章中都配套了"教学要求""导读"和"习题与思考题"。在本教材编写过程中，天津理工大学管理学院研究生刘晓佳、张蕊、李赏、狄硕、吴俊玮、龚睿玉、吴晓庆、湛钰佼、王宇航完成了大量的资料收集、整理、校对等辅助工作。

　　本教材主要供工程造价专业本科生使用，也可以作为工程管理专业研究生的辅助教材，同时还可以作为工程造价专业人士的工具书或参考用书。

　　由于建设工程计价的工作内容、工作体系和工作机制正处于不断地发展变化之中，在一些关键的专业问题上理论界和实践界并未能达成完全一致，加之作者水平有限，难免出现疏忽和遗漏，敬请行业专家、同仁提出批评指正。

柯　洪

于天津理工大学

2022 年 10 月

目　录

1

概　论

【教学要求】

1. 了解建设工程项目的概念及分解，掌握工程项目建设程序；

2. 了解工程造价的含义，对工程造价有一个全新的认识；

3. 了解工程造价计价的相关知识和结构情况；

4. 了解我国造价工程师的职业资格情况。

【导读】

本章介绍建设工程和工程计价的概述，对建设工程项目、工程项目建设程序、工程造价以及工程造价计价进行详细的阐述，通过概念、特点及作用，全面认识建设工程计价的核心知识体系。结合工程造价相关职业资格的发展，进一步探索造价工程师的职业要求。

1.1 建设工程概述

1.1.1 建设工程项目划分

1. 建设工程项目概念

（1）项目

关于项目的定义，不同的组织给出了不同的定义，其中具有代表性的定义有以下4个：

1）美国项目管理协会（Project Management Institute，PMI）的PMBOK体系将项目定义为：项目是为创造某项独特产品、服务或成果所做的一次性活动；

2）国际项目管理协会（International Project Management Association，IPMA）的ICB体系将项目定义为：项目是受时间和成本约束的、用以实现一系列既定的可交付物（达到项目目标的范围），同时满足质量标准和需求的一次性活动；

3）《中国项目管理知识体系（C-PMBOK 2006）》将项目定义为：项目是创造独特产品、服务或其他成果的一次性工作任务；

4）世界银行认为：所谓项目，一般系指同一性质的投资，或同一部门内一系列有关或相同的投资，或不同部门内的一系列投资。

综上，可以将项目定义为：项目是一个组织为实现自己既定的目标，在一定的约束条件下（资源、时间、成本、质量等），完成的具有特定目的的一次性任务。

（2）建设工程项目

根据住房和城乡建设部发布的《建设工程项目管理规范》GB/T 50326—2017的定义，建设工程项目（Construction Engineering Project）是指为完成依法立项的新建、扩建、改建工程而进行的、有起止日期的、达到规定要求的一组相互关联的受控活动，包括策划、勘察、设计、采购、施工、试运行、竣工验收和考核评价等阶段。

2. 建设工程项目的特点

根据建设工程项目的定义来看，建设工程项目具有大额性、约束性、有序性、整体性、风险性和一次性的特点。

（1）大额性

所有的建设工程项目，除了规模庞大、内部构造复杂、消耗资源数量多的特点外，还具有价格高昂的特点，一个建设工程项目需要投入上亿甚至数以十亿、百亿的资金。例如，港珠澳大桥整体的造价大约在1269亿元。

（2）约束性

建设工程项目的约束条件主要有：①时间约束。即要有合理的建设工期时限限制；②资源约束。即有一定的投资总额、人力、物力等条件限制；③质量约束。即每项工程都有预期的生产能力、产品质量、技术水平或使用效益的目标要求。在约束条件下，建设工程项目以形成一定的资产为特定目标。

（3）有序性

由建设工程项目的基本特征可知，其全过程需要遵循必要的建设程序，而且建设程序是不可逆的过程，一般建设工程项目的全过程都要经过决策、设计、发承包、施工和竣工验收5个阶段。

（4）整体性

建设工程项目在一个总体设计或初步设计范围内，由一个或若干个互有内在联系的单项工程组成，建设中实行统一核算、统一管理。

（5）风险性

建设工程项目的投资总额大，建设周期长，从策划到竣工验收和考核评价，国家政策、人为主观因素和环境客观因素、资金时间价值以及不可抗力等相关因素都会影响建设工程项目的形成。

（6）一次性

根据建设项目特定的用途和固定的建设地点，需要专门的单一设计，采取一次性的组织形式进行施工生产活动，进行一次性投资。

3. 建设工程项目的分解

一个建设工程项目是一个复杂的系统工程，从整体上来讲事先测算工程建设费用是非常困难的。只有将一个庞大的建设工程分解成细小的单元，也就是分解成分项工程或结构构件。通过套用定额，得到这些分项工程或结构构件的人工、材料和机械的消耗量，再确定其单价，进而计算分项工程或结构构件的费用，最后计算出整个建设工程项目的造价。

为了适应工程管理和经济核算的需要，建设工程项目由大到小可分解为建设项目、单项工程、单位工程、分部工程和分项工程，如图1-1所示。

图 1-1　建设项目的分解

（1）建设项目

建设项目（Construction Project）是指按一个总体规划或设计进行建设的，由一个或若干个互有内在联系的单项工程组成的工程总和。一所学校、一个住宅区、一个工厂都可称之为建设项目。

（2）单项工程

单项工程（Sectional Works）是建设项目的组成部分，是指具有独立设计文件，建成后能够独立发挥生产能力或使用功能的工程项目。一个工厂的生产车间、仓库等都是一个单项工程。

（3）单位工程

单位工程（Unit Works）是单项工程的组成部分。单位工程是指具有独立的设计文件，能单独施工，但建成后不能独立发挥生产能力或使用效益的工程项目。一个生产车间的土建工程、给水排水工程、电气设备安装工程等都是一个单位工程。

（4）分部工程

分部工程（Divisional Works）是单位工程的组成部分，是按结构部位、路段长度及施工特点或施工任务将单位工程划分为若干个项目单元。土建工程中的墙体工程、楼地面工程、梁柱工程等都是分部工程。

（5）分项工程

分项工程（Work Element）是分部工程的组成部分，系按不同施工方法、材料、工序及路段长度等将分部工程划分为若干个项目单元。楼地面工程的大理石楼地面工程、水泥砂浆楼地面工程、陶瓷地砖楼地面工程等都是分项工程。

1.1.2   工程建设程序

1. 根据我国现行制度规定的工程建设程序

根据国家计委、国家建委、财政部联合发布的《关于基本建设程序的若干规定》，一个工程项目从计划建设到建成投产，一般要经过以下阶段：编制计划任务书、建设地点的选择、编制设计文件、建设准备、计划安排、施工、生产准备、竣工验收和交付生产。

（1）编制计划任务书

计划任务书又称设计任务书，是确定基本建设项目、编制设计文件的主要依据。所有的新建、改扩建项目，都要根据国家发展国民经济的长远规划和建设布局，按照项目的隶属关系，由主管部门组织计划、设计等单位，提前编制计划任务书。

（2）建设地点的选择

建设项目必须慎重选择建设地点。要认真调查原料、燃料、工程地质、水文地质、交通、电力、水源、水质等建设条件。要在综合研究和进行多方案比较的基础上，提出选点报告。

（3）编制设计文件

设计文件是安排建设项目和组织工程施工的主要依据。建设项目的计划任务书和选点报告经批准后，主管部门应指定或委托设计单位，按计划任务书规定的内容，认真编制设计文件。设计单位对设计质量要负责到底。要坚持"三结合"设计。要力争提前完成设计。一个建设项目由两个以上设计单位配合设计时，应指定或委托其中一个单位全面负责，组织设计的协调、汇总，使设计保持完整性。

（4）建设准备

建设项目计划任务书批准之后，主管部门可根据计划要求的建设进度和工作的实际情况，指定一个企业或单位，负责建设准备工作。建设准备工作的主要内容：

1）工程、水文地质勘察；

2）收集设计基础资料；

3）组织设计文件的编审，根据经过批准的基建计划和设计文件，提报物资申请计划，组织大型专用设备预安排和特殊材料预订货，落实地方建筑材料的供应；

4）办理征地拆迁手续；

5）落实水、电、路等外部条件和施工单位。

（5）计划安排

建设项目必须有经过批准的初步设计和总概算，进行综合平衡后，才能列入年度计划。建设项目要根据经过批准的总概算和工期，合理地安排分年投资、年度计划投资的安排，要与长远规划的要求相适应，保证按期建成。年度计划安排的建设内容，要和当年分配的投资、材料、设备相适应。配套项目要同时安排，相互衔接。

（6）施工

年度计划确定后，基本建设主管部门应根据批准的年度基本建设计划，做到计划、设计、施工三个环节互相衔接，投资、工程内容、施工图纸、设备材料、施工单位五个方面落实，保证计划的全面完成。施工单位要根据设计单位提供的施工图（施工图要附有材料表），编制施工图预算（包括材料设备预算）和施工组织设计规定的内容施工。

（7）生产准备

建设单位要根据建设项目或主要单项工程生产技术的特点，及时组成专门机构，有计划地抓好生产准备工作，保证建设项目建成后能及时投产。生产准备工作的主要内容：

1）招收和培训必要的生产人员，组织生产人员参加设备的安装、调试和工程验收，特别要掌握好生产技术和工艺流程；

2）落实原材料、协作产品、燃料、水、电、汽等的来源和其他协作配合条件；

3）组织工装、器具、备品、备件等的制造和订货；

4）组建强有力的生产指挥管理机构，制订必要的管理制度，收集生产技术资料、产品样品等。

（8）竣工验收和交付生产

所有建设项目，按批准的设计文件所规定的内容建完，工程项目符合设计要求，能够正常使用，都要及时组织验收。竣工经验收交接后，应迅速将固定资产交付使用，加强固定资产的管理。

上述工程建设程序具有传统计划特征，然而随着我国建设行业不断地发展，人们逐渐从实践中认识到要合理确定和有效控制工程造价，提高投资效益，就必须在整个建设过程中，由宏观到微观分阶段预先计价，在我国的工程实践中为配合这一计价过程同时存在另一套划分方法。

2. 工程实践中实际执行的建设程序

为了使工程造价的确定与工程建设阶段性工作的深度相适应。一般将工程项目建设程序主要分为 5 个阶段，即包括决策、设计、发承包、施工、竣工阶段，这几个阶段各自又包含着许多环节，如图 1-2 所示。

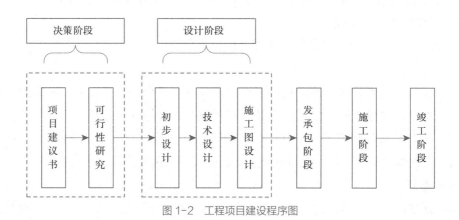

图 1-2　工程项目建设程序图

（1）决策阶段

决策阶段包括项目建议书的编制和可行性研究。项目建议书主要阐述拟建项目建设的必要性、建设条件的可行性和获利的可能性，并给出项目的投资建议初步设想，是建设管理部门进行初步决策的依据，为进行可行性研究提供基础。可行性研究是对拟建项目进行全面的技术、经济（包括微观和宏观经济）分析和深入论证。可行性研究报告是项目最终决策和进行初步设计的依据，经批准的可行性研究报告不得随意修改和变更。

（2）设计阶段

建设工程项目的设计是对拟建项目的实施在技术上和经济上所进行的全面而详尽的安排，是组织施工的依据，属于规定范围内的建设项目应通过招标投标择优选择设计单位。工程项目的设计一般可分为三个阶段：初步设计阶段、技术设计阶段（或扩大初步设计阶段）和施工图设计阶段。

（3）发承包阶段

在各类发承包方式中，最为常见的是招标投标方式。建设单位自行委托招标代理机构采用公开招标或邀请招标的方式，通过招标策划、招标工程量清单的编制、招标控制价的编制，投标人自主投标报价，招标人择优评比选择的方式，直至最后形成合同价。

（4）施工阶段

工程项目经有关部门批准开工建设，即进入施工阶段，承包人必须做好各项开工前的准备工作。这一阶段的工作内容主要包括：

1）承包人要针对工程项目的总体规划安排施工活动；

2）承包人需要根据工程设计要求、合同条款、施工组织设计等，在保证工程质量、成本、工期、安全目标的条件下进行施工；

3）承包人要加强环境保护，在保证可持续发展需求的前提下施工；

4）建设工程项目在达到竣工验收标准后，由承包人初步验收，初步验收合格后再通知监理人和发包人进行最后的整体竣工验收，验收合格后移交给建设单位使用。

（5）竣工阶段

竣工阶段是工程项目建设过程的最后一环节，是全面考核建设成果、检验设计和工程质量的重要步骤。这一阶段的工作内容主要包括：

1）检验设计和工程质量，及时发现和解决影响生产和使用的问题，保证项目按设计要求的技术经济指标正常生产；

2）对于验收合格的项目，及时移交给建设单位使用。

传统工程发承包通常都采用DBB（设计—采购—施工）模式，因此在设计阶段之后进行发承包，但是随着建筑行业的发展，各类工程总承包模式也在不断涌现和发展，新型交易模式的出现使得各个程序之间的严格划分界限已经逐渐模糊，新的发承包模式的出现也使得现行的工程建设程序面临重新调整。

3. 发承包模式的变化引起的工程建设程序的修正

《住房城乡建设部关于进一步推进工程总承包发展的若干意见》（建市〔2016〕93号）规定："建设单位可以根据项目特点，在可行性研究、方案设计或者初步设计完成后，按照确定的建设规模、建设标准、投资限额、工程质量和进度要求等进行工程总承包项目发包。"《住房和城乡建设部 国家发展改革委关于印发房屋建筑和市政基础设施项目工程总承包管理办法的通知》（建市规〔2019〕12号）中明确规定："采用工程总承包方式的企业投资项目，应当在核准或者备案后进行工程总承包项目发包。采用工程总承包方式的政府投资项目，原则上应当在初步设计审批完成后进行工程总承包项目发包；其中，按照国家有关规定简化报批文件和审批程序的政府投资项目，应当在完成相应的投资决策审批后进行工程总承包项目发包。"不同的工程总承包模式发承包阶段的时点也不同，建设程序已不是严格划分为决策、设计、发承包、施工、竣工五个阶段，发承包的时点并不严格规定在设计阶段之后，而是可能在设计之前或者设计之中就完成发承包。传统程序之间是独立的，但随着新的发承包模式的出现，工程建设程序之间也出现了互相融合和叠加的现象。

1.2 工程计价概述

1.2.1 工程造价的概念

1. 工程造价的含义

工程造价（Project Costs）的直接含义是工程项目的建设价格，根据住房和城乡建设部发布的《工程造价术语标准》GB/T 50875—2013 的定义，工程造价是指工程项目在建设期预计或实际支出的建设费用。这里的"工程",涉及的范围很广,指一切建设的工程,比如房屋建筑工程、公路工程、轨道工程、民航工程、市政工程、机电工程、水利水电工程等;这里的"造价",根据国家标准文件的定义,结合不同的视角,可以包含工程投资费用、工程建造价格和工程建造成本三种含义,其含义的进一步阐述如下:

(1)工程投资费用。它是以投资者或业主的视角来定义的,是广义的工程造价。投资者或业主进行一个工程项目的投资,为了实现投资工程项目预期的利益目标,在投资工程项目之前需要进行项目评估决策、实地勘察、设计招标投标、施工作业直至竣工验收和交付使用等一系列的项目投资管理活动。在这些项目投资管理活动过程中所支出的全部费用,就形成了工程造价;

(2)工程建造价格。它是以市场经济的视角来定义的,是狭义的工程造价。在市场的经济条件下,工程造价是指以建设项目这一特定的商品作为交易的对象,在多方平台进行的各种测算基础上,最终由市场形成的建设工程总价格,通常而言,它也是工程发承包交易价格;

(3)工程建造成本。它是以承包人的视角来定义的,是指工程项目在建造过程中产生的成本。在工程项目完成交易后,进行一系列的施工活动,会产生实际的建造成本,所有的建造成本之和形成了工程造价,而且该实际费用的分担一般按照合同要求进行施行。工程建造成本一般包括项目建造成本和企业建造成本两种,项目建造成本是对于项目本身的成本可控目标分配,这种可控部分的主要支出是人材机以及现场管理性支出;企业建造成本包含了间接费、税金和规费等,它是指施工企业完成项目建造所需要的全部支出,但并不是项目本身可控的部分,主要取决于整个企业的管理范畴。

工程造价的三种含义结合了不同的视角,彼此之间既有联系又有相互区别。工程投资费用是通过项目评估决策以及项目实施过程中一系列投资管理活动形成,属于投资管理范畴;工程建造价格是以市场为前提,在多次预算的基础上,通过"交易"形成工程价格,属于市场价格管理范畴;工程建造成本是通过项目建设管理过程中支出的可控费用和不可控费用组成。综上所述,工程造价含义层次逻辑图如图1-3所示。

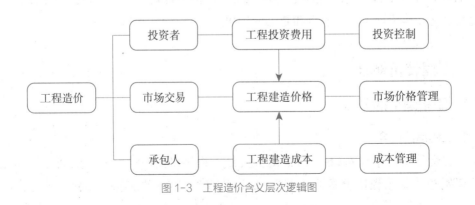

图 1-3　工程造价含义层次逻辑图

2. 工程造价管理

（1）工程造价管理的概念

根据住房和城乡建设部发布的《工程造价术语标准》GB/T 50875—2013 的定义，工程造价管理（Project Cost Management）是指综合运用管理学、经济学和工程技术等方面的知识与技能，对工程造价进行预测、计划、控制、核算、分析和评价等的工作过程。工作过程的解析如下：

1）工程造价的预测。这是在投资一项建设项目前，对该建设项目进行造价的估计，估算出其项目可能会产生的一些费用，为筹集建设资金做充分准备；同时也要分析各种资源的市场波动价，估算其价格变动大致范围是至关重要的。

2）工程造价的计划。这是指对建设资金的流动支出作为详细的安排，以及建设项目里人工、材料、机械台班的投入计划、成本计划、不利因素的赔偿计划，确保工程造价的精确度。

3）工程造价的控制。这是指对建设资金的流动支出有一个管控范围，避免投资超额，导致利益损失；对工程成本进行控制管理，实现利润最大化。工程造价的控制是工程造价管理的最主要内容。

4）工程造价的核算。这是指建设项目在施工进行时或施工完毕后，对不同环节的造价进行核算，以此作为建设项目支付进度款、结算款和竣工决算的重要依据，确保工程造价的准确度。

5）工程造价的分析。其从投资者角度看是对建设项目投资决策、规划设计方案的经济分析，从而进行对比选出理想方案，优化设计方案；从承包人角度看是对建设项目施工方案、工程款支付的经济分析，从而保证施工条件安全下，优化施工方案，减少工程成本。

6）工程造价的评价。这一般是在建设项目竣工决算交付使用后，对建设决策规划、建设效果作出主观的后评价，为其他建设项目带来一些启示。

（2）工程造价管理的组织

工程造价管理的组织是指为了实现工程造价管理的目标而进行的有效组织活动，以及与造价管理功能相关的有机群体。按照管理权限和职责范围的划分，我国目前的工程造价管理的组织有 3 个系统，分别为政府行政管理系统、企事业单位管理系统、行业协会管理系统。具体解析如下：

1）政府行政管理系统。政府在工程造价管理中既是宏观管理主体，也是政府投资项目的微观管理主体。从宏观管理的角度，政府对工程造价管理有一个严密的组织系统，设置了多层管理机构，规定了管理权限和职责范围；

国务院建设主管部门造价管理机构，主要职责是：组织制定工程造价管理有关法规、制度并组织贯彻实施；组织制定全国统一经济定额和制定、修订本部门经济定额；监督指导全国统一经济定额和本部门经济定额的实施；制定全国工程造价管理专业人员职业资格准入标准，并监督执行。

国务院其他部门的工程造价管理机构，包括：水利、水电、水运、电力、石油、石化、机械、冶金、铁路、煤炭、建材、林业、有色金属、核工业、公路等行业和军队的造价管理机构。主要是修订、编制和解释相应的工程建设标准定额，有的还担负本行业大型或重点建设项目的概算审批、概算调整等职责。

省、自治区、直辖市工程造价管理部门，主要职责是修编、解释当地定额、收费标准和计价制度等。此外，还有开展工程造价审查（核）、提供造价信息、处理合同纠纷等职责。

我国现行的政府行政管理系统如图 1-4 所示。

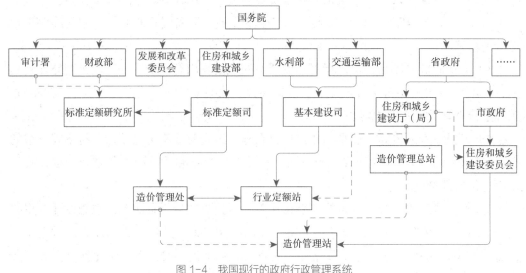

图 1-4　我国现行的政府行政管理系统

2）企事业单位管理系统。企事业单位对工程造价的管理属于微观管理的范畴，通常是针对具体的建设项目而实施工程造价管理活动。企事业单位中主要负责工程造价管理的有建设单位、承包单位以及工程造价咨询单位：

建设单位，关注建设项目整个目标和动态，对建设项目的全过程进行造价管理，包括投资管控、最优方案选择、预期利益、建设效果评价等。

承包单位，关注建设项目的成本情况，通过工程成本制定投标报价策略，规划施工方案，在规定期限内完成建设目标，控制好工程成本等。

工程造价咨询单位，主要是服务建设单位的一种咨询企业单位，进行建设项目不同阶段的工程计量与计价的活动，还会接受仲裁机构或法院委托解决一些工程纠纷问题等，因此建设单位与工程造价咨询单位属于委托合同关系。由于建设单位与承包单位有着承包合同关系，因此工程造价咨询单位还会接受建设单位的委托，对承包单位进行管理的活动。除此之外，根据建设部发布的《工程造价咨询企业管理办法》（建设部令第 149 号）相关规定，工程造价咨询企业应当接受县级以上人民政府住房和城乡建设主管部门的依法监督检查和管理。

综上所述，建设单位、承包单位与工程造价咨询单位的关系，如图1-5所示。

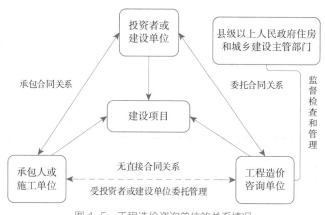

图1-5 工程造价咨询单位的关系情况

3）行业协会管理系统。中国建设工程造价管理协会，是经过住房和城乡建设部和民政部批准成立的非营利性社会组织，它是由从事工程造价管理与工程造价咨询的单位及具有造价工程师注册资格和资深的专家、学者，自愿组成的具有社会团体法人资格的全国性行业协会，是对外代表造价工程师和工程造价咨询服务机构的行业性组织。

目前我国工程造价管理协会已形成分级协会体系，即中国建设工程造价管理协会，省、自治区、直辖市和行业工程造价管理协会。

1.2.2　工程计价的概念

1. 工程计价的含义

工程计价（Construction Pricing or Estimating），是指对建设项目的工程造价进行计算和确定。根据住房和城乡建设部发布的《工程造价术语标准》GB/T 50875—2013的定义，工程计价是指按照法律法规和标准等规定的程序、方法和依据，对工程造价及其构成内容进行的预测或确定。定义里的预测含义跟计算是一致的，也就是对工程价格进行的一种预算。

一项建设项目分了几个不同的阶段，每一个阶段的计价要求也不同，而且建设项目又包含多种不同的单项工程项目，每一种单项工程项目也需要根据不同的要求进行单独的设计和施工，因此不能单纯使用统一的计价标准来确定它们的价格，这就使得工程计价活动较为复杂。一般来说，建设项目分解成不同的计价单元，分得越细，计价依据越细化和复杂，相应的工程造价的计算结果就越准确。

2. 工程计价的特点

结合含义，工程计价具有单件性、多次性、多样性、组合性以及复杂性5项特点：

（1）单件性

工程具有单件性，因此决定了工程造价计算上的单件性，毕竟建设项目不像一般商品那样按照质量、规格、品牌进行生产批发，并用统一的标准价格进行定价。即便是同类型的建设项目，也会因工程所在地的环境因素、人为因素、文化因素等自然条件的不同，使得建设项目最终成果也会有大同小异。因此建设项目只能通过工程项目建设程序来计算不同价，形成了工程计价的单件性特点。

（2）多次性

一般而言，建设项目规模很大，建设周期长，造价也很高，建设活动需要按照严格的建设程序进行，在不同阶段进行计价，需要多次的计算，以保证建设项目的工程造价合理性，从而满足不同阶段参与方（投资方、咨询方、设计方以及施工方等）的造价管理需要。其多次性计价的过程如图1-6所示。

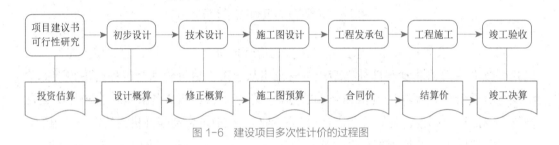

图 1-6   建设项目多次性计价的过程图

（3）多样性

结合工程造价的多次性，不同阶段的计价，形成了不同的计价依据和方法，且计价的精确度要求也有所不同，因此工程造价计价也具有多样性的特点。例如总体上工程计价有两种模式：定额计价和工程量清单计价，工程造价计价的多样性，各自有不同的优缺点，因此在实际运用时需要结合实际情况来选择合适的计价方法。

（4）组合性

建设项目分解成单项工程项目，再分解成单位工程项目，进而再次分解成分部工程项目，最后还可以分解为若干个分项工程项目，对每个分项工程项目进行计价，再逐层进行汇总，得到最终的工程总造价。由此可以看出，建设项目的组合性决定了工程计价的过程是一个先进行项目分解，再组合汇总的过程。

（5）复杂性

工程造价计价具有多次性和多样性等特点，由于建设项目规模大，内部造价结构复杂，不同阶段、不同分项工程以及不同计价依据，甚至不同的自然条件会影响工程总造价，做到精准、完整的建设项目造价是极其困难的。因此工程造价计价具有复杂性的特点。

3. 工程计价的作用

工程计价在建设项目中是不可缺少的重要部分，在工程项目建设程序的不同阶段起到不同的作用：

（1）决策阶段。工程计价是项目财务分析和经济评价的重要依据，从建设项目的前期方案确定、设计阶段的方案优选等方面都体现了工程计价合理依据的重要性；

（2）设计阶段。工程计价是规划技术设计和施工图设计的重要依据，使建设工程的设计有一个全面的参考资料；

（3）发承包阶段。工程计价是筹集建设资金和确定合同价的依据，使其中标的承包人能尽快地开展建设工作；

（4）施工阶段。工程计价是项目施工进度款、结算款支付的依据，工程纠纷、不可抗力因素等因素导致建设项目的调价依据也来源于工程计价；

（5）竣工阶段。工程计价是全面考核建设成果、检验设计和工程质量的重要依据，也是建设项目后评价的指标和手段。

1.2.3　工程计价的知识结构

工程计价的相关知识结构体系如图 1-7 所示。

1.3　工程造价相关职业资格

1.3.1　我国造价工程师职业资格制度的产生与发展

1. 造价工程师职（执）业资格制度的建立

1993 年党的十四届三中全会提出《中共中央关于建立社会主义市场经济体制若干问题的决定》，决定指出"实行学历和职业资格两证证书并重的制度"。建设部标准定额司根据中央和国家有关实行执业资格制度的精神，以及国务院关于重视和解决工程建设"三超"问题的指示，审时度势向建设部职业资格制度工作领导小组提出"关于设置造价工程师执业资格的建议"。1994 年，建设部职业资格制度工作领导小组制定了《1995—1999 年职业资格工作实施意见》，将造价工程师执业资格制度纳入首批统一规划项目。经过大量的论证和协调工作，1996 年 8 月 26 日人事部、建设部发布了《关于印发〈造价工程师执业资格制度暂行规定〉的通知》（人发〔1996〕77 号），造价工程师执业资格制度由此正式建立并付诸实施。

1996 年 11 月，人事部、建设部联合颁布了《造价工程师执业资格认定办法》（人发〔1996〕113 号）。1997 年和 1998 年，分两批对已从事多年工程造价管理工作，并具有高级专业技术职务的人员实施直接认定，共认定造价工程师 1853 人，产生了首批中国造价工程师，这为造价工程师执业资格制度的建立与开展奠定了基础。

在 1997 年考试试点工作后，1998 年 1 月人事部、建设部下发了《人事部、建设部关于实施造价工程师执业资格考试有关问题的通知》（人发〔1998〕8 号），对造价工程师的准入施行全国统一执业资格考试制度。迄今为止，经过 20 余年的发展，全

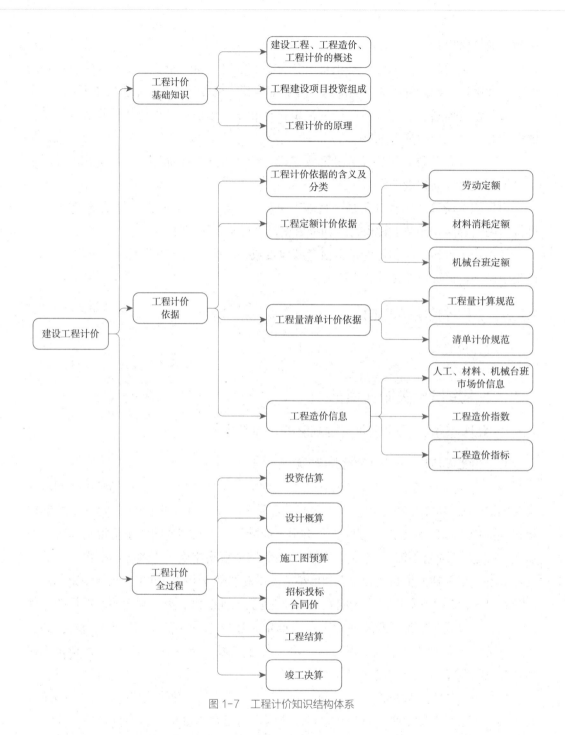

图 1-7　工程计价知识结构体系

国注册造价工程师（现一级造价工程师）已逾 20 万人，在包括南水北调、西气东输、三峡工程、京沪高铁、港珠澳大桥等国家级的重大建设项目中，在价值管理、投资与成本控制、绩效管理与审计等方面发挥着重要作用。如上海中心、中国尊、上海轨道交通等项目大多签订的是全过程造价咨询合同，由造价工程师进行全过程的投资控制。

2. 从执业资格到职业资格的转变

通常来说，职业资格是由执业资格与从业资格两个不同等级构成的。造价工程师制度从建立之初，一直使用"执业资格"的表述方式，其目的是与原概（预）算员的"从业资格"相区分，以表明造价工程师不是专业的入门基础资格，而是学识、技术和能力已经达到较高标准，在通过国家定期举行的考试之后，能够依法独立开业或独立从事造价专业技术工作的人员。"执业资格"的获取是表明造价专业人员的水平和素质已经达到一定高度的重要标志。

随着《国务院关于取消一批职业资格许可和认定事项的决定》（国发［2016］5号），全国建设工程造价员［即原概（预）算员］职业资格被取消，事实上已不存在与"执业资格"相对应的"从业资格"，因此"执业资格"这一表述已显得不再必要。直至《住房城乡建设部 交通运输部 水利部 人力资源社会保障部关于印发〈造价工程师职业资格制度规定〉〈造价工程师职业资格考试实施办法〉的通知》（建人［2018］67号）的颁发，一级造价工程师与二级造价工程师均被称为"职业资格"。2020年《注册造价工程师管理办法》第七条中也将"执业资格"改为了"职业资格"。自此，我国造价工程师完成了从"执业资格"到"职业资格"的转变。

3. 二级造价工程师职业资格制度的建立和发展

建人［2018］67号通知明确了造价工程师作为国家准入类职业资格，同时将造价工程师分为一级造价工程师和二级造价工程师两类。其中二级造价工程师职业资格考试全国统一大纲，各省、自治区、直辖市自主命题并组织实施。

随之，2020年住房和城乡建设部颁布实施了《住房和城乡建设部关于修改〈工程造价咨询企业管理办法〉〈注册造价工程师管理办法〉的决定》（住房和城乡建设部令第50号），明确了二级造价工程师的执业范围。同时对二级造价工程师的初始注册、变更注册、延续注册、监督管理等都作出了明确的规定。二级造价工程师职业资格制度的建立，对我国造价专业人才建设的系列化、结构化体系具有重要的意义，保证了我国广大造价职业人员的知识和能力水平。

造价工程师职业资格制度建立与发展历程如图1-8所示。

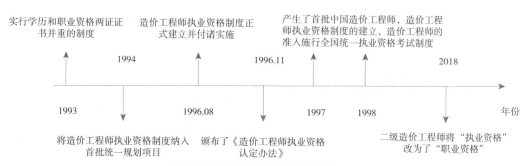

图 1-8　造价工程师职业资格制度建立与发展

1.3.2　造价工程师职能定位

1. 造价工程师职（执）业资格制度创立之初造价工程师的职能定位

根据 2000 年《造价工程师注册管理办法》（建设部令第 75 号）中对于造价工程师执业范围的规定，可以看出造价工程师初始职能定位是为体现出与传统概（预）预算员的不同，要求造价工程师运用经济、管理、工程技术等知识，对建设项目造价进行控制和管理，使工程技术和经济管理密切结合，实现投资效益的最大化。造价工程师不仅应该具备基本的算量计价能力，还应能胜任建设项目投资估算的编制、审核及项目经济评价；工程概算、工程预算、工程结算、竣工决算、工程招标标底价、投标报价的编制、审核；工程变更及合同价款的调整和索赔费用的计算；建设项目各阶段的工程造价控制；工程经济纠纷的鉴定；工程造价计价依据的编制、审核等工作。这种职业定位适应了当时的投资环境，初步构建了全过程造价管理的执业人才制度。

2. 注册造价工程师管理办法的修订带来的造价工程师职能定位的变化

随着 2006 年《注册造价工程师管理办法》（建设部令第 150 号）的颁布和 2020 年的修订，在造价工程师初始职能定位的基础上，突出了造价工程师通过专业能力和技术方法对方案进行比选、优化，进行工程价款管理等建设项目全过程的工程造价管理与工程造价的咨询能力，将造价工程师的职能定位拓展为以下 5 个方面，其目的在于提升项目的核心价值：

（1）参与项目决策，加强投资管控

在项目决策阶段，造价工程师根据经济的发展、国家和地方中长期发展规划、生产力布局等完成项目建议书的编制；遵循技术先进性和适用性、经济合理性和有效性等原则对项目建设的必要性进行充分的论证；基于全寿命周期成本管理理念，采用科学的分析方法对项目建设期和生产前投入产出诸多经济因素进行调查、预测、研究、计算和论证，经过多方案比选，推荐最佳的项目决策方案，从而保证项目投资的必要性、有效性、合理性。

（2）优化设计方案和施工组织方案，满足利益诉求

造价工程师能保证限额设计的有效实施，还能充分运用价值工程、全寿命周期成本分析等理论，结合科学分析的方法，对设计方案进行全面的技术经济分析，提出设计方案优化的合理建议。造价工程师对施工组织方案中增加造价的内容提出相应的优化意见，促使各种资源得到合理的利用，保证施工组织方案的经济合理性。

（3）进行招标策划，加强合同管理

在招标投标阶段，受雇于业主的造价工程师进行工程量清单编制及招标控制价的确定，受雇于承包商的造价工程师进行投标报价的编制和审核，进而保证项目招标投标的顺利进行。同时，造价工程师对建设工程合同缔约进行研究，加强合同签约管理，对合同履行过程中可能出现的问题提出相应对策和建议。

（4）加强工程价款管理，提升项目价值

工程价款管理是控制工程造价，提升项目价值的手段，是发承包双方进行工程项目管理的有效途径。在实施价款管理时，造价工程师的主要工作是对预付款、进度款、质量保证金的支付、扣回与使用进行控制；对竣工结算审查与支付进行管理；确认合同价款的调整原则和方法；对工程变更和索赔进行管理；对产生的工程经济纠纷进行解决等。工程价款管理能够在保障各利益相关主体利益诉求的前提下，提升合同履约效率。

（5）发挥专业能力，提供工程经济鉴证

我国目前存在大量的工程审计、工程纠纷鉴定和工程保险理赔业务。造价工程师作为建设工程审计、工程保险理赔核查和工程纠纷鉴定的专业人员，对建设单位或企业的整个投资过程进行审计监督；对承包人出具的出险通知单、事故现场所拍摄的影像资料和照片等资料进行核查；对项目建设各个环节中出现的工程纠纷进行鉴定，运用自身的专业知识提供工程经济鉴证。

2002 年，中国建设工程造价管理协会发布了《造价工程师职业道德行为准则》（中价协〔2002〕5 号），要求造价工程师在具备相应的职业能力的基础上，还必须遵守"公平竞争、廉洁自律、保守秘密"等职业道德准则，对造价工程师的职能定位提供了有益的补充。

1.3.3　造价工程师职业资格考试

根据《住房城乡建设部 交通运输部 水利部 人力资源社会保障部关于印发〈造价工程师职业资格制度规定〉〈造价工程师职业资格考试实施办法〉的通知》（建人〔2018〕67 号），造价工程师分为一级造价工程师（Class1 Cost Engineer）和二级造价工程师（Class2 Cost Engineer）。一级造价工程师职业资格考试全国统一大纲、统一命题、统一组织；二级造价工程师职业资格考试全国统一大纲，各省、自治区、直辖市自主命题并组织实施。

人力资源社会保障部负责审定一级造价工程师和二级造价工程师职业资格考试科目和考试大纲，负责一级造价工程师职业资格考试考务工作，并会同住房城乡建设部、交通运输部、水利部对造价工程师职业资格考试工作进行指导、监督、检查；各省、自治区、直辖市住房城乡建设、交通运输、水利行政主管部门会同人力资源社会保障行政主管部门，按照全国统一的考试大纲和相关规定组织实施二级造价工程师职业资格考试。

1. 报考条件

结合《人力资源社会保障部关于降低或取消部分准入类职业资格考试工作年限要求有关事项的通知》（人社部发〔2022〕8 号），凡中华人民共和国公民，遵纪守法并具备以下条件之一者（表 1-1），可以申请参加一级造价工程师职业资格考试。

一级造价工程师职业资格考试报考条件   表 1-1

学历背景	从事工程造价、工程管理业务工作时间
具有工程造价专业大学专科（或高等职业教育）学历	4 年
具有土木建筑、水利、装备制造、交通运输、电子信息、财经商贸大类大学专科（或高等职业教育）学历	5 年
具有工程造价、通过工程教育专业评估（认证）的工程管理专业大学本科学历或学位	3 年
具有工学、管理学、经济学门类大学本科学历或学位	4 年
具有工学、管理学、经济学门类硕士学位或者第二学士学位	2 年
具有工学、管理学、经济学门类博士学位	0 年
具有其他专业相应学历或者学位的人员	年限相应增加 1 年

凡中华人民共和国公民，遵纪守法并具备以下条件之一者（表 1-2），可以申请参加二级造价工程师职业资格考试。

二级造价工程师职业资格考试报考条件   表 1-2

学历背景	从事工程造价、工程管理业务工作时间
具有工程造价专业大学专科（或高等职业教育）学历	1 年
具有土木建筑、水利、装备制造、交通运输、电子信息、财经商贸大类大学专科（或高等职业教育）学历	2 年
具有工程造价专业大学本科及以上学历或学位	0 年
具有工学、管理学、经济学门类大学本科及以上学历或学位	1 年
具有其他专业相应学历或学位的人员	年限相应增加 1 年

上述报名条件中有关学历或学位的要求是指经国家教育行政部门承认或在学信网上能够查到的正规学历或学位，从事工程造价业务工作时间是指取得规定学历前、后从事该项工作的时间总和，其计算截止日期为考试当年年底。

2. 考试内容

一级造价工程师职业资格考试分 4 个半天进行，其成绩实行 4 年为一个周期的滚动管理办法，在连续的 4 个考试年度内通过全部考试科目，方可取得一级造价工程师职业资格证书。考试科目分别为：《建设工程造价管理》《建设工程计价》《建设工程技术与计量》和《建设工程造价案例分析》，其中"技术与计量"和"案例分析"分为土木建筑、安装、交通运输、水利四个专业。

二级造价工程师职业资格考试分 2 个半天进行，其成绩实行 2 年为一个周期的滚动管理办法，参加全部 2 个科目考试的人员必须在连续的 2 个考试年度内通过全部科目，方可取得二级造价工程师职业资格证书。考试科目有《建设工程造价管理基础知识》和《建设工程计量与计价实务》。

1.3.4　造价工程师注册管理制度

为加强对造价工程师的注册管理，规范造价工程师的职（执）业行为，2000年3月，建设部发布了《造价工程师注册管理办法》（建设部令第75号），意味着我国造价工程师注册管理制度的正式建立；随着造价工程师职（执）业资格制度的快速发展，2006年12月，建设部发布了《注册造价工程师管理办法》（建设部令第150号），对原2000年《造价工程师注册管理办法》进行了修订，对造价工程师管理制度的若干方面进行了细化和完善；为贯彻落实国务院深化"放管服"改革、优化营商环境的要求，住房和城乡建设部于2020年2月19日发布了《住房和城乡建设部关于修改〈工程造价咨询企业管理办法〉〈注册造价工程师管理办法〉的决定》（住房和城乡建设部令第50号），再一次对《注册造价工程师管理办法》的内容进行修订。目前我国造价工程师的注册严格遵守建设部第150号令的规章制度。

造价工程师的注册管理主要分为初始注册、延续注册和变更注册三部分。申请注册造价工程师的人员，应自资格证书签发之日起1年内，向聘用单位工商注册所在地的省、自治区、直辖市人民政府、住房城乡建设主管部门或者国务院有关专业部门提交申请材料以申请初始注册。逾期未申请者，须符合继续教育的要求后方可申请初始注册。初始注册的有效期为4年。省、自治区、直辖市人民政府、住房城乡建设主管部门或者国务院有关专业部门收到申请材料后，应当在5日内将全部申请材料报国务院或住房城乡建设主管部门（简称注册机关），注册机关收到申请材料后，应当自受理之日起20日内作出决定。申请材料不齐全或者不符合法定形式的，应当在5日内一次性告知申请人需要补正的全部内容。逾期不告知的，自收到申请材料之日起即为受理。

对申请变更注册、延续注册的，省、自治区、直辖市人民政府、住房城乡建设主管部门或者国务院有关专业部门收到申请材料后，应当在5日内将全部申请材料报注册机关，注册机关应当自受理之日起10日内作出决定。

注册造价工程师的初始、变更、延续注册，逐步实行网上申报、受理和审批。

习题与思考题

1. 建设工程项目的概念是什么？
2. 什么是工程建设程序？其过程是怎样的？
3. 工程造价的含义是什么？
4. 工程造价计价有什么特点？
5. 如何做好一名造价工程师？

2

建设项目总投资组成

【教学要求】

1. 了解我国现行建设项目总投资费用的组成和国际建设项目计量标准；

2. 熟悉设备及工器具购置费用、建筑安装工程费用的构成，掌握计算方法；

3. 了解工程建设其他费用的构成以及计算方法；

4. 掌握预备费和建设期利息的计算方法。

【导读】

本章介绍建设项目总投资费用、设备及工器具购置费用、建筑安装工程费用、工程建设其他费用的构成，通过介绍不同费用的概念及分类，全面认识建设项目总投资费用的组成情况，并列出对应的费用计算方法，结合相关的例题，进一步了解相关费用的预算方式。

2.1 建设项目总投资费用构成

2.1.1 我国现行建设项目总投资费用的构成

根据住房和城乡建设部发布的《工程造价术语标准》GB/T 50875—2013 中的定义，建设项目总投资（Total Investment of Construction Project）是为了完成工程项目的建设并达到使用要求或生产条件，在建设期内估计或实际投入的全部费用总和。生产性建设项目总投资包括建设投资、建设期利息和流动资金三部分；非生产性建设项目总投资包括建设投资和建设期利息两部分。其中建设投资和建设期利息之和对应于固定资产投资，固定资产投资与建设项目的工程造价在量上相等，流动资金对应于流动资产投资。工程造价基本构成包括用于购买工程项目所含各种设备的费用，用于建筑施工和安装施工所需支出的费用，用于委托工程勘察设计应支付的费用，用于购置土地所需的费用，也包括用于建设单位自身进行项目筹建和项目管理所花费的费用等。

工程造价中的主要构成部分是建设投资，建设投资是为完成工程项目建设，在建设期内投入且形成现金流出的全部费用。根据《国家发展改革委、建设部关于印发建设项目经济评价方法与参数的通知》（发改投资〔2006〕1325 号）指出，建设投资包括工程费用、工程建设其他费用和预备费三部分。结合工程造价术语标准，各费用的解析如下：

（1）工程费用（Construction Cost）是指建设期内直接用于工程建造、设备购置及其安装的建设投资，可分为建筑安装工程费和设备及工器具购置费；

（2）工程建设其他费用（Other Investment of Construction Project）是指建设期发生为项目建设或运营必须发生的但不包括在工程费用中的费用，包括土地使用费和其他补偿费、与项目建设有关的其他费用、与未来生产经营有关的其他费用等，其种类较繁多；

（3）预备费（Contingency Fee）是指在建设期内因各种不可预见因素的变化而预留的可能增加的费用，包括基本预备费和价差预备费；

（4）流动资金（Working Capital）指为进行正常生产运营，用于购买原材料、燃料、支付工资及其他运营费用等所需的周转资金。

综上，我国现行建设项目总投资费用组成的结构内容如图 2-1 所示。

2.1.2 国际建设项目计量标准（ICMS）

国际建设项目计量标准（International Construction Measurement Standards，ICMS）旨在为世界各国家和地区的建设项目提供全球统一的费用分类、定义、计量、分析和构成标准。ICMS 是一套全球统一的建设项目费用分类体系。

ICMS 可用于业主和服务提供方协商一致的任何用途，凡采用 ICMS 编制的建设项

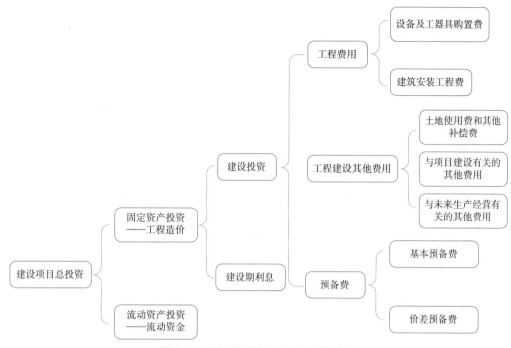

图 2-1 我国现行建设项目总投资费用组成

目费用报告，应在报告中予以声明。ICMS 可用于新建工程和大修工程建设项目费用的对比分析。目前，ICMS 不包含项目维护和维修费用，其意义在于：

（1）实现建设项目费用衡量指标的一致、透明；

（2）明确建设项目费用差异的原因；

（3）对建设项目设计和选址作出合理决策；

（4）为建设项目融资、投资、决策等提供真实有效的费用数据。

1. ICMS 整体结构

从概念上讲，ICMS 的整体结构如图 2-2 所示。

2. ICMS 整体结构的层级

ICMS 对建设项目费用进行分类、定义、计量、分析及呈现的结构可分为 4 个层级，见表 2-1。

ICMS 整体结构的层级   表 2-1

层级	结构内容
一级	项目或子项目
二级	费用类别
三级	费用集
四级	费用子集
所有项目或子项目的二级和三级结构相同，第四级结构的内容可以根据使用国的实际情况调整	

图 2-2　ICMS 的整体结构

（1）项目或子项目

ICMS 规定项目是指在特定的开始和结束时间内，业主按照明确目的委托的一个或相互关联的一系列建设活动。子项目是指能够用单一一组项目属性和项目价值描述的单项工程。一个项目可能包含多个子项目。

ICMS 根据项目性质和主要用途对项目进行分类。ICMS 整体结构中的项目类型不尽完善，后续版本将增加更多项目类型。当一个项目由多组项目属性和项目价值组成时，在费用报告中应将项目分解为多个子项目。

（2）费用类别

费用类别是指按照工程资本费用、相关资本费用、场地购置费和业主其他费用三种费用类别对项目或子项目的费用进行分类，在标准的后续版本中将增加使用费用类别。

（3）费用集

费用集指为实现建设项目费用对比的目的，以简单估算或提取费用数据为原则，按照设计图纸、建设项目费用属性对费用类别进行的分解。

ICMS 对费用类别、费用类别对应的费用集和费用集范围进行了强制和标准化规定，以便不同项目或子项目的对比分析，见表 2-2。

费用类别（二级）和费用集（三级）的定义　　　　　　　　　　表 2-2

费用编码	费用类别	费用编码	费用类别对应的费用集	费用编码	费用集
0	总资本费用（1+2+3）	1	工程资本费用	1.01	拆除、场地平整 ·范围：为了使项目建设场地达到项目设计平面要求，满足下部结构施工进行的所有准备工作
				1.02	下部结构 ·范围：所有地下或水下承重工程，并包括相关土方工程、支护工程和非承重结构及其他相关工程，不包括装饰工程 － 建筑：底层地板、地下室墙面和底板，包括防水和保温 － 道路和高速公路：基层和垫层 － 铁路：轨道基础 － 桥梁：桩帽（承台）/ 桩尖 / 桩（如果在水中施工，则为最接近地面或水位的结构） － 隧道：隧道的围护结构 － 地下水池和类似结构：水池围护结构 － 地上水池和类似结构：水池基础 － 地下管道：管道基础和围护结构 － 地上管道：管道基础 － 钻井（孔）：地下围护结构
				1.03	结构 ·范围：所有承重工程和非承重结构的主体工程，不包括下部结构和装饰工程
				1.04	非承重结构和装饰工程 I 非结构工程 ·范围：所有非承重结构和装饰工程，不包括服务和设备、地表和地下排水系统
				1.05	服务和设备 ·范围：所有用于项目竣工投入使用的永久服务和设备，包括机械、水利、管道设施、消防、运输、通信、安全、电气和电子等设备，不包括地下排水系统
				1.06	地表和地下排水系统 ·范围：服务于项目的地表和地下排水系统

费用编码	费用类别	费用编码	费用类别对应的费用集	费用编码	费用集
0	总资本费用（1+2+3）	1	工程资本费用	1.07	附属工程 ·范围：为主体工程做辅助性的配套工程，不包含在其他费用集中
				1.08	施工准备|承包商现场管理费用|一般要求 ·范围：包括施工方现场管理、临时设施、服务和开支，以及不直接消耗在工程实体上的工作和费用，与所有费用集相关但不直接划分到某一特定费用集中
				1.09	风险准备金 ·范围：为预防风险和因项目结果不确定性需要而预留的准备金，风险准备金与工程资本费用有关，但不包含在其他费用集中
				1.10	税收和征税 ·范围：国家或政府机构对项目强制征收的税费，以全部或部分建设合同价款作为税收和征税计算基数，由业主或承包方支付
		2	相关资本费用	2.01	场外设施费 ·范围：所有为实现项目将公共设施接入现场而支付给政府机构和公共设施公司的费用
				2.02	工器具及生产家具购置费 ·范围：新建或扩建工程项目初步设计规定的，保证初期正常生产必须购置的没有达到固定资产标准的设备、仪器、工卡模具、器具、生产家具和备品备件等的购置费
				2.03	与项目建设有关的咨询费和监理费 ·范围：支付给除承包商以外的服务提供方的费用
				2.04	风险准备金 ·范围：为预防风险和因项目结果不确定性需要而预留的准备金，风险准备金与工程资本费用有关，但不包含在其他费用集中
		3	场地购置费和业主其他费用	3.01	场地购置费 ·范围：为获得施工场地所需要支付的所有费用
				3.02	行政、财务、法律和经营费用 ·范围：从项目开始到投入使用所有与项目实施有关的不包含在工程资本费用和相关资本费用中的费用

注：1. 可替代性术语用竖线（\|）分隔；
　　2. 各项费用应为业主支付的费用，包括收款方管理费用和利润（如有）；
　　3. 相关资本费用类别中的费用集应包括税收和征税。

（4）费用子集

费用子集是为实现项目或子项目中各项费用对比的目的，将费用集中为特定功能或共同目的服务的费用项目划分到一个费用子集。费用子集划分不考虑项目或子项目的设计、规格、材料或施工组织形式。

ICMS 未对费用子集的分类进行强制规定，只是提供了建筑物、土木工程项目、相关资本费用、场地购置费和业主其他费用可参考的费用子集。标准使用者可根据其所在国家和地区建设项目费用的构成和项目的分解习惯使用费用子集分类。

3. 费用编码规定

费用编码是各项建设项目费用的唯一识别码。ICMS 设置了一至四级费用编码，一、二、三级编码统一，第四级编码由于标准未对费用子集分类进行强制规定，使用时，可根据实际情况调整。

4. ICMS 的更新和使用状态

ICMS 可用于新建工程和大修工程建设项目费用的对比分析。目前，ICMS 第二版在第一版的基础上大幅增加了对项目全生命周期的成本规范。ICMS 可应用但不限于：

（1）投资决策；

（2）费用比较分析；

（3）可行性研究和发展评估；

（4）费用计划和控制、费用分析、费用建模、采购和投标分析等；

（5）争议解决；

（6）投保项目重建费用估算；

（7）资产和负债评估。

ICMS 使用流程图如图 2-3 所示。

2.2　设备及工器具购置费用的构成和计算

设备及工器具购置费用由设备购置费和工具、器具及生产家具购置费组成，它是固定资产投资中的积极部分。在生产性工程建设中，设备及工器具购置费用在工程造价中占比的增大，意味着生产技术的进步和资本有机构成的提高。

2.2.1　设备购置费的构成和计算

设备购置费（Cost of Equipment Procurement）是指购置或自制的达到固定资产标准的各种国产或进口设备、工器具及生产家具等所需

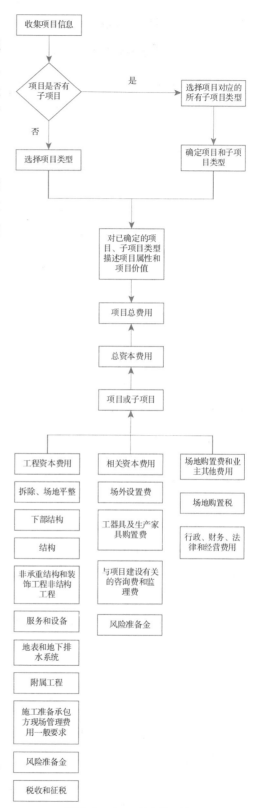

图 2-3　ICMS 使用流程图

的费用，由设备原价和设备运杂费构成。

$$设备购置费 = 设备原价（含备品备件费）+ 设备运杂费 \qquad （2-1）$$

设备原价是指国内采购设备的出厂（场）价格，或国外采购设备的抵岸价格，设备原价在计算时通常包含备品备件费在内，备品备件费是指设备购置时随设备同时订货的首套备品备件所发生的费用；设备运杂费是指国内采购设备自来源地、国外采购设备自我国到岸港（港口、机场、车站）运至工地仓库或施工组织设计指定的需要安装设备的堆放地点所发生的采购、运输、运输保险、保管、装卸等方面支出费用的总和。

1. 国产设备原价的构成及计算

国产设备原价（Original Price of Domestic Equipment）一般指的是设备制造厂的交货价，或订货合同价，即出厂（场）价格。一般根据生产厂或供应商的询价、报价、合同价确定，或采用一定的方法计算确定。国产设备原价分为国产标准设备原价和国产非标准设备原价。

（1）国产标准设备原价

国产标准设备是指按照主管部门颁布的标准图样和技术要求，由我国设备生产厂批量生产的，符合国家质量检测标准的设备。国产标准设备一般有完善的设备交易市场，因此可通过查询相关交易市场价格或向设备生产厂家询价得到国产标准设备原价。

（2）国产非标准设备原价

国产非标准设备是指国家尚无定型标准，各设备生产厂不可能在工艺过程中采用批量生产，只能按订货要求并根据具体的设计图样制造的设备。非标准设备由于单件生产、无定型标准，所以无法获取市场价格，只能按成本构成或相关技术参数估算其价格。非标准设备原价有多种不同的计算方法，如成本计算估价法、系列设备插入估价法、分部组合估价法、定额估价法等。成本估价法是一种比较常用的估算非标准设备原价的方法。按成本计算估价法，非标准设备的原价由以下各项组成：

1）材料费。其计算公式如下：

$$材料费 = 材料净重 × （1+ 加工损耗系数）× 每吨材料综合单价 \qquad （2-2）$$

2）加工费，包括生产工人工资和工资附加费、燃料动力费、设备折旧费、车间管理费等。其计算公式如下：

$$加工费 = 设备总重量（t）× 设备每吨加工费 \qquad （2-3）$$

3）辅助材料费（简称辅材费），包括焊条、焊丝、氧气、氩气、氮气、油漆、电石费用。其计算公式如下：

$$辅助材料费 = 设备总重量 × 辅助材料费指标 \qquad （2-4）$$

4）专用工具费。按 1）~3）项之和乘以一定百分比计算。

5）废品损失费。按1）~4）项之和乘以一定百分比计算。

6）外购配套件费。按设备设计图样所列的外购配套件的名称、重量，根据相应的价格加运杂费计算。

7）包装费。按以上1）~6）项之和乘以一定百分比计算。

8）利润。可按1）~5）项加第7）项之和乘以一定利润率计算。

9）税金，主要指增值税，通常是指设备制造厂销售设备时向购入设备方收取的销项税额。其计算公式如下：

$$销项税额 = 销售额 \times 适用增值税税率 \tag{2-5}$$

式中　销售额——1）~8）项之和。

10）非标准设备设计费。按国家规定的设计费收费标准计算。

综上所述，单台非标准设备原价可用下面的公式表达：

$$\begin{aligned}单台非标准设备原价 =&\{[（材料费 + 加工费 + 辅助材料费）\times \\ &（1+ 专用工具费率）\times （1+ 废品损失费率）+ 外购配套件费] \times \\ &（1+ 包装费率）– 外购配套件费\} \times （1+ 利润率）+ \\ &外购配套件费 + 销项税额 + 非标准设备设计费\end{aligned} \tag{2-6}$$

【例2-1】某工厂采购一台国产非标准设备，制造厂生产该台设备所用材料费30万元，设备质量30t，每吨加工费3000元，辅助材料费200元/t。专用工具费率2%，废品损失费率10%，外购配套件费14万元，包装费率1%，利润率7%，增值税税率13%，非标准设备设计费5万元，求该国产非标准设备的原价。

【解】材料费 =30（万元）

加工费 =30×0.3=9（万元）

辅助材料费 =30×0.02=0.6（万元）

专用工具费 =（30+9+0.6）×2%=0.792（万元）

废品损失费 =（30+9+0.6+0.792）×10%=4.0392（万元）

外购配套件费 =14（万元）

包装费 =（30+9+0.6+0.792+4.0392+14）×1%= 0.5843（万元）

利润 =（30+9+0.6+0.792+4.0392+0.5843）×7%=3.1511（万元）

销项税额 =（30+9+0.6+0.792+4.0392+14+0.5843+3.1511）×13%= 8.0817（万元）

国产非标准设备的原价 =30+9+0.6+0.792+14+4.0392+0.5843+3.1511+8.0817+5 =75.2483（万元）

2. 进口设备原价的构成及计算

进口设备的原价是指进口设备的抵岸价（Cost and Insurance，CI），即设备抵达买方边境港口或边境车站，且交完各种手续费、关税等税费后形成的价格。抵岸价通常由进口设备到岸价（Cost Insurance and Freight，CIF）和进口从属费构成。进口设备的到岸价，即在国际贸易中，交易双方所使用的交货类型不同，则交易价格的构成内容也有所差别。进口从属费用是指进口设备在办理进口手续过程中发生的应计入设备原价的银行财务费用、外贸手续费、进口关税、消费税、进口环节增值税及进口车辆的车辆购置税等。

$$进口设备原价 = 进口设备到岸价（CIF）+ 进口从属费 \qquad (2\text{-}7)$$

$$进口设备到岸价（CIF）= 离岸价格（FOB）+ 国际运费 +$$
$$运输保险费 = 运费在内价（CFR）+ 运输保险费 \qquad (2\text{-}8)$$

$$进口从属费 = 银行财务费 + 外贸手续费 + 关税 + 消费税 +$$
$$进口环节增值税 + 车辆购置税 \qquad (2\text{-}9)$$

进口设备的离岸价格、到岸价格、抵岸价格以及设备原价和设备购置费的关系如图 2-4 所示。

图 2-4　设备抵岸价、FOB、CFR 和 CIF 的关系
注：1. FOB 的费用划分与风险转移的分界点一致，为在指定的装运港货物被装上指定船时；
　　2. CFR 和 CIF 的费用划分与风险转移的分界点不一致。

（1）货价，一般是指装运港船上交货价（FOB）。设备货价分为原币货价和人民币货价，原币货价一律折算为美元表示，人民币货价按原币货价乘以外汇市场美元兑换人民币汇率中间价确定。进口设备货价按有关生产厂商询价、报价、订货合同价计算。

（2）国际运费，即从装运港（站）到达我国抵达港（站）的运费。我国进口设备大部分采用海洋运输，小部分采用铁路运输，个别采用航空运输。进口设备国际运费计算公式为：

$$国际运费（海、陆、空）= 原币货价（FOB）× 运费率 \qquad (2\text{-}10)$$

$$国际运费（海、陆、空）= 运量 × 单位运价 \qquad (2\text{-}11)$$

式中　运费率或单位运价参照有关部门或进出口公司的规定执行。

（3）运输保险费。对外贸易货物运输保险是由保险人（保险公司）与被保险人（出口人或进口人）订立保险契约，在被保险人交付议定的保险费后，保险人根据保险契约的规定对货物在运输过程中发生的承保责任范围内的损失给予经济上的补偿。这是一种财产保险。计算公式为：

$$运输保险费 = \frac{原币货价（FOB）+ 国际运费}{1- 保险费率} \times 保险费率 \qquad （2-12）$$

式中　保险费率按保险公司规定的进口货物保险费率计算。

（4）银行财务费，一般是指银行为进口企业承担履约担保责任所产生的手续费，支付货款后履约担保责任自动解除。我国现行银行财务费率一般为4‰~5‰。计算公式为：

$$银行财务费 = 离岸价格（FOB）\times 人民币外汇汇率 \times 银行财务费率 \quad （2-13）$$

（5）外贸手续费（进口代理手续费），是指外贸企业采取代理方式进口商品时，向国内委托进口企业（单位）收取进口代理手续费，用以补偿外贸企业经营进口代理业务中有关费用支出，并含有一定的利润。按照对外成交合同金额不同，外贸手续费率的收取也有所不同：金额在100万美元以下（含100万美元），费率不超过2%，最低收费额为1000元人民币。个别进口金额小，费用开支相对较高的商品，其外贸手续费率可由双方协商确定；金额在100万美元以上、1000万美元以下（含1000万美元），费率不超过1.5%；金额在1000万美元以上、5000万美元以下（含5000万美元），费率不超过1%；金额在5000万美元以上的进口商品，费率在0.5%~1%。外贸手续费计算式为：

$$外贸手续费（进口代理手续费）=[装运港船上交货价（FOB）+ 国际运费 +$$
$$运输保险费]\times 人民币外汇汇率 \times 外贸手续费率（进口代理手续费率）$$
$$= 到岸价格（CIF）\times 人民币外汇汇率 \times 外贸手续费率$$
$$（进口代理手续费率）\qquad （2-14）$$

（6）关税，是指由海关对进出国境或关境的货物和物品征收的一种税。计算公式为：

$$关税 = 到岸价格（CIF）\times 人民币外汇汇率 \times 进口关税税率 \qquad （2-15）$$

到岸价格（CIF）作为关税的计征基数时，通常又称为关税完税价格。进口关税税率分为优惠和普通两种。优惠税率适用于与我国签订有关税互惠条款的贸易条约或协定的国家的进口设备；普通税率适用于与我国未签订有关税互惠条款的贸易条约或协定的国家的进口设备。进口关税税率按我国海关总署发布的进口关税税率计算。

（7）消费税。对部分进口设备（如汽车轮胎、摩托车、游艇、小汽车等）征收，一般计算公式为：

$$应纳消费税额 = \frac{到岸价格（CIF）\times 人民币外汇汇率 + 关税}{1- 消费税税率} \times 消费税税率 \quad （2-16）$$

式中　消费税税率根据规定的税率计算。

（8）进口环节增值税，是对从事进口贸易的单位和个人，在进口商品报关进口后征收的税种。《中华人民共和国增值税暂行条例》规定，进口应税产品均按组成计税价格和增值税税率直接计算应纳税额，计算公式为：

$$进口环节增值税额 = 组成计税价格 \times 增值税税率 \tag{2-17}$$

$$组成计税价格 = 关税完税价格 + 关税 + 消费税 \tag{2-18}$$

式中　增值税税率根据规定的税率计算。

（9）车辆购置税，是对购买、进口、自产、受赠、获奖或以其他方式取得并自用应税车辆的单位和个人征收的一种税，税率为10%，除汽车外，摩托车、电车、挂车、农用运输车也要缴纳车辆购置税。其计算公式如下：

$$进口车辆购置税额 =（到岸价格 + 关税 + 消费税）\times 进口车辆购置税率 \tag{2-19}$$

【例2-2】从国外进口应纳消费税的某设备，重量1000t，装运港船上交货价为500万美元，国际运费标准为300美元/t，海上运输保险费率为0.3%。银行财务费率为0.5%，外贸手续费率为1.5%，关税税率为20%，银行外汇牌价为1:6.68，增值税税率为13%，消费税税率为10%，求该设备原价。

【解】进口设备货价（FOB）=500×6.68=3340（万元）

国际运费 =300×1000×6.68=2004000（元）=200.4（万元）

国外运输保险费 = $\dfrac{3340+200.4}{1-0.3\%}$ ×0.3%=10.65（万元）

进口设备到岸价格（CIF）=3340+200.4+10.65=3551.05（万元）

银行财务费 =3340×0.5%=16.7（万元）

外贸手续费 =3551.05×1.5%=53.27（万元）

进口关税 =3551.05×20%=710.21（万元）

消费税 = $\dfrac{3551.05+710.21}{1-10\%}$ ×10%=473.47（万元）

进口环节增值税 =（3551.05+710.21+473.47）×13%=615.51（万元）

进口从属费 =16.7+53.27+710.21+473.47+615.51=1869.16（万元）

进口设备原价 =3551.05+1869.16=5420.21（万元）

3. 设备运杂费的构成及计算

（1）设备运杂费的构成

设备运杂费（Equipment Transportation & Miscellaneous Expenses）通常由下列各项构成：

1）运费和装卸费，是指国产设备由设备制造厂交货地点起至工地仓库（或施工组织设计指定的需要安装设备的堆放地点）止所发生的运费和装卸费；或进口设备由我国到岸港口或边境车站起至工地仓库（或施工组织设计指定的需安装设备的堆放地点）止所发生的运费和装卸费；

2）包装费，是指在设备原价中没有包含的，为运输而进行的包装支出的各种费用；

3）设备供销部门的手续费，按有关部门规定的统一费率计算；

4）采购与仓库保管费，是指采购、验收、保管和收发设备所发生的各种费用，包括设备采购人员、保管人员和管理人员的工资、工资附加费、办公费、差旅交通费，设备供应部门办公和仓库所占固定资产使用费、工具用具使用费、劳动保护费、检验试验费等。这些费用可按主管部门规定的采购与保管费费率计算。

（2）设备运杂费的计算

设备运杂费按设备原价乘以设备运杂费率计算，其公式为：

$$设备运杂费 = 设备原价 \times 设备运杂费率 \tag{2-20}$$

式中　设备运杂费率按各部门及省、市有关规定计取。

2.2.2　工具、器具及生产家具购置费的构成和计算

工具、器具及生产家具购置费是指新建或扩建项目初步设计规定的，保证初期正常生产必须购置的没有达到固定资产标准的设备、仪器、工卡模具、器具、生产家具和备品备件等的购置费用。一般以设备购置费为计算基数，按照部门或行业规定的工具、器具及生产家具费率计算。计算公式为：

$$工具、器具及生产家具购置费 = 设备购置费 \times 定额费率 \tag{2-21}$$

2.3　建筑安装工程费用构成和计算

根据《住房和城乡建设部　财政部关于印发〈建筑安装工程费用项目组成〉的通知》（建标〔2013〕44号），建筑安装工程费用可按费用构成要素和造价形成这两种不同的方式来划分。

2.3.1　按费用构成要素划分建筑安装工程费用项目构成和计算

建筑安装工程费（Cost of Construction & Installation Work）按费用构成要素划分为：人工费、材料（包含工程设备，下同）费、施工机具使用费、企业管理费、利润、规费和税金，其中人工费、材料费和施工机具使用费的和又通常称为直接费，企业管理费和规费的和又称为间接费，如图2-5所示。

1.人工费的构成和计算

人工费（Labor Cost）是指按工资总额构成规定，支付给从事建筑安装工程施工的生产工人和附属生产单位工人的各项费用。内容包括：

1）计时工资或计件工资，是指按计时工资标准和工作时间或对已做工作按计件单价支付给个人的劳动报酬；

2）奖金，是指对超额劳动和增收节支支付给个人的劳动报酬，如节约奖、劳动竞

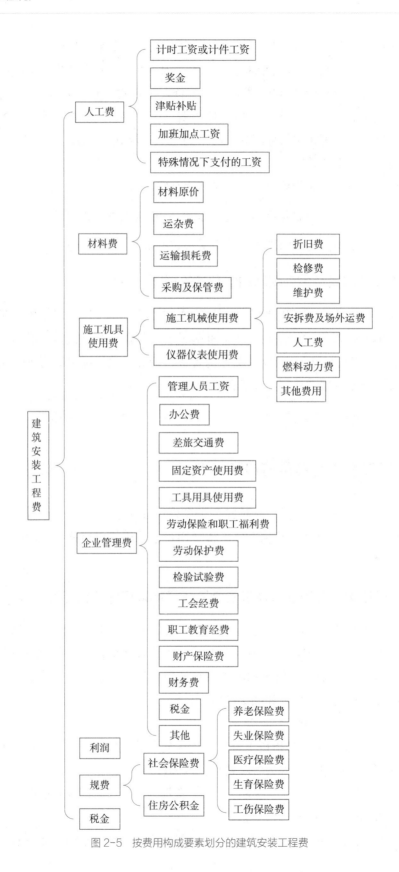

图 2-5 按费用构成要素划分的建筑安装工程费

赛奖等；

3）津贴补贴，是指为了补偿职工特殊或额外的劳动消耗和因其他特殊原因支付给个人的津贴，以及为了保证职工工资水平不受物价影响支付给个人的物价补贴，如流动施工津贴、特殊地区施工津贴、高温（寒）作业临时津贴、高空津贴等；

4）加班加点工资，是指按规定支付的在法定节假日工作的加班工资和在法定工作日外延时工作的加点工资；

5）特殊情况下支付的工资，是指根据国家法律、法规和政策规定，因病、工伤、产假、计划生育假、婚丧假、事假、探亲假、定期休假、停工学习、执行国家或社会义务等原因按计时工资标准或计时工资标准的一定比例支付的工资。

计算人工费的基本要素有两个，分别是人工工日消耗量和人工日工资单价。人工费的计算公式为：

$$人工费 = \sum（工日消耗量 \times 日工资单价） \tag{2-22}$$

式中　日工资单价是指施工企业平均技术熟练程度的生产工人在每工作日（国家法定工作时间内）按规定从事施工作业应得的日工资总额。

（1）人工工日消耗量

人工工日消耗量是指在正常施工生产条件下，完成规定计量单位的建筑安装产品所消耗的生产工人的工日数量。它由分项工程所综合的各个工序劳动定额包括的基本用工、其他用工两部分组成。

（2）人工日工资单价

人工日工资单价（Unit Price of Labor）是指直接从事建筑安装工程施工的生产工人在每个法定工作日的工资、津贴及奖金等。工程造价管理机构确定日工资单价应通过市场调查、根据工程项目的技术要求，参考实物工程量人工单价综合分析确定，最低日工资单价不得低于工程所在地人力资源和社会保障部门所发布的最低工资标准的：普工 1.3 倍、一般技工 2 倍、高级技工 3 倍。人工日工资单价的确定方法：

1）年平均每月法定工作日。由于人工日工资单价是每一个法定工作日的工资总额，因此需要对年平均每月法定工作日进行计算。计算公式如下：

$$年平均每月法定工作日 = \frac{全年日历日 - 法定假日}{12} \tag{2-23}$$

式中　法定假日包括法定节日和双休日。

2）日工资单价的计算。确定了年平均每月法定工作日后，将上述工资总额进行分摊，即形成人工日工资单价。计算公式如下：

$$日工资单价 = \frac{\begin{array}{c}生产工人平均月工资（计时、计件）+ \\ 平均月（奖金+津贴补贴+加班加点工资+特殊情况下支付的工资）\end{array}}{年平均每月法定工作日} \tag{2-24}$$

2. 材料费的构成和计算

建筑安装工程费中的材料费（Material Cost）是指施工过程中耗费的原材料、辅助材料、构配件、零件、半成品或成品、工程设备的费用。计算材料费的基本要素是材料消耗量和材料单价。根据《建设工程计价设备材料划分标准》GB/T 50531—2009 的规定，设备主要包括建筑设备、工艺设备和工艺性材料。工业、交通等项目中的建筑设备购置有关费用应列入建筑安装工程费。单一的房屋建筑工程项目的建筑设备购置有关费用宜列入建筑安装工程费。

（1）材料消耗量

材料消耗量是指在正常施工生产条件下，完成规定计量单位的建筑安装产品所消耗的各类材料的净用量和不可避免的损耗量。

（2）材料单价

材料单价（Unit Price of Material）是指建筑材料从其来源地运到施工工地仓库直至出库形成的综合平均单价，由材料原价、运杂费、运输损耗费、采购及保管费组成。当采用一般计税方法时，材料单价中的材料原价、运杂费等均应扣除增值税进项税额。

1）材料原价（或供应价格）（Original Price of Material），是指国内采购材料的出厂价格，国内采购材料抵达买方边境、港口或车站并交纳完各种手续费、税费（不含增值税）后形成的价格。在确定原价时，凡同一材料因来源地、交货地、供货单位、生产厂家不同，而有几种价格（原价）时，根据不同来源地供货数量比例，采取加权平均的方法确定其综合原价。计算公式为：

$$加权平均原价 = (k_1c_1+k_2c_2+k_3c_3+\cdots\cdots+k_nc_n) / (k_1+k_2+k_3+\cdots\cdots+k_n) \quad (2-25)$$

式中　k_1，k_2，k_3，$\cdots\cdots$，k_n——各不同供应地点的供应量或各种不同使用地点的需求量；
　　　c_1，c_2，c_3，$\cdots\cdots$，c_n——各不同供应地点的原件。

若材料供货价格为含税价格，则材料原价应以购进货物适用的税率（13%或9%）或征收率（3%）扣除增值税进项税额。

2）运杂费，是指材料、工程设备自来源地运至工地仓库或指定堆放地点所发生的全部费用。

材料运杂费（Freight and Miscellaneous Charges of Materials）是指国内采购材料自来源地、国外采购材料自到岸港运至工地仓库或指定堆放地点发生的费用（不含增值税）。含外埠中转运输过程中所发生的一切费用和过境过桥费用，包括调车和驳船费、装卸费、运输费及附加工作费等。同一品种的材料有若干个来源地，应采用加权平均的方法计算材料运杂费。计算公式为：

$$加权平均运杂费 = (k_1t_1+k_2t_2+k_3t_3+\cdots\cdots+k_nt_n) / (k_1+k_2+k_3+\cdots\cdots+k_n) \quad (2-26)$$

式中　k_1，k_2，k_3，$\cdots\cdots$，k_n——各不同供应地点的供应量或各种不同使用地点的需求量；

t_1，t_2，t_3，……，t_n——各不同运距的运费。

若运输费用为含税价格，则需要按"两票制"和"一票制"两种支付方式分别调整。所谓"两票制"材料，是指材料供应商就收取的货物销售价款和运杂费向建筑业企业分别提供货物销售和交通运输两张发票的材料。在这种方式下，运杂费以接受交通运输与服务适用税率9%扣除增值税进项税额。所谓"一票制"材料，是指材料供应商就收取的货物销售价款和运杂费合计金额向建筑业企业仅提供一张货物销售发票的材料。在这种方式下，运杂费采用与材料原价相同的方式扣除增值税进项税额。

3）运输损耗费，是指材料在运输装卸过程中不可避免的损耗。计算公式为：

$$运输损耗 =（材料原价 + 运杂费）\times 运输损耗率 \quad（2-27）$$

4）采购及保管费，是指为组织采购、供应和保管材料、工程设备的过程中所需要的各项费用，包括采购费、仓储费、工地保管费、仓储损耗。

采购及保管费一般按照材料到库价格以费率取定。计算公式为：

$$采购及保管费 = 材料运到工地仓库价格 \times 采购及保管费率 \quad（2-28）$$

或　　$$采购及保管费 =（材料原价 + 运杂费 + 运输损耗费）\times 采购及保管费率 \quad（2-29）$$

综上，材料单价的一般计算公式为：

$$材料单价 =[（材料原价 + 运杂费）\times（1+ 运输损耗率）]\times （1+ 采购及保管费率） \quad（2-30）$$

材料费的基本计算公式为：

$$材料费 = \sum（材料消耗量 \times 材料单价） \quad（2-31）$$

3. 施工机具使用费的构成和计算

施工机具使用费（Machinery Operation or Rental Fee）是指施工作业所发生的施工机械、仪器仪表使用费或其租赁费。

（1）施工机械使用费

施工机械使用费是指施工机械作业发生的使用费或租赁费。施工机械使用费以施工机械台班耗用量乘以施工机械台班单价表示。施工机械台班消耗量是指在正常施工生产条件下，完成规定计量单位的建筑安装产品所消耗的施工机械台班的数量。施工机械台班单价是指折合到每台班的施工机械使用费，施工机械台班单价应由下列七项费用组成：

1）折旧费，指施工机械在规定的使用年限内，陆续收回其原值的费用；

2）检修费，指施工机械按规定的大修理间隔台班进行必要的大修理，以恢复其正常功能所需的费用；

3）维护费，指施工机械除大修理以外的各级保养和临时故障排除所需的费用，包括为保障机械正常运转所需替换设备与随机配备工具附具的摊销和维护费用，机械运转中日常保养所需润滑与擦拭的材料费用及机械停滞期间的维护和保养费用等；

4）安拆费及场外运费：安拆费指施工机械（大型机械除外）在现场进行安装与拆卸所需的人工、材料、机械和试运转费用以及机械辅助设施的折旧、搭设、拆除等费用；场外运费指施工机械整体或分体自停放地点运至施工现场或由一施工地点运至另一施工地点的运输、装卸、辅助材料及架线等费用；

5）人工费，指机上司机（司炉）和其他操作人员的人工费；

6）燃料动力费，指施工机械在运转作业中所消耗的各种燃料及水、电等；

7）其他费用，指施工机械按照国家规定应缴纳的车船使用税、保险费及年检费等。

施工机械使用费的基本计算公式为：

$$施工机械使用费 = \sum（施工机械台班消耗量 \times 机械台班单价） \quad （2\text{-}32）$$

$$机械台班单价 = 台班折旧费 + 台班大修费 + 台班经常修理费 +$$
$$台班安拆费及场外运费 + 台班人工费 + 台班燃料动力费 + 台班其他费用（2\text{-}33）$$

注：工程造价管理机构在确定计价定额中的施工机械使用费时，应根据《建设工程施工机械台班费用编制规则》结合市场调查编制施工机械台班单价。施工企业可以参考工程造价管理机构发布的台班单价，自主确定施工机械使用费的报价。

（2）仪器仪表使用费

仪器仪表使用费是指工程施工所需使用的仪器仪表的摊销及维修费用。基本计算公式为：

$$仪器仪表使用费 = \sum（仪器仪表台班消耗量 \times 仪器仪表台班单价） \quad （2\text{-}34）$$

仪器仪表台班单价通常由台班折旧费、维护费、校验费和动力费组成。

当采用一般计税方法时，施工机械台班单价和仪器仪表台班单价中的相关子项均需扣除增值税进项税额。

4.企业管理费的构成和计算

（1）企业管理费的构成

企业管理费（Overhead Cost）是指建筑安装企业组织施工生产和经营管理所需的费用。内容包括：

1）管理人员工资，是指按规定支付给管理人员的计时工资、奖金、津贴补贴、加班加点工资及特殊情况下支付的工资等；

2）办公费，是指企业管理办公用的文具、纸张、账表、印刷、邮电、书报、办公软件、现场监控、会议、水电、烧水和集体取暖降温（包括现场临时宿舍取暖降温）等费用；

3）差旅交通费，是指职工因公出差、调动工作的差旅费、住勤补助费，市内交通费和误餐补助费，职工探亲路费，劳动力招募费，职工退休、退职一次性路费，工伤人员就医路费，工地转移费以及管理部门使用的交通工具的油料、燃料等费用；

4）固定资产使用费，是指管理和试验部门及附属生产单位使用的属于固定资产的房屋、设备、仪器等的折旧、大修、维修或租赁费；

5）工具用具使用费，是指企业施工生产和管理使用的不属于固定资产的工具、器具、家具、交通工具和检验、试验、测绘、消防用具等的购置、维修和摊销费；

6）劳动保险和职工福利费，是指由企业支付的职工退职金、按规定支付给离休干部的经费，集体福利费、夏季防暑降温、冬季取暖补贴、上下班交通补贴等；

7）劳动保护费，是企业按规定发放的劳动保护用品的支出，如工作服、手套、防暑降温饮料以及在有碍身体健康的环境中施工的保健费用等；

8）检验试验费，是指施工企业按照有关标准规定，对建筑以及材料、构件和建筑安装物进行一般鉴定、检查所发生的费用，包括自设试验室进行试验所耗用的材料等费用，不包括新结构、新材料的试验费，对构件做破坏性试验及其他特殊要求检验试验的费用和建设单位委托检测机构进行检测的费用，对此类检测发生的费用，由建设单位在工程建设其他费用中列支，但对施工企业提供的具有合格证明的材料进行检测不合格的，该检测费用由施工企业支付；

9）工会经费，是指企业按《中华人民共和国工会法》规定的全部职工工资总额比例计提的工会经费；

10）职工教育经费，是指按职工工资总额的规定比例计提，企业为职工进行专业技术和职业技能培训，专业技术人员继续教育、职工职业技能鉴定、职业资格认定以及根据需要对职工进行各类文化教育所发生的费用；

11）财产保险费，是指施工管理用财产、车辆等的保险费用；

12）财务费，是指企业为施工生产筹集资金或提供预付款担保、履约担保、职工工资支付担保等所发生的各种费用；

13）税金，是指企业按规定缴纳的房产税、车船使用税、土地使用税、印花税、城市维护建设税、教育费附加、地方教育附加等各项税费；

14）其他，包括技术转让费、技术开发费、投标费、业务招待费、绿化费、广告费、公证费、法律顾问费、审计费、咨询费、保险费等。

当采用一般计税方法时，管理费的各项支出的施工企业外购商品或服务，应按照相应的增值税税率扣除增值税的进项税额。

（2）企业管理费的计算

企业管理费一般采用取费基数乘以费率的方法计算，取费基数有以下三种：以直接费为计算基础、以人工费和机械费合计为计算基础及以人工费为计算基础。企业管理费费率计算方法如下：

1）以直接费为计算基础：

$$企业管理费费率（\%）= \frac{生产工人年平均管理费}{年有效施工天数 \times 人工单价} \times 人工费占直接费比例（\%）\quad (2-35)$$

2）以人工费和机械费合计为计算基础：

$$企业管理费费率（\%）=\frac{生产工人年平均管理费}{年有效施工天数（人工单价+每一工日机械使用费）}\times100\%\quad（2-36）$$

3）以人工费为计算基础：

$$企业管理费费率（\%）=\frac{生产工人年平均管理费}{年有效施工天数\times人工单价}\times100\%\quad（2-37）$$

注：上述公式适用于施工企业投标报价时自主确定管理费，是工程造价管理机构编制计价定额确定企业管理费的参考依据。

5.利润

利润（Profit）是指施工企业完成所承包工程获得的盈利。施工企业根据企业自身需求并结合建筑市场实际自主确定，列入报价中。工程造价管理机构在确定计价定额中利润时，应以定额人工费或（定额人工费 + 定额机械费）作为计算基数，其费率根据历年工程造价积累的资料，并结合建筑市场实际确定，以单位（单项）工程测算，利润在税前建筑安装工程费的比重可按不低于5%且不高于7%的费率计算。利润应列入分部分项工程和措施项目中。

6.规费的构成和计算

（1）规费的构成

规费（Statutory Fees）是指按国家法律、法规规定，由省级政府和省级有关权力部门规定必须缴纳或计取的费用。其构成主要包括社会保险费和住房公积金，其他应列而未列入的规费，按实际发生计取。规费的主要构成具体情况见表2-3。

规费的主要构成　　　　　　　　　表2-3

规费组成	费用内容
社会保险费	社会保险费包括养老、失业、医疗、生育以及工伤保险费： 1）养老保险费是指企业按照规定标准为职工缴纳的基本养老保险费； 2）失业保险费是指企业按照规定标准为职工缴纳的失业保险费； 3）医疗保险费是指企业按照规定标准为职工缴纳的基本医疗保险费； 4）生育保险费是指企业按照规定标准为职工缴纳的生育保险费； 5）工伤保险费是指企业按照规定标准为职工缴纳的工伤保险费
住房公积金	住房公积金是指企业按规定标准为职工缴纳的住房公积金

（2）规费的计算

社会保险费和住房公积金应以定额人工费为计算基础，根据工程所在地省、自治区、直辖市或行业建设主管部门规定费率计算。

$$社会保险费和住房公积金=\sum（工程定额人工费 \times 社会保险费和住房公积金费率）\quad（2-38）$$

式中　社会保险费和住房公积金费率可以每万元发承包价的生产工人人工费和管理人
　　　员工资含量与工程所在地规定的缴纳标准综合分析取定。

　　7. 税金的构成和计算

　　（1）税金的构成

　　建筑安装工程费用中的税金（Tax）指增值税。增值税是指国家税法规定的应计入
建设项目总投资内的增值税销项税额。增值税是基于商品或服务的增值额而征收的一
种价外税。

　　（2）增值税的计算

　　建筑安装工程费用中的增值税按税前造价乘以增值税税率确定。采用的计税方法
为一般计税方法和简易计税方法：

　　1）一般计税方法。当采用一般计税方法时，建筑业增值税税率为9%。计算公
式为：

$$增值税 = 税前造价 \times 9\%$$
（2-39）

式中　税前造价为人工费、材料费、施工机具使用费、企业管理费、规费和利润之和，
　　　各费用项目均以不包含增值税可抵扣进项税额的价格计算。

　　2）简易计税方法。简易计税的适用范围，根据《营业税改征增值税试点实施办
法》《营业税改征增值税试点有关事项的规定》以及《关于建筑服务等营改增试点政策
的通知》的规定，简易计税方法主要适用于以下几种情况，见表2-4。

适用简易计税方法的情况　　　　　　　　　　　　　　　　　　　　表2-4

序号	适用情况	具体内容
1	小规模纳税人发生应税行为	小规模纳税人通常是指纳税人提供建筑服务的年应征增值税销售额未超过500万元，并且会计核算不健全，不能按规定报送有关税务资料的增值税纳税人。年应税销售额超过500万元，但不经常发生应税行为的单位，也可选择按照小规模纳税人计税
2	一般纳税人以清包工方式提供的建筑服务	以清包工方式提供建筑服务，是指施工方不采购建筑工程所需的材料或只采购辅助材料，并收取人工费、管理费或者其他费用的建筑服务
3	一般纳税人为甲供工程提供的建筑服务	甲供工程是指全部或部分设备、材料、动力由工程发包人自行采购的建筑工程。其中建筑工程总承包单位为房屋建筑的地基与基础、主体结构提供工程服务，建设单位自行采购全部或部分钢材、混凝土、砌体材料、预制构件的，适用简易计税方法计税
4	一般纳税人为建筑工程老项目提供的建筑服务	建筑工程老项目：《建筑工程施工许可证》注明的合同开工日期在2016年4月30日前的建筑工程项目；未取得《建筑工程施工许可证》的，建筑工程承包合同注明的开工日期在2016年4月30日前的建筑工程项目

　　当采用简易计税方法时，建筑业增值税税率为3%。其计算公式为：

$$增值税 = 税前造价 \times 3\%$$
（2-40）

式中　税前造价为人工费、材料费、施工机具使用费、企业管理费、利润和规费之和，
　　　各费用项目均以包含增值税进项税额的含税价格计算。

2.3.2　按造价形成划分建筑安装工程费用项目构成和计算

建筑安装工程费按照工程造价形成由分部分项工程费、措施项目费、其他项目费、规费、税金组成，分部分项工程费、措施项目费、其他项目费包含人工费、材料费、施工机具使用费、企业管理费和利润。如图 2-6 所示。

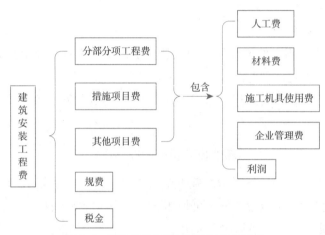

图 2-6　按造价形成划分的建筑安装工程费

1. 分部分项工程费的构成和计算

分部分项工程费（Expenses of Divisional and Elemental Works）是指各专业工程的分部分项工程应予列支的各项费用。专业工程是指按现行国家计量规范划分的房屋建筑与装饰工程、仿古建筑工程、通用安装工程、市政工程、园林绿化工程、矿山工程、构筑物工程、城市轨道交通工程、爆破工程等各类工程。分部分项工程指按现行国家计量规范对各专业工程划分的项目。如房屋建筑与装饰工程划分的土石方工程、地基处理与桩基工程、砌筑工程、钢筋及钢筋混凝土工程等。各类专业工程的分部分项工程划分见现行国家或行业计量规范。分部分项工程费计算公式为：

$$\text{分部分项工程费} = \sum (\text{分部分项工程量} \times \text{综合单价}) \tag{2-41}$$

式中　综合单价包括人工费、材料费、施工机具使用费、企业管理费和利润以及一定
　　　范围的风险费用。

2. 措施项目费的构成和计算

（1）措施项目费的构成

措施项目费（Expenses of Preliminaries）是指为完成建设工程施工，发生于该工程施工前和施工过程中的技术、生活、安全、环境保护等方面的费用。措施项目及其包含的内容应遵循各类专业工程的现行国家或行业计量规范。以不同专业的清单工程量

计算规范为例，措施项目费的构成如下：

1）根据住房和城乡建设部发布的《房屋建筑与装饰工程工程量计算规范》GB 50854—2013中的规定，房屋建筑与装饰工程的措施项目费由以下组成：安全文明施工费；夜间施工增加费；非夜间施工照明费；二次搬运费；冬雨季施工增加费；地上、地下设施、建筑物的临时保护设施费；已完工程及设备保护费；脚手架工程费；混凝土模板及支架（撑）费；垂直运输费；超高施工增加费；大型机械设备进出场及安拆费；施工排水、降水费等；

2）根据住房和城乡建设部发布的《仿古建筑工程工程量计算规范》GB 50855—2013中的规定，仿古建筑工程的措施项目费由以下组成：夜间施工增加费；非夜间施工照明费；二次搬运费；冬雨季施工增加费；已完工程及设备保护费；高层施工增加费；脚手架工程费；模板及支架工程费；垂直运输机械费等；

3）根据住房和城乡建设部发布的《通用安装工程工程量计算规范》GB 50856—2013中的规定，通用安装工程的措施项目费由以下组成：安全文明施工费；夜间施工增加费；非夜间施工照明费；二次搬运费；冬雨季施工增加费；已完工程及设备保护费；高层施工增加费；吊装加固费；金属抱杆安装、拆除、移位费；平台铺设、拆除费；顶升提升装置费；大型设备专用机具费；焊接工艺评定费；胎（模）具制作、安装、拆除费；特殊地区施工增加费；安装与生产同时进行施工增加费等；

4）根据住房和城乡建设部发布的《市政工程工程量计算规范》GB 50857—2013中的规定，市政工程的措施项目费由以下组成：安全文明施工费；夜间施工增加费；二次搬运费；冬雨季施工增加费；行车、行人干扰费；地上、地下设施、建筑物的临时保护设施费；已完成工程及设备保护费；脚手架工程费；混凝土模板及支架费；围堰费；便道及便桥费；洞内临时设施费；大型机械设备进出场及安拆费；施工排水、降水费；处理、监测、监控费等；

5）根据住房和城乡建设部发布的《园林绿化工程工程量计算规范》GB 50858—2013中的规定，园林绿化工程的措施项目费由以下组成：安全文明施工费；夜间施工增加费；二次搬运费；冬雨季施工增加费；绿化工程费；园路、园桥工程费；园林景观工程费；反季节栽植影响措施费；脚手架工程费等；

6）根据住房和城乡建设部发布的《矿山工程工程量计算规范》GB 50859—2013中的规定，矿山工程的措施项目费由以下组成：临时支护措施项目费；露天矿山措施项目费；凿井措施项目费；大型机械设备进出场及安拆费和安全文明施工及其他措施项目费等；

7）根据住房和城乡建设部发布的《构筑物工程工程量计算规范》GB 50860—2013中的规定，构筑物工程的措施项目费由以下组成：脚手架工程费；现浇混凝土构筑物模板费；垂直运输费；大型机械设备进出场及安拆费；施工排水、降水费；安全文明施工及其他措施项目费等；

8）根据住房和城乡建设部发布的《城市轨道交通工程工程量计算规范》GB 50861—2013 中的规定，城市轨道交通工程的措施项目费由以下组成：围堰及筑岛费；便道及便桥费；脚手架费；支架费；洞内临时设施费；临时支撑费；施工监测、监控费；大型机械设备进出场及安拆费；施工排水、降水费；设施、处理、干扰及交通导行费；安全文明施工及其他措施项目费等；

9）根据住房和城乡建设部发布的《爆破工程工程量计算规范》GB 50862—2013 中的规定，爆破工程的措施项目费由以下组成：爆破安全措施项目费；试验爆破措施项目费；爆破现场警戒与实施措施项目费；安全文明施工及其他措施项目费等。

（2）措施项目费的计算

以房屋建筑与装饰工程为例，措施项目分为国家计量规范规定应予计量的措施项目和不宜计量的措施项目两类：

1）对于应予计量的措施项目，其计算公式为：

$$措施项目费 = \sum（措施项目工程量 \times 综合单价） \qquad （2-42）$$

不同应予计量的措施项目其工程量的计算单位是不同的，具体见表 2-5。

不同应予计量的措施项目的计算 表 2-5

序号	措施项目	计算内容
1	脚手架费	通常按照建筑面积或垂直投影面积以"m²"为单位计算
2	混凝土模板及支架（撑）费	通常按照模板与现浇混凝土构件的接触面积以"m²"为单位计算
3	垂直运输费	可根据需要用两种方法进行计算： 1）按照建筑面积以"m²"为单位计算； 2）按照施工工期日历天数以天为单位计算
4	超高施工增加费	通常按照建筑物超高部分的建筑面积以"m²"为单位计算
5	大型机械设备进出场及安拆费	通常按照机械设备的使用数量以台次为单位计算
6	施工排水、降水费	分两个不同的独立部分计算： 1）成井费用通常按照设计图示尺寸以钻孔深度按"m"计算； 2）排水、降水费用通常按照排、降水日历天数按昼夜计算

2）对于不宜计量的措施项目，计算方法如下：

①安全文明施工费的计算公式如下：

$$安全文明施工费 = 计算基数 \times 安全文明施工费费率 \qquad （2-43）$$

式中 计算基数应为定额基价（定额分部分项工程费+定额中可以计量的措施项目费）、定额人工费或（定额人工费+定额机具费），其费率由工程造价管理机构根据各专业工程的特点综合确定。

②其余不宜计量的措施项目包括夜间施工增加费，非夜间施工照明费，二次搬运费，地上、地下设施、建筑物的临时保护设施费，冬雨季施工增加费，已完工程及设

备保护费等。其计算公式如下：

$$措施项目费 = 计算基数 \times 相应的措施项目费费率 \qquad （2-44）$$

式中 计费基数应为定额人工费或（定额人工费 + 定额机具费），其费率由工程造价管
理机构根据各专业工程特点和调查资料综合分析后确定。

3. 其他项目费的构成和计算

其他项目费（Sundry Costs）是指工程量清单计价中，除分部分项工程费和措施项
目费之外的其他工程费用，包括暂列金额、暂估价、计日工费用和总承包服务费等。

（1）暂列金额

暂列金额（Provisional Sums）是指建设单位在工程量清单中暂定并包括在工程合同
价款中的一笔款项。用于施工合同签订时尚未确定或者不可预见的所需材料、工程设
备、服务的采购，施工中可能发生的工程变更、合同约定调整因素出现时的工程价款
调整以及发生的索赔、现场签证确认等的费用。

暂列金额由建设单位根据工程特点，按有关计价规定估算，施工过程中由建设单
位掌握使用、扣除合同价款调整后如有余额，归建设单位。

（2）暂估价

暂估价（Provisional Price）是指招标人在招标文件中提供的用于支付必然发生但
暂时不能确定价格的材料、工程设备的单价以及专业工程的金额，包括材料暂估单价、
工程设备暂估单价、专业工程暂估价。

（3）计工日费用

计日工费用（Daywork Rate）是指在施工过程中，承包人完成发包人提出的工程合
同范围以外的零星项目或工作按照合同中约定的单价计价形成的费用。

（4）总承包服务费

总承包服务费（Main Contractor's Attendance）是指总承包人为配合、协调建设单位
进行的专业工程发包，对建设单位自行采购的材料、工程设备等进行保管以及施工现
场管理、竣工资料汇总整理等服务所需的费用。

4. 规费和税金

规费和税金的构成和计算同 2.3.1 中的内容。

2.4 工程建设其他费用的构成和计算

工程建设其他费用是指从工程规划筹建到工程验收交付使用的整个建设期间，根据
相关的规定和要求，为保证建设工程项目顺利完成和交付使用后能够正常发挥效用而发
生的，在工程项目的建设期发生的与土地使用权取得、所有工程项目建设以及未来生产
经营有关的，除工程费用、预备费、增值税、建设期融资费用、流动资金以外的费用。

工程建设其他费用是项目建设投资中较常发生的费用项目，但并非每个项目都会发生这些费用项目，不发生工程建设其他费用的项目不计取。

2.4.1 土地使用费和其他补偿费

所有的建设工程项目都有一个固定的地点，必须占用一定量的土地，必然会发生为获取建设用地而支付的费用，这就是土地使用费（Cost of Land Use）。建设用地的取得，实质是依法获取国有土地的使用权。依据我国《中华人民共和国土地管理法》《中华人民共和国土地管理法实施条例》《中华人民共和国城市房地产管理法》规定，获取国有土地使用权的基本方法有两种：一是出让方式，二是划拨方式。建设土地取得的基本方式还包括租赁和转让方式。

建设用地若通过行政划拨方式取得，则需承担征地补偿费用或对原用地单位或个人的拆迁补偿费用；若通过市场机制取得，则不仅承担以上费用，还需向土地所有者支付有偿使用费，即土地出让金。

1. 征地补偿费

征地补偿费用由以下几个部分组成：

1）土地补偿费。土地补偿费是对农村集体经济组织因土地被征用而造成的经济损失的一种补偿。征收农用地的土地补偿费标准由省、自治区、直辖市通过制定公布区片综合地价确定。制定区片综合地价应当综合考虑土地原用途、土地资源条件、土地产值、土地区位、土地供求关系、人口以及经济社会发展水平等因素，并至少每三年调整或者重新公布一次。征用其他土地的补偿费标准，由省、自治区、直辖市制定。土地补偿费归农村集体经济组织所有。

2）青苗补偿费和地上附着物补偿费。青苗补偿费是因征地时对其正在生长的农作物受到损害而做出的一种赔偿。在农村实行承包责任制后，农民自行承包土地的青苗补偿应付给本人，属于集体种植的青苗补偿费可纳入当年集体收益。凡在协商征地方案后抢种的农作物、树木等，一律不予补偿；地上附着物是指房屋、水井、树木、涵洞、桥梁、公路、水利设施、林木等地面建筑物、构筑物、附着物等。视协商征地方案前地上附着物价值与折旧情况确定，应根据"拆什么、补什么；拆多少，补多少，不低于原来水平"的原则确定。如附着物产权属个人，则该项补助费付给个人。地上附着物和青苗等的补偿标准，由省、自治区、直辖市制定。对其中的农村村民住宅，应当按照先补偿后搬迁、居住条件有改善的原则，尊重农村村民意愿，采取重新安排宅基地建房、提供安置房或者货币补偿等方式给予公平、合理的补偿，并对因征收造成的搬迁、临时安置等费用予以补偿，保障农村村民居住的权利和合法的住房财产权益。

3）安置补助费。安置补助费应支付给被征地单位和安置劳动力的单位，作为劳动力安置与培训的支出，以及作为不能就业人员的生活补助。征收农用地的安置补助费标准由省、自治区、直辖市通过制定公布区片综合地价确定，并至少每三年调整或者重新公布一次。县级以上地方人民政府应当将被征地农民纳入相应的养老等社会保障体系。被征地农民的社会保障费用主要用于符合条件的被征地农民的养老保险等社会保险缴费补贴。被征地农民社会保障费用的筹集、管理和使用办法，由省、自治区、直辖市制定。

4）耕地开垦费和森林植被恢复费。非农业建设项目经批准占用耕地的，由占用耕地的单位负责开垦与所占用耕地的数量和质量相当的耕地；没有条件开垦或者开垦的耕地不符合要求的，应当按照省、自治区、直辖市的规定缴纳耕地开垦费。涉及森林草原的包括森林植被恢复费用等。

5）生态补偿与压覆矿产资源补偿费。水土保持等生态补偿费是指建设项目对水土保持等生态造成影响所发生的除工程费之外补救或者补偿费用；压覆矿产资源补偿费是指项目工程对被其压覆的矿产资源利用造成影响所发生的补偿费用。

6）其他补偿费。其他补偿费是指建设项目涉及的对房屋、市政、铁路、公路、管道、通信、电力、河道、水利、厂区、林区、保护区、矿区等不附属于建设用地但与建设项目相关的建筑物、构筑物或设施的拆除、迁建补偿、搬迁运输补偿等费用。

2. 拆迁补偿费

在城市规划区内国有土地上实施房屋拆迁，拆迁人应当对被拆迁人给予补偿和安置。

（1）拆迁补偿金。补偿方式可以实行货币补偿，也可以实行房屋产权调换。货币补偿的金额，依据被拆迁房屋的区位、用途、建筑面积等因素，以房地产市场评估价格确定，具体办法由省、自治区、直辖市人民政府制定。实行房屋产权调换，拆迁人与被拆迁人按照计算得到的被拆迁房屋的补偿金额和所调换房屋的价格，结清产权调换的差价。

（2）迁移补偿费。迁移补偿费包括征用土地上的房屋及附属构筑物、城市公共设施等拆除、迁建补偿费、搬迁运输费，企业单位因搬迁造成的减产、停工损失补贴费，拆迁管理费等。迁移补偿费的标准由省、自治区、直辖市人民政府规定。

3. 出让金、土地转让金

土地使用权出让金为用地单位向国家支付的土地所有权收益，出让金标准一般参考城市基准地价并结合其他因素制定。基准地价是指在城镇规划区范围内，对不同级别的土地或者土地条件相当的均质区域，按照商业、居住、工业等用途分别评估的，并由市、县以上人民政府公布的，国有土地使用权的平均价格。

在有偿出让和转让土地时，政府对地价不做统一规定，但应坚持以下原则：①即地价对目前的投资环境不产生大的影响；②地价与当地的社会经济承受能力相适应；③地价要考虑已投入的土地开发费用、土地市场供求关系、土地用途、所在区类、容积率和使用年限等。有偿出让和转让土地使用权，要向土地受让者征收契税；转让土地如有增值，要向转让者征收土地增值税。土地使用权出让或转让，应先由地价评估机构进行价格评估后，再签订土地使用权出让和转让合同。

4. 场地准备及临时设施费

（1）场地准备及临时设施费的内容

场地准备及临时设施费的全称为建设项目场地准备费和建设单位临时设施费。建设项目场地准备费是指为使工程项目的建设场地达到开工条件，由建设单位组织进行的场地平整等的准备工作而发生的费用；建设单位临时设施费是指建设单位为满足施工建设需要而提供的未列入工程费用的临时水、电、路、信、气、热等工程和临时仓库等建（构）筑物的建设、维修、拆除、摊销费用或租赁费用，以及货场、码头租赁等费用。

（2）场地准备及临时设施费的计算

场地准备及临时设施应尽量与永久性工程统一考虑，场地平整工作所需的大型土石方工程应进入工程费用中的总图运输费用中。新建项目的场地准备和临时设施费应根据实际工程量估算，或按工程费用的比例计算。改扩建项目一般只计拆除清理费。计算公式如下：

$$场地准备和临时设施费 = 工程费用 \times 费率 + 拆除清理费 \qquad （2-45）$$

发生拆除清理费时可按新建同类工程的比例计算。凡可回收材料的拆除工程采用以料抵工方式冲抵拆除清理费。另外建设单位临时设施费不包括已列入建筑安装工程费用中的施工单位临时设施费用。

2.4.2　与项目建设有关的其他费用

1. 建设单位管理费

（1）建设单位管理费的内容

建设单位管理费（Overhead of Client Unit）是指项目建设单位从项目筹建之日起至办理竣工财务决算之日止发生的管理性质的支出，包括工作人员工资及相关费用、办公费、办公场地租用费、差旅交通费、劳动保护费、工具用具使用费、固定资产使用费、招募生产工人费、技术图书资料费（含软件）、业务招待费、竣工验收费和其他管理性质的开支。

（2）建设单位管理费的计算

建设单位管理费按照工程费用之和（包括设备及工器具购置费和建筑安装工程费用）乘以建设单位管理费费率计算。计算公式如下：

$$建设单位管理费 = 工程费用 \times 建设单位管理费率 \qquad （2-46）$$

式中　建设单位管理费率可参考财政部发布的《基本建设项目建设成本管理规定》（财建［2016］504号）里的项目建设单位管理费总额控制数费率表，见表2-6。

项目建设单位管理费总额控制数费率表   表 2-6

工程总概算（万元）	费率（%）	算例（单位：万元）	
		工程总概算	项目建设单位管理费
1000 以下	2	1000	1000×2%=20
1001~5000	1.5	5000	20+（5000-1000）×1.5%=80
5001~10000	1.2	10000	80+（10000-5000）×1.2%=140
10001~50000	1	50000	140+（50000-10000）×1%=540
50001~100000	0.8	100000	540+（100000-50000）×0.8%=940
1000000 以上	0.4	200000	940+（200000-100000）×0.4%=1340

委托第三方行使部分管理职能的，其技术服务费列入技术服务费项目。

2. 可行性研究费

可行性研究费（Cost of Feasibility Study）是指在工程项目投资决策阶段，对有关建设方案、技术方案或生产经营方案进行的技术经济论证，以及编制、评审可行性研究报告等所需的费用，包括预可行性研究过程、可行性研究过程以及撰写项目建议书所发生的费用。

3. 专项评价费

专项评价费（Cost of Special Evaluation）是指建设单位按照国家规定委托相关单位开展专项评价及有关验收工作发生的费用。专项评价费包括环境影响评价费、安全预评价费、职业病危害预评价费、地质灾害危险性评价费、水土保持评价费、压覆矿产资源评价费、节能评估费、危险与可操作性分析及安全完整性评价费等，根据项目建设的地点和特性，专项评价费还可能包括地震安全性评价费、社会稳定风险评价费、防洪评价费或交通影响评价费等。

专项评价费按国家颁发的收费标准和有关规定进行计算。

4. 研究试验费

研究试验费（Cost of Study and Test）是指为建设项目提供和验证设计参数、数据、资料等进行必要的研究和试验，以及按照设计规定在施工中必须进行试验、验证所需的费用。研究试验费包括自行或委托其他部门的专题研究、试验所需人工费、材料费、试验设备及仪器使用费等。

这项费用按照设计单位根据工程项目的需要提出的研究试验内容和要求计算。在计算时要注意不应包括以下项目：

（1）应由科技三项费用（即新产品试制费、中间试验费和重要科学研究补助费）开支的项目；

（2）应在建筑安装费用中列支的施工企业对建筑材料、构件和建筑物进行一般鉴定、检查所发生的费用及技术革新的研究试验费；

（3）应由勘察设计费或工程建设投资中开支的项目。

5. 勘察设计费

（1）勘察设计费的内容

勘察费（Cost of Survey）是指勘察人根据发包人的委托，收集已有资料、现场踏勘、制定勘察纲要，进行勘察作业，以及编制工程勘察文件和岩土工程设计文件等收取的费用。设计费（Cost of Design）是指设计人根据发包人的委托，提供编制建设项目初步设计文件、施工图设计文件、非标准设备设计文件、竣工图文件等服务所收取的费用。

（2）勘察设计费的计算

勘察设计费用的计算，可依据勘察设计委托合同或参考国家有关部门的文件规定确定相应的勘察设计费用。根据中国勘察设计协会发布的《工程勘察服务成本要素信息（2022版）》（中设协字〔2022〕52号），工程勘察服务成本是指发包人为取得工程勘察成果，委托勘察人提供工程勘察服务而实际发生的成本，具体计算情况见表2-7。

工程勘察服务成本的计算   表2-7

工程勘察服务成本确定方法	计算公式
工程费法	工程勘察服务成本 = 工程勘察基本服务成本 + 工程勘察其他服务成本 工程勘察基本服务成本 = 工程勘察基本服务成本基数 × 工程复杂程度影响系数 × 附加调整系数 工程勘察其他服务成本 = 工程勘察基本服务成本 × 工程勘察其他服务成本系数
实物工作量法	工程勘察服务成本 = 工程勘察实物工作成本 + 工程勘察技术工作成本 工程勘察实物工作成本 = 工程勘察实物工作成本基价 × 实物工作量 × 附加调整系数 工程勘察技术工作成本 = 工程勘察实物工作成本 × 技术工作成本核定比例
人工日法	工程勘察服务成本 = 工程勘察服务人工成本基数 × 技术人员服务人工日 × 附加调整系数 + 差旅成本

6. 特殊设备安全监督检验费

特殊设备安全监督检验费（Fee of Special Equipment for Safety Supervision and Inspection）是指安全监督部门对在施工现场安装的列入国家特种设备范围内的设备（设施）检验检测和监督检查所发生的应列入项目开支的费用。特殊设备包括在施工现场安（组）装的锅炉及压力容器、压力管道、消防设备、燃气设备、电梯等特殊设备和设施。

特殊设备安全监督检验费按照建设项目所在省（自治区、直辖市）安全监督部门的规定标准计算。无具体规定的，在编制投资估算和概算时可按受检设备现场安装费的比例估算。

7. 监理费

监理费（Supervision Fee）是指受建设单位委托，工程监理单位为工程建设提供监理服务所发生的费用。

8. 监造费

监造费（Supervision Cost）是指对项目所需设备材料制造过程、质量进行驻厂监督所发生的费用。

设备材料监造是指承担设备监造工作的单位受项目法人或建设单位的委托，按照设备、材料供货合同的要求，坚持客观公正、诚信科学的原则，对工程项目所需设备、材料在制造和生产过程中的工艺流程、制造质量等进行监督，并对委托人（项目法人或建设单位）负责的服务。

9. 招标费

招标费（Bidding Fee）是指建设单位委托招标代理机构进行招标服务所发生的费用。

10. 工程咨询费

工程咨询费（Fee of Construction Consultancy）是指建设单位委托工程咨询机构进行各阶段工程咨询业务工作所发生的费用。

11. 市政公用配套设施费

市政公用配套设施费（Fee of Municipal Public Facilities）是指使用市政公用设施的工程项目，按照项目所在地政府有关规定建设或缴纳的市政公用设施建设配套费用。此项费用按工程所在地人民政府规定标准计列。

市政公用配套设施可以是界区外配套的水、电、路、信等，包括绿化、人防等配套设施。

12. 工程保险费

工程保险费（Construction Insurance Fee）是指为转移工程项目建设的意外风险，在建设期内对建筑工程、安装工程、机械设备和人身安全进行投保而发生的费用。工程保险包括建筑安装工程一切险、工程质量保险、进口设备财产保险和人身意外伤害险等。

工程保险费根据工程类别的不同，分别以建筑、安装工程费乘以建筑、安装工程保险费费率计算。具体见表 2-8。

工程保险费的计算

表 2-8

工程类别	工程内容	工程保险费计算
民用建筑	住宅楼、综合性大楼、商场、旅馆、医院、学校等	按照建筑工程费的 2‰~4‰ 计算
其他建筑	工业厂房、仓库、道路、码头、水坝、隧道、桥梁、管道等	按照建筑工程费的 3‰~6‰ 计算
安装工程	农业、工业、机械、电子、电器、纺织、矿山、石油、化学及钢铁工业、钢结构桥梁等	按照安装工程费的 3‰~6‰ 计算

13. 税费

根据财政部发布的《基本建设项目建设成本管理规定》（财建〔2016〕504 号）工程其他费中的有关规定，税费统一归纳计列，是指耕地占用税、城镇土地使用税印花税、车船使用税等和行政性收费，不包括增值税。

14. 其他费用

其他费用是指以上费用之外，根据工程建设需要必须发生的其他费用。

2.4.3 与未来生产经营有关的其他费用

1. 联合试运转费

联合试运转费（Joint Commissioning Fee）是指新建或新增生产能力的工程项目，在交付生产前按照批准的设计文件规定的工程质量标准和技术要求，对整个生产线或装置进行负荷联合试运转所发生的费用净支出（试运转支出大于收入的差额部分费用）。

联合试运转支出包括试运转所需材料、燃料及动力消耗、低值易耗品、其他物料消耗、机械使用费、联合试运转人员工资、施工单位参加试运转人工费、专家指导费，以及必要的工业炉烘炉费；试运转收入包括试运转期间的产品销售收入和其他收入。

联合试运转费不包括应由设备安装工程费用开支的调试及试车费用，以及在试运转中暴露出来的因施工原因或设备缺陷等发生的处理费用。

2. 专利及专有技术使用费

（1）专利及专有技术使用费的内容

专利及专有技术使用费（Royalties for Patents and Proprietary Technology）是指在建设期内为取得专利、专有技术、商标权、商誉、特许经营权等发生的费用，包括有工艺包费、设计及技术资料费、有效专利、专有技术使用费、技术保密费、技术服务费、商标权、商誉和特许经营权费、软件费等。

（2）专利及专有技术使用费的计算

在专利及专有技术使用费的计算时应注意以下问题：

1）按专利使用许可协议和专有技术使用合同的规定计列；

2）专有技术的界定应以省、部级鉴定批准为依据；

3）项目投资中只计需在建设期支付的专利及专有技术使用费，协议或合同规定在生产期支付的使用费应在生产成本中核算；

4）一次性支付的商标权、商誉及特许经营权费按协议或合同规定计列，协议或合同规定在生产期支付的商标权或特许经营权费应在生产成本中核算。

3. 生产准备费

（1）生产准备费的内容

生产准备费（Operational Production Preparation Fee）是指在建设期内，建设单位为保证项目正常生产所做的提前准备工作发生的费用，包括人员培训、提前进厂费以及投产使用必备的办公、生活家具用具及工器具等的购置费用。包括：

1）人员培训及提前进厂费，包括自行组织培训或委托其他单位培训的人员工资、工资性补贴、职工福利费、差旅交通费、劳动保护费、学习资料费等；

2）为保证初期正常生产（或营业、使用）所必需的生产办公、生活家具用具购置费。

（2）生产准备费的计算

1）新建项目按设计定员为基数计算，改扩建项目按新增设计定员为基数计算，具体可按下式计算：

$$生产准备费 = 设计定员 \times 生产准备费指标 \qquad (2-47)$$

2）可采用综合的生产准备费指标进行计算，也可以按费用内容的分类指标计算。

2.5　预备费、建设期利息的计算

2.5.1　预备费

全国人民代表大会常务委员会发布的《中华人民共和国预算法》第四十条提及："各级一般公共预算应当按照本级一般公共预算支出额的百分之一至百分之三设置预备费，用于当年预算执行中的自然灾害等突发事件处理增加的支出及其他难以预见的开支。"由于建设项目具有长期性特点，因此在建设项目总投资中设置预备费就显得尤为重要，预备费是指在建设期内因各种不可预见因素的变化而预留的可能增加的费用，包含基本预备费和价差预备费。

1. 基本预备费

（1）基本预备费的内容

基本预备费（Basic Contingency）是指投资估算或工程概算阶段预留的，由于工程实施中不可预见的工程变更及洽商、一般自然灾害处理、地下障碍物处理、超规超限设备运输等而可能增加的费用，亦可称为工程建设不可预见费。基本预备费一般由以下四部分构成：

1）工程变更及洽商。在批准的初步设计范围内，技术设计、施工图设计及施工过程中所增加的工程费用；设计变更、工程变更、材料代用、局部地基处理等增加的费用；

2）一般自然灾害处理。一般自然灾害造成的损失和预防自然灾害所采取的措施费用。实行工程保险的工程项目，该费用应适当降低；

3）不可预见的地下障碍物处理的费用；

4）超规超限设备运输增加的费用。

（2）基本预备费的计算

基本预备费是按工程费用和工程建设其他费用二者之和为计取基础，乘以基本预备费费率进行计算，计算公式如下：

$$基本预备费 = （工程费用 + 工程建设其他费用）\times 基本预备费费率 \qquad (2-48)$$

式中　基本预备费费率的取值应执行国家及有关部门的规定。

【例2-3】某建设项目建筑安装工程费用为6000万元，设备购置费用为1000万元，工程建设其他费用为2000万元，建设期利息为500万元。若基本预备费费率为6%，求该建设项目的基本预备费。

【解】基本预备费=（6000+1000+2000）×6%=540（万元）

2. 价差预备费

（1）价差预备费的内容

价差预备费（Contingency for Price Variation）是指为在建设期内利率、汇率或价格等因素的变化而预留的可能增加的费用，亦称为价格变动不可预见费。价差预备费的内容包括：人工、设备、材料、施工机具的价差费，建筑安装工程费及工程建设其他费用调整，利率、汇率调整等增加的费用。

（2）价差预备费的计算

价差预备费一般根据国家规定的投资综合价格指数，按估算年份价格水平的投资额为基数，采用复利方法计算。计算公式如下：

$$PF=\sum_{t=1}^{n}I_t[(1+f)^m(1+f)^{0.5}(1+f)^{t-1}-1]\tag{2-49}$$

式中　PF——价差预备费；

　　　n——建设期年分数；

　　　I_t——建设期中第t年的静态投资计划额，包括工程费用、工程建设其他费用及基本预备费；

　　　f——年涨价率；

　　　m——建设前期年限（从编制估算到开工建设，单位：年）。

年涨价率，政府部门有规定的按规定执行，没有规定的由可行性研究人员预测。

【例2-4】某建设工程项目的工程费用为6000万元，工程建设其他费用为2000万元，基本预备费率为8%，年均投资价格上涨率为6%，建设期为2年，计划每年完成投资50%，则求该项目建设期第二年的价差预备费。

【解】基本预备费=（6000+2000）×8%=640（万元）

静态投资=6000+2000+640=8640（万元）

第二年价差预备费=8640×50%×[（1+6%）$^{0.5}$（1+6%）^{1}-1]=394.57（万元）

2.5.2　建设期利息

建设期利息（Interest During Construction Period）是指在建设期内发生的为工程项目筹措资金的融资费用及债务资金利息。

建设期利息的计算，根据建设期资金用款计划，在总贷款分年均衡发放前提下，可按当年借款在年中支用考虑，即当年借款按半年计息，上年借款按全年计息。计算公式如下：

$$q_j = \left(P_{j-1} + \frac{1}{2} A_j \right) \times i \qquad (2-50)$$

式中　q_j——建设期第 j 年应计利息；

　　P_{j-1}——建设期第（j-1）年末累计贷款本金与利息之和；

　　A_j——建设期第 j 年贷款金额；

　　i——年利率。

【例 2-5】某新建项目的建设期为 2 年，分年度进行贷款，第一年贷款 400 万元，第二年贷款 800 万元，年利率为 6%，建设期内利息只计息不支付。求建设期第二年的贷款利息。

【解】$q_1 = 400 \times \frac{1}{2} \times 6\% = 12$（万元）

$q_2 = \left(400 + 12 + 800 \times \frac{1}{2} \right) \times 6\% = 48.72$（万元）

即建设期第二年的贷款利息为 48.72 万元。

习题与思考题

1. 我国现行建设项目总投资费用组成包括哪些？

2. ICMS 整体结构有多少层级？其结构内容是什么？

3. 什么是国产非标准设备原价？

4. 设备运杂费包括哪些？如何计算？

5. 材料运杂费里的"两票制"和"一票制"支付方式有何区别？

6. 工程建设其他费用包括哪些？

7. 某工厂采购一台国产非标准设备，制造厂生产该台设备所用材料费 50 万元，设备重量 20t，每吨加工费 3000 元，辅助材料费 200 元 /t，专用工具费率 2%，废品损失费率 10%，外购配套件费 14 万元，包装费率 1%，利润率 7%，增值税率为 13%，非标准设备设计费 5 万元，求该国产非标准设备的原价为多少万元？

8. 某应纳消费税的进口设备到岸价为 1500 万元，关税税率为 20%，消费税税率为 10%，增值税税率为 13%，则该设备进口环节增值税税额为多少万元？

9. 根据已知条件回答问题：

（1）某工程项目分项工程包括 A、B 两项，清单工程量分别为 600m³、800m³，综合单价分别为 300 元 /m³、400 元 /m³；

（2）单价措施项目费用 8 万元，不予调整；

（3）总价措施项目费用 10 万元，其中，安全文明施工费按分项工程和单价措施项目费用之和的 5% 计取，除安全文明施工费之外的其他总价措施项目费用不予调整；

（4）暂列金额 5 万元；

（5）管理费和利润按人材机费用之和的 18% 计取，规费按人材机费和管理费、利润之和的 5% 计取，增值税率为 9%；

（6）上述费用均不包括增值税可抵扣进项税额。

问题：（1）计算建筑安装工程费中应计列的安全文明施工费、增值税销项税额；

（2）计算该项目的建筑安装工程费。

10. 某建设项目建筑安装工程费 7000 万元，设备购置费 4000 万元，工程建设其他费用 3000 万元，已知基本预备费率 6%，项目建设前期年限为 1 年，建设期为 3 年，各年投资计划额为：第一年完成投资 30%，第二年 60%，第三年 10%。年均投资价格上涨率为 5%，求建设项目建设期间价差预备费。

11. 某新建项目，建设期为 3 年，分年均衡进行贷款，第一年贷款 400 万元，第二年贷款 500 万元，第三年贷款 400 万元，年利率为 11%，建设期内利息只计息不支付，计算建设期利息。

3

建设工程计价依据和方式

【教学要求】

1. 了解工程计价的基本原理；

2. 掌握工程计价依据的分类；

3. 熟悉工程量清单计价方法及工程计价信息；

4. 熟悉建筑安装工程人工、材料和机械台班消耗量的确定；

5. 掌握工程计价定额的编制。

【导读】

本章介绍工程计价依据，工程计价方式，建筑安装工程人工、材料和机械台班消耗量定额确定方法，以及工程计价定额的编制，通过介绍工程量清单计价与计量规范、工程计价信息以及工程计价定额的编制，对计价模式，有关工程造价的特征、状态和变动的信息，概预算定额及其基价的编制进行全面的了解。

3.1 概述

3.1.1 工程计价的基本原理

工程计价的基本原理是准确确定工程造价的前提，能够加深对建设工程计价的认识，为后续的工程计价实际操作奠定基础。根据建设项目的不同设计深度，工程计价的原理总体上可分为类比匡算计价原理和分部组合计价原理两类。

1. 类比匡算计价原理

当一个建设项目还没有具体的图样和工程量清单时，需要利用产出函数对建设项目投资进行匡算。在微观经济学中把过程的产出和资源的消耗这两者之间的关系称为产出函数。在建筑工程中，产出函数建立了产出的总量或规模与各种资源投入（比如人工、材料、机具等）之间的关系。因此，对某一特定的产出，可以通过对各投入参数赋予不同的值，从而找到一个最低的生产成本。房屋建筑面积的大小和消耗的人工之间的关系就是产出函数的一个例子。

投资的匡算常常基于某个表明设计能力或者形体尺寸的变量，比如建筑面积、公路长度、工厂的生产能力等。在这种类比估算方法下尤其要注意建设项目规模对造价的影响。建设项目的造价并不总是和规模大小呈线性关系的，典型的规模经济或规模不经济都会出现。因此慎重选择合适的产出函数，寻找规模和经济有关的经验数据。例如生产能力指数法就是用生产能力与投资额间的关系函数来进行投资估算的方法。

2. 分部组合计价原理

按照 1.1.1 建设工程项目划分，工程计价的基本原理是项目的分解和价格的组合。即将建设项目自上而下细分至最基本的构造单元（假定的建筑安装产品），采用适当的计量单位计算其工程量，以及当时的工程单价，首先计算各基本构造单元的价格，再对费用按照类别进行组合汇总，最后计算出相应工程造价。

工程计价的基本过程可以用如下计算公式示例：

$$分部分项工程费（或单价措施费）$$
$$= \sum [\,基本构造单元工程量（定额项目或清单项目）\times 相应单价\,] \qquad （3-1）$$

工程计价可分为工程计量和工程组价两个环节。

3. 工程计量

工程计量工作包括工程项目的划分和工程量的计算。

（1）工程项目的划分

单位工程基本单元的确定，即划分工程项目。编制工程概算预算时，主要是按工程定额进行项目的划分；编制工程量清单时主要是按照清单工程量计算规范规定的单项目进行划分。

（2）工程量的计算

工程量的计算就是按照工程项目的划分和工程量计算规则，就不同的设计文件工程量进行计算。工程量是计价的基础，不同的计价依据有不同的计算规则规定。目前，工程量计算规则包括两大类：

1）各类工程定额规定的计算规则；

2）各专业工程量计算规范附录中规定的计算规则。

4. 工程组价

工程组价包括工程单价的确定和总价的计算。

（1）工程单价的确定

工程单价是指完成单位工程基本构造单元的工程量所需要的基本费用。工程单价包括工料单价和综合单价：

1）工料单价仅包括人工、材料、机具使用费，是各种人工消耗量、各种材料消耗量、各类机械台班消耗量与其相应单价的乘积。计算公式如下：

$$工料单价 = \sum（人材机消耗量 \times 人材机单价）\tag{3-2}$$

2）综合单价除包括人工、材料、机具使用费外，还包括可能分摊在单位工程基本构造单元上的费用。根据单价中综合要素范围的不同，又可以分成清单综合单价（即不完全综合单价）与全费用综合单价（完全综合单价）两种。清单综合单价中除包括人工、材料、机具使用费外，还包括企业管理费、利润和风险因素费用；全费用综合单价中除包括人工、材料、机具使用费外，还包括企业管理费、利润、规费和税金。

综合单价根据国家、地区、行业定额或企业定额消耗量和相应生产要素的市场价格，以及定额或市场的取费费率来确定。

（2）工程总价的计算

工程总价是指按规定的程序或办法逐级汇总形成的相应工程造价。根据计算程序的不同，分为单价法和实物量法：

1）单价法。单价法包括工料单价法和综合单价法；具体内容见表 3-1。

单价法具体内容　　　　　　　　　　　　　　　表 3-1

计算方法	具体内容
工料单价法	首先依据相应计价定额的工程量计算规则计算项目的工程量，其次依据定额的人、材、机要素消耗量和单价，计算各个项目的直接费，汇总成直接费合价，最后再按照相应的取费程序计算其他各项费用，汇总后形成相应工程造价
综合单价法	若采用全费用综合单价（完全综合单价），首先依据相应工程量计算规范规定的工程量计算规则计算工程量，并依据相应的计价依据确定综合单价，然后用工程量乘以综合单价，并汇总即可得出各计价单元的完全价格，汇总后形成相应工程造价。我国现行的《建设工程工程量清单计价规范》GB 50500—2013 中规定的清单综合单价属于不完全综合单价，当把规费和税金计入不完全综合单价后即形成完全综合单价

2）实物量法。实物量法是依据施工图纸和预算定额的项目划分即工程量计算规则，先计算出分部分项工程量，然后套用预算定额（消耗量定额）计算人工、材料、机具等要素的消耗量，再根据各要素的实际价格及各项费率汇总形成相应工程造价的方法。

3.1.2 工程计价依据的含义及分类

工程计价依据（Basis for Estimate of Project Cost）是指在工程计价活动中，所需要的依据与计价内容、计价方法和价格标准相关的工程计量计价标准，工程计价定额及工程计价信息等的总称。常见的工程计价依据有工程定额、工程量清单计量与计价规范、工程计价信息等。

1. 工程定额

工程定额主要是指按照国家和地方有关的产品和施工工艺标准、技术与质量验收规范及其评定标准等，依据现行的生产力水平，编制的用于规定完成某一工程单位合格产品所需消耗的人工、材料、机具等资源以及费率、时间的数量标准。

根据《住房和城乡建设部办公厅关于印发工程造价改革工作方案的通知》（建办标〔2020〕38号），工程定额改革的中心任务是"加快转变政府职能，优化概算定额、估算指标编制发布和动态管理，取消最高投标限价按定额计价的规定，逐步停止发布预算定额"。同时通过购买服务等多种方式，充分发挥企业、科研单位、社团组织等社会力量在工程定额编制中的基础作用，提高工程定额编制水平，并应鼓励企业编制企业定额。

应建立工程定额全面修订和局部修订相结合的动态调整机制，及时修订不符合市场实际的内容，提高定额时效性。编制有关建筑产业现代化、建筑节能与绿色建筑等工程定额，发挥定额在新技术、新工艺、新材料、新设备推广应用中的引导约束作用，支持建筑业转型升级。

2. 工程量清单计量与计价规范

工程量清单是指建设工程中载明项目名称、项目特征、计量单位和工程数量等的明细清单。根据《住房和城乡建设部办公厅关于印发工程造价改革工作方案的通知》（建办标〔2020〕38号），工程量清单改革的中心任务是"修订工程量计算规范，统一工程项目划分、特征描述、计量规则和计算口径。修订工程量清单计价规范，统一工程费用组成和计价规则。通过建立更加科学合理的计量和计价规则，增强我国企业市场询价和竞争谈判能力，提升企业国际竞争力。"

目前住房和城乡建设部发布了2013版国标工程量清单规范，其规范包括1本清单计价规范和9本工程量计算规范，具体见表3-2。

2013 版国标工程量清单规范目录   表 3-2

序号	国标编号	清单规范名称	执行年份
1	GB 50500—2013	《建设工程工程量清单计价规范》	2013
2	GB 50854—2013	《房屋建筑与装饰工程工程量计算规范》	2013
3	GB 50856—2013	《通用安装工程工程量计算规范》	2013
4	GB 50857—2013	《市政工程工程量计算规范》	2013
5	GB 50858—2013	《园林绿化工程工程量计算规范》	2013
6	GB 50861—2013	《城市轨道交通工程工程量计算规范》	2013
7	GB 50855—2013	《仿古建筑工程工程量计算规范》	2013
8	GB 50860—2013	《构筑物工程工程量计算规范》	2013
9	GB 50859—2013	《矿山工程工程量计算规范》	2013
10	GB 50862—2013	《爆破工程工程量计算规范》	2013

3. 工程计价信息

工程计价信息是指工程造价管理机构、行业组织以及信息服务企业发布的指导或服务于建设工程计价的人工、材料、工程设备、施工机具台班的价格信息，以及各类工程的造价指数、指标等。工程计价信息是在市场经济体制下，准确反映工程价格的重要支撑，也是政府进行公共服务的重要内容。

3.2 工程计价依据

3.2.1 工程定额

工程定额按照计价发展趋势，总体可分为计价定额、消耗量定额：

（1）计价定额。其基本特征就是作为建设项目各阶段计价的法定性或指导性依据，体现了按照生产过程进行工程计价的特点，无论是统一发布或者企业自行编制完成的计价定额，都属于成本法定价的计价依据，体现了"量价合一"的特点。

（2）消耗量定额。它是由住房和城乡建设主管部门或企业根据合理的施工组织设计，按照正常施工条件制定的，生产一个规定计量单位工程合格产品所需人工、材料、机具台班的社会平均消耗量标准，体现了"量价分离"的特点。

1. 消耗量定额和计价定额之间的联系

从工程定额的发展过程来看，最初主要是以消耗量定额为其主要的变现形式，主要目的是通过明确每一工作子项的消耗量标准达到建设项目投资管控或投资费用节约的目标。在施工工艺没有大幅度改进的前提下，消耗量定额会在较长时间内具备稳定性。由于我国长时期以来实施的管制价格制度，导致人工、材料、机具的单位价格也是相对稳定不变的，因此将消耗量定额与相应的人、材、机单价相乘汇总后，就可以比较准确地反映出一定时期内单位工作子项的造价，即形成的计价定额。当然，由于自 20 世纪 90 年代以来建设市场的不断改革。各建设要素尤其是材料价格开始出现频繁的变化,因此依据原消耗量定额计算的计价定额可能不能及时反映出这种市场价格的波动,因此在工程实践中出现了根据类似工程的交易价格统计、汇总、分析编制完成的另一种计价定额。即计价定额可以分为两种类型,既可以用成本法根据消耗量定额编制完成,也可以根据建设市场的实际承发包价格按照交易法统计得到。

为进一步阐述这两种定额的关联性,这里引用《建设工程工程量清单计价规范》,以投标报价的编制要求为例,见表 3-3。

投标报价的编制要求　　　　　　　　　　　　　　表 3-3

序号	规范文件名称	相关内容
1	《建设工程工程量清单计价规范》GB 50500—2003	第 4.0.8 条"投标报价应根据招标文件中的工程量清单和有关要求、施工现场实际情况及拟定的施工方案或施工组织设计,依据企业定额和市场结构信息,或参照建设行政主管部门颁布的社会平均消耗量定额进行编制"
2	《建设工程工程量清单计价规范》GB 50500—2008	第 4.3.3 条"投标报价应根据下列依据编制:……企业定额,国家或省级、行业建设主管部门颁发的计价定额"
3	《建设工程工程量清单计价规范》GB 50500—2013	第 6.2.1 条"投标报价应根据下列依据编制和复核:……企业定额,国家或省级、行业建设主管部门颁发的计价定额和计价办法"

由表 3-3 可知,2003 年版的清单计价规范要求工程量清单单价依据消耗量定额计算,而 2008 年版和 2013 年版要求工程量清单单价依据计价定额编制,由此可见,在清单计价方式下的计价过程经历了从依据消耗量定额计价逐渐演变为计价定额的转化过程,体现了工程定额适应市场化定额的改革方式。

值得注意的是三种版本的清单计价规范都提到了依据企业定额,企业定额是指由企业根据本企业的人员素质、机械装备程度和企业管理水平,参照国家、行业或地区定额自行编制,且只限于本企业内部使用的定额。根据《住房和城乡建设部办公厅关于印发工程造价改革工作方案的通知》(建办标〔2020〕38 号)中提出的"鼓励企事业单位通过信息平台发布各自的人工、材料、机械台班市场价格信息,供市场主体选择",企业定额的运用灵活性较高,能够很好适应新形势下的工程造价,满足市场的需求。随着造价改革方案的实施,企业逐渐自主定价,企业定额也包括企业消耗量定额和企业计价定额,企业消耗量定额目的是对施工过程中消耗量的管控。企业计价定额是企业按照自身的实际情况进行投标报价,实现自主定价的主要依据。

2. 工程定额的分类

工程定额是一个综合概念,是建设工程造价计价和管理中各类定额的总称,包括许多种类的定额,可以按照不同的原则和方法对它进行分类。

(1)按生产要素消耗内容分类

按生产要素消耗内容分类,工程定额可分为劳动消耗定额、材料消耗定额和机具消耗定额三种。

1）劳动消耗定额，简称劳动定额（也称为人工定额），是在正常的施工技术和组织条件下，完成单位合格产品（工程实体或劳务）所规定的劳动消耗的数量标准，或者是在单位时间内生产合格产品的数量标准。劳动定额大多采用工作时间消耗量来计算劳动消耗的数量。劳动定额的主要表现形式是时间定额，但同时也表现为产量定额。时间定额与产量定额互为倒数。

2）材料消耗定额，简称材料定额，是指在正常的施工技术和组织条件下，完成规定计量单位合格的建筑安装产品所消耗的原材料、成品、半成品、构配件、燃料以及水、电等动力资源的数量标准。

3）机具消耗定额，包括机械消耗定额和仪器仪表消耗定额，两者的表现形式基本一致。以机械消耗定额为例，它是以一台机械一个工作班为计量单位，所以又称为机械台班定额。它是指在正常的施工技术和组织条件下，完成单位合格产品（工程实体或劳务）所规定的施工机械消耗的数量标准，或在单位时间内机械完成合格产品的数量标准。机械消耗定额的主要表现形式是机械时间定额，也以产量定额表现。

（2）按定额的编制程序和用途分类

按定额的编制程序和用途分类，可以把工程定额分为施工定额、预算定额、概算定额、概算指标、投资估算指标。

1）施工定额。施工定额是完成一定计量单位的某一施工过程或基本工序所需消耗的人工、材料和施工机具台班数量标准。施工定额是施工企业组织生产和加强管理在企业内部适用的一种定额，属于企业定额的性质。为了适应组织生产和管理的需要，施工定额的项目划分很细，是工程定额中分项最细、定额子目最多的一宗定额，也是工程定额中的基础性定额。

2）预算定额。预算定额是在正常的施工条件下，完成一定计量单位合格分项工程或结构构件所需消耗的人工、材料、施工机具台班数量及其费用标准。预算定额是以单位工程的分部分项工程为对象编制的，包括劳动定额、材料消耗定额、机具消耗定额三个基本部分，同时还包括人工单价、材料单价、机械台班单价组成的定额子目基价。预算定额是一种计价性定额。从编制程序上看，预算定额是以施工定额为基础综合扩大编制的，它也是编制概算定额的基础。

3）概算定额。概算定额是以扩大的分部分项工程为对象编制的，计算和确定该工程项目的劳动消耗、材料消耗、机具台班消耗及子目计价所使用的定额，是一种计价性定额。概算定额是编制扩大初步设计概算、确定建设项目投资额的依据。概算定额的项目划分程度与扩大初步设计的深度相适应，一般是在预算定额的基础上综合扩大而成的，扩大每一分项概算定额都包含了数项预算定额。

4）概算指标。概算指标是概算定额的扩大与合并，概算指标是以单位工程为对象，以更为扩大的计量单位来编制的。概算指标反映了完成一个规定计量单位建筑安装产品的经济指标。概算指标的内容包括人工、材料、机具台班三个基本部分，同时还列出了分部工程量及单位工程的造价，是一种计价定额。

5）投资估算指标。投资估算指标是以建设项目、单项工程、单位工程为对象，反映建设总投资及其各项费用构成的经济指标。它是在项目建议书和可行性研究阶段编制投资估算、计算投资需要量时使用的一种定额。它的概略程度与可行性研究阶段相适应。投资估算指标往往根据历史的预算、决算资料和价格变动等资料编制。

预算定额、概算定额、概算指标和投资估算指标是计价定额，可以直接用于工程计价的定额或指标，主要用来在建设项目的不同阶段作为确定和计算工程造价的依据。

（3）按主编单位和管理权限分类

1）全国统一定额，是由国家住房城乡建设主管部门综合全国工程建设中技术和施工组织管理的情况编制，并在全国范围内执行的定额。

2）行业统一定额，是考虑到全行业专业工程技术特点，以及施工生产和管理水平编制的，一般只在本行业和相同专业性质的范围内使用。

3）地区统一定额，包括省、自治区、直辖市定额，主要是考虑地区性特点和全国统一定额水平做适当调整和补充编制的。

4）企业定额，是施工企业根据本企业的施工技术、机械装备和管理水平编制的人工、材料、机具台班等的消耗标准。企业定额在企业内部使用，是企业综合素质的标志。企业定额主要以消耗量定额的方式体现，但在工程量清单计价为主要表现形式的市场定价过程中，企业定额也可以表现为计价定额，是施工企业进行投标报价的重要依据。

5）补充定额，是指随着设计、施工技术的发展，现行定额不能满足需要的情况下，为了补充缺陷所编制的定额。补充定额只能在指定的范围内使用，可以作为以后修订定额的基础。

3.2.2　工程量清单计量与计价规范

1. 工程量清单计量与计价规范概述

（1）工程量清单计价的产生

工程量清单计价模式是伴随我国建设市场的不断改革而产生和发展起来的，我国推行的计价模式经历了从定额计价到工程量清单计价模式的转变。

定额计价制度从产生到完善的数十年中，对中国内地的工程造价管理发挥了巨大作用，为政府进行工程项目的投资控制提供了很好的工具。但是随着中国内地市场经济体制改革的深度和广度不断增加，传统的定额计价制度受到了冲击。自20世纪80年代末、90年代初开始，建设要素市场的放开，各种建筑材料不再统购统销，随之人力、机械市场等也逐步放开，导致了人工、材料、机械台班的要素价格随市场供求的变化而上下浮动。而定额的编制和颁布需要一定的周期，因此在定额中所提供的要素价格资料总是与市场实际价格不相符合。可见，按照统一定额计算出的工程造价已经不能很好地实现投资控制的目的，从而引起了定额计价制度的改革。

工程计价模式改革的第一阶段的核心思想是"量价分离"。"量价分离"是指国家住房城乡建设主管部门制定符合国家有关标准、规范，并反映一定时期施工水平、材料、机械等消耗量标准，实现国家对消耗量标准的宏观管理；工程计价模式改革的第二阶段的核心问题是推行彻底的市场定价模式。20世纪90年代中后期，是中国内地建设市场迅猛发展的时期。1999年《中华人民共和国招标投标法》的颁布标志着中国内地建设市场基本形成，人们充分认识到建筑产品的商品属性，并且随着计划经济制度的不断弱化，政府已经不再是工程项目唯一的或主要的投资者，而定额计价制度依然保留着政府对工程造价统一管理的色彩，因此在建设市场的交易过程中，传统的定额计价制度与市场主体要求拥有自主定价权之间发生了矛盾和冲突，主要表现为：

1）浪费了大量的人力、物力，招标投标双方存在着大量的重复劳动。招标单位和投标单位按照同一定额、同一图纸、相同的施工方案、相同的技术规范重复工程量和工程造价的计算工作，没有反映出投标单位"价"的竞争和工程管理水平；

2）投标单位的报价按统一定额计算，不能按照自己的具体施工条件、施工设备和技术专长来确定报价；不能按照自己的采购优势来确定材料价格；不能按照企业的管理水平来确定工程的费用开支；企业的优势体现不到投标报价中；

3）工程量清单计价模式的建立和发展。随着《中华人民共和国招标投标法》在1999年的实施，《建设工程施工合同（示范文本）》1999版的推广，以及由于加入WTO导致的与国际市场接轨速度的加快，这些客观条件催生了工程量清单计价模式在我国的建立。

工程量清单计价方法是一种区别于定额计价模式的计价模式，是一种主要由市场定价的计价模式，是由建设产品的买方和卖方在建设市场上，根据供求情况、信息状况进行自由竞价，从而最终能够签订工程合同价格的方法。因此，可以说工程量清单的计价是在建设市场建立、发展和完善过程中的必然产物。随着社会主义市场经济的发展，自2003年在全国范围内开始逐步推广建设工程量清单计价模式，2003年我国颁布了《建设工程工程量清单计价规范》，至2008年和2013年又对规范进行了修订，修订后的《建设工程工程量清单计价规范》GB 50500—2013于2013年7月1日起实施，建设工程工程量清单计价模式的应用逐渐完善。

（2）工程量清单计价的概念

建设工程的工程量清单是载明分部分项工程项目、措施项目、其他项目、规费项目和税金项目的名称和相应数量等的明细清单。工程量清单分为以下两类：

1）招标工程量清单。招标人依据国家标准、招标文件、设计文件以及施工现场实际情况编制的，随招标文件发布供投标报价的工程量清单，包括其说明和表格；

2）已标价工程量清单。构成合同文件组成部分的投标文件中已标明价格，经算术性错误修正（如有）且承包人已确认的工程量清单，包括其说明和表格。

（3）工程量清单计价的作用

1）在招标投标阶段，招标工程量清单为投标人的投标竞争提供了一个平等和共同的基础。工程量清单将要求投标人完成的工程项目及其相应工程实体数量全部列出，为投标人提供拟建工程的基本内容、实体数量和质量要求等信息。这使所有投标人所掌握的信息相同，受到的待遇是客观、公正和公平的。

2）工程量清单是建设工程计价的依据。在招标投标过程中，招标人根据工程量清单编制招标工程的招标控制价；投标人按照工程量清单所表述的内容，依据企业定额计算投标价格，自主填报工程量清单所列项目的单价与合价。

3）工程量清单是工程付款和结算的依据。发包人根据承包人是否完成工程量清单规定的内容以投标时在工程量清单中所报的单价作为支付工程进度款和进行结算的依据。

4）工程量清单是调整工程量、进行工程索赔的依据。在发生工程变更、索赔、增加新的工程项目等情况时，可以选用或者参照工程量清单中的分部分项工程或计价项目的单价来确定变更项目或索赔项目的单价和相关费用。

（4）工程量清单计价的适用范围

1）工程量清单适用于建设工程发、承包及实施阶段的计价活动，包括工程量清单的编制、招标控制价的编制、投标报价的编制、工程合同价款的约定、工程施工过程中计量与合同价款的支付、索赔与现场签证、竣工结算的办理和合同价款争议的解决以及工程造价鉴定等活动；

2）现行计价规范规定，使用国有资金投资的工程建设工程发、承包项目，必须采用工程量清单计价；

3）对于非国有资金投资的建设工程项目，是否采用工程量清单方式计价由项目业主自主确定。当确定采用工程量清单计价时，则按现行计价规范规定执行；对于不采用工程量清单计价的建设工程，除不执行工程量清单计价的专门性规定外，仍应执行现行计价规范规定的工程价款调整、工程计量和价款支付、索赔与现场签证、竣工结算以及工程造价争议处理等条文。

（5）工程量清单计价规范的构成

现行的《建设工程工程量清单计价规范》GB 50500—2013 包括规范条文和附录两部分。规范条文共16章，包括总则、术语、一般规定、工程量清单编制、招标控制价、投标报价、合同价款约定、工程计量、合同价款调整、合同价款期中支付、竣工结算与支付、合同解除的价款结算与支付、合同价款争议的解决、工程造价鉴定、工程计价资料与档案、工程计价表格。规范条文就适用范围、作用以及计量活动中应遵循的原则、工程量清单编制的规则、工程量清单计价的规则、工程量清单计价格式及编制人员资格等作出了明确规定。附录共计 11 个，主要是对招标控制价、投标报价、竣工结算的编制等使用的表格作出了明确规定。

2. 工程量清单的编制

工程量清单应由具有编制能力的招标人或受其委托，具有相应资质的工程造价咨询人编制。采用工程量清单方式招标，工程量清单必须作为招标文件的组成部分，其准确性和完整性由招标人负责。

工程量清单是工程量清单计价的基础，应作为编制招标控制价、投标报价、计算工程量、支付工程款、调整合同价款、办理竣工结算以及工程索赔等依据之一。工程量清单应由分部分项工程量清单、措施项目清单、其他项目清单、规费项目清单、税金项目清单组成。

工程量清单编制依据：①国家或省级、行业建设主管部门颁发的计价依据和办法；②建设工程设计文件；③与建设工程项目有关的标准、规范、技术资料；④招标文件及其补充通知、答疑纪要；⑤施工现场情况、工程特点及常规施工方案；⑥其他相关资料。

（1）分部分项工程量清单的编制

分部分项工程项目清单必须根据各专业工程计量规范规定的项目编码、项目名称、项目特征、计量单位和工程量计算规则进行编制。

1）项目编码。分部分项工程量清单的项目编码是清单项目名称的数字标志，采用十二位阿拉伯数字表示。一至九位应按清单计价规范附录 A、B、C、D、E 的规定设置，十至十二位应根据拟建工程的工程量清单项目名称设置，同一招标工程的项目编码不得有重码。各级编码代表的含义如下：

①第一级表示专业工程顺序码（分 2 位即 1、2 位）。共分为房屋建筑与装饰工程、仿古建筑工程、通用安装工程、市政工程、园林绿化工程、构筑物工程、矿山工程、城市轨道交通工程、爆破工程九个专业。

②第二级表示附录分类顺序码（分 2 位即 3、4 位）。以房屋建筑与装饰工程为例，可分为土石方工程，地基处理与边坡支护工程，桩基工程，砌筑工程，混凝土及钢筋混凝土工程，金属结构工程，木结构工程，门窗工程，屋面及防水工程，保温、隔热、防腐工程，楼地面装饰工程，墙、柱面装饰与隔断、幕墙工程，天棚工程，油漆、涂料、裱糊工程，其他装饰工程，拆除工程等类别。

③第三级表示分部工程顺序码（分 2 位即 5、6 位）。例如土石方工程可分为土方工程、石方工程和回填等分部工程。

④第四级表示分项工程项目名称顺序码（分 3 位即 7、8、9 位）。例如土方工程可分为平整场地，挖一般土方，挖沟槽土方，挖基坑土方，冻土开挖，挖淤泥、流砂，管沟土方等分项工程。

⑤第五级表示工程量清单项目名称顺序码（分 3 位即 10、11、12 位）。工程量清单项目名称顺序码由招标人根据拟建项目的具体特征自行编制，顺序编码。

工程量清单项目编码结构如图 3-1 所示（以房屋建筑与装饰工程为例）。

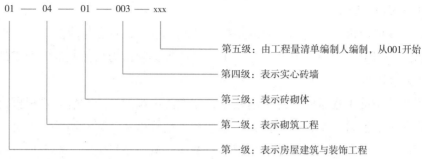

图 3-1 工程量清单项目编码结构

2）项目名称。分部分项工程量清单的项目名称应按计价规范附录的项目名称结合拟建工程的实际确定。计价规范附录表中的"项目名称"为分项工程项目名称，是形成分部分项工程量清单项目名称的基础，在编制分部分项工程量清单时可予以适当调整或细化，清单项目名称应表达详细、准确。计价规范中的分项工程项目名称如有缺陷，招标人可进行补充，并报当地工程造价管理机构（省级）备案。

3）项目特征。项目特征是对项目的准确描述，是确定清单项目综合单价不可缺少的重要依据，是区分清单项目的依据，是履行合同义务的基础。分部分项工程量清单的项目特征应按"清单计价规范"附录中规定的项目特征，结合技术规范、标准图集、施工图样，按照工程结构、使用材质及规格或安装位置等，予以详细而准确的表述和说明。凡是项目特征中未描述到的其他独有特征，由清单编制人视项目具体情况确定，以准确描述清单项目为准。

4）计量单位。分部分项工程项目清单的计量单位应按现行计量规范规定的计量单位确定。如"t""m""m²""m³""kg"或"项""个"等。在现行计量规范中有两个或两个以上计量单位的，如钢筋混凝土桩的单位为"m³/根"，应结合拟建工程实际情况，确定其中一个为计量单位。同一工程项目计量单位应一致。

5）工程量计算。现行计量规范明确了清单项目的工程量计算规则，其工程量是以形成工程实体为准，并以完成后的净值来计算的。这一计算方法避免了因施工方案不同而造成计算的工程量大小各异的情况，为各投标人提供了一个公平的竞争平台。

（2）措施项目清单的编制

措施项目清单为可调整清单，投标人对招标文件中所列项目，可根据企业自身特点做适当的变更增减。编制措施项目清单需考虑多种因素，除工程本身的因素外，还涉及水文、气象、环境、安全等因素。措施项目清单应根据拟建工程实际情况，选择相应的专业工程计量规范中与工程类型对应的规范进行列项，若出现规范中未列的项目，可根据工程实际情况补充。投标人一旦完成并提交投标报价，即被认为是包括了所有应该发生的措施项目的全部费用。

（3）其他项目清单的编制

其他项目清单是指因招标人的特殊要求而发生的与拟建工程有关的其他费用项目和相应数量的清单。其他项目清单应根据拟建工程的具体情况列项。其他项目清单的内容包括暂列金额、暂估价、计日工和总承包服务费等。

1）暂列金额。暂列金额是招标人暂定并包括在合同中的一笔款项。中标人只有按照合同约定程序，实际发生了新列金额所包的工作，才能将其纳入合同结算价款中。扣除实际发生金额后的暂列金额余额仍属于招标人所有。

2）暂估价。暂估价包括材料暂估价、工程设备暂估单价、专业工程暂估价。材料、工程设备暂估价应根据工程造价信息或参照市场价格估算，列出明细表；专业工程暂估价应分不同专业，按有关计价规定估算，并列出明细表。

3）计日工。计日工是指在施工过程中，承包人完成发包人提出的工程合同范围以外的零星项目或工作，按合同中约定的单价计价的一种方式。计日工单价由投标人通过投标报价确定，由人工费、材料费、施工机具使用费、企业管理费、利润等费用组成。计日工暂定数量由发包人给定，计日工实际数量由监理工程师根据承包人按发包人计日工指令实际完成的工作数量核定确认。计日工表中应列出项目名称、计量单位和暂估数量。

4）总承包服务费。总承包服务费是指总承包人为配合、协调建设单位进行的专业工程发包，对建设单位自行采购的材料、工程设备等进行保管以及施工现场管理、竣工资料汇总整理等服务所需的费用。总承包服务费应列出服务项目及其内容等。

（4）规费、税金项目清单的编制

规费项目清单应按照下列内容列项：①社会保险费。包括养老保险费、失业保险费、医疗保险费、工伤保险费、生育保险费；②住房公积金。出现计价规范中未列的项目，应根据省级政府或省级有关权力部门的规定列项。

税金项目主要是指增值税。出现计价规范未列的项目，应根据税务部门的规定列项。

3.2.3　工程计价信息

1. 工程计价信息及其主要内容

（1）工程计价信息的概念

工程计价信息是一切有关工程计价的工程特征、状态及其变动的信息的组合。在工程发承包市场和工程建设过程中，工程造价总是在不停地运动着、变化着，并呈现出种种不同特征。人们对工程发承包市场和工程建设过程中工程造价运动的变化，是通过工程计价信息来认识和掌握的。

在工程发承包市场和工程建设中，工程造价是最灵敏的调节器和指示器，无论是政府工程造价主管部门还是工程发承包双方，都要通过工程计价信息来了解工程建设市场动态，预测工程造价发展，决定政府的工程造价政策和工程发承包价。因此，工程造价主管部门和工程发承包双方都要接收、加工、传递和利用工程计价信息。工程计价信息作为一种社会资源在工程建设中的地位日趋明显，特别是随着我国工程量清单计价制度的推行，在市场定价的过程中，工程计价信息起着举足轻重的作用，因此，工程计价信息资源开发的意义更为重要。

（2）工程计价信息的特点

工程计价信息有以下特点：

1）区域性。建筑材料大多重量大、体积大、产地远离消费地点，因而运输量大，费用也较高。尤其不少建筑材料本身的价值或生产价格并不高，但所需要的运输费用却很高，这都在客观上要求尽可能就近使用建筑材料。因此，这类建筑信息的交换和流通往往限制在一定的区域内；

2）多样性。建设工程具有多样性的特点，同时建设工程的不同参与方也需要不同的计价信息内容和形式。要使工程造价管理的信息资料满足不同特点项目和不同主题的需求，在信息的内容和形式上应具有多样性的特点；

3）专业性。工程计价信息的专业性集中反映在建设工程的专业化上，例如水利、电力、铁道、公路等工程，所需的信息有它的专业特殊性；

4）系统性。工程计价信息是由若干具有特定内容和同类性质的，在一定时间和空间内形成的一连串信息。一切工程造价的管理活动和变化总是在一定条件下受各种因素的制约和影响。工程造价管理工作也同样是多种因素相互作用的结果，并且从多方面被反映出来，因而从工程计价信息源发出来的信息都不是孤立、紊乱的，而是大量的、有系统的；

5）动态性。工程计价信息需要经常不断地收集和补充新的内容，进行信息更新，真实反映工程造价的动态变化；

6）季节性。由于建筑生产受自然条件影响大，施工内容的安排必须充分考虑季节因素，使得工程计价信息也不能完全避免季节性的影响。

（3）工程计价信息的主要内容

从广义上说，所有对工程造价的计价过程起作用的资料都可以称为工程计价信息，例如各种定额资料、标准规范、政策文件等，但最能体现信息动态性变化特征，并且在工程价格的市场机制中起重要作用的工程计价信息主要包括价格信息、已完工程信息、工程造价指数和工程造价指标。

2. 价格信息

价格信息包括各种建筑材料、装修材料、安装材料、人工工资、施工机具等的最新市场价格。这些信息是比较初级的，一般没有经过系统的加工处理，也可以称其为数据。

（1）人工价格信息

根据《关于开展建筑工程实物工程量与建筑工种人工成本信息测算和发布工作的

通知》（建办标函［2006］765号），我国自2007年起开展建筑工程实物工程量与建筑工种人工成本信息（也即人工价格信息）的测算和发布工作。其成果是引导建筑劳务合同双方合理确定建筑工人工资水平的基础，是建筑业企业合理支付工人劳动报酬和调解、处理建筑工人劳动工资纠纷的依据，也是工程招标投标中评定成本的依据。

1）建筑工程实物工程量人工成本信息。这种成本信息是按照建筑工程的不同划分标准为对象，反映的是单位实物工程量人工成本信息。其表现形式见表3-4。

2022年第二季度××市建筑工程实物量人工成本信息表　　　　表3-4

土石方工程					
项目编码	项目名称	工程量计算规则	计量单位	人工单价（元）	备注
01001※	平整场地	按实际平整面积计算	m²	10	—
01003※	人工挖土方	按实际挖方的天然密实体积计算	m³	31	包括人力（车）场内运输
01004※	人工挖沟槽、挖地坑			36	
01006※	人工回填土	按实际填方的天然密实体积计算		30	—

2）建筑工种人工成本信息。这种价格信息是按照建筑工人的工种分类，反映不同工种的单位人工日工资单价。建筑工种是根据《中华人民共和国劳动法》和《中华人民共和国职业教育法》的有关规定，对从事技术复杂、通用性广、涉及国家财产、人民生命安全和消费者利益的职业（工种）的劳动者施行就业准入的规定，结合建筑行业实际情况确定的，其表现形式见表3-5。

2022年第二季度××市建筑工种人工成本信息表　　　　表3-5

序号	工种	日工资（元）
1	建筑、装饰工程普工	165
2	木工（模板工）	215
3	钢筋工	215
4	混凝土工	195
5	架子工	205
6	砌筑工（砖瓦工）	220
7	抹灰工（一般抹灰）	215
8	抹灰、镶贴工	225
9	装饰木工	215
10	防水工	200
11	油漆工	200
12	管工	195
13	电工	200
14	通风工	195
15	电焊工	215
16	起重工	210

（2）材料价格信息

在材料价格信息的发布中，应包括材料类别、规格、单价、供货地区、供货单位以及发布日期等信息，其表现形式见表3-6。

2021年12月××市商品混凝土参考价   表3-6

序号	名称	规格型号	单位	零售价（元）	供货城市	公司名称	发布日期
1	泵送商品混凝土	强度等级：C10坍落度：13cm	m³	455.00	××市辖区	××混凝土有限公司	2021-12
2	泵送商品混凝土	强度等级：C15坍落度：13cm	m³	465.00	××市辖区	××混凝土有限公司	2021-12
3	泵送商品混凝土	强度等级：C20坍落度：13cm	m³	475.00	××市辖区	××混凝土有限公司	2021-12
4	泵送商品混凝土	强度等级：C25坍落度：13cm	m³	485.00	××市辖区	××混凝土有限公司	2021-12
5	泵送商品混凝土	强度等级：C30坍落度：13cm	m³	495.00	××市辖区	××混凝土有限公司	2021-12

（3）施工机具价格信息

施工机具价格信息主要内容为施工机械价格信息，又分为设备市场价格信息和设备租赁市场价格信息两部分。相对而言，后者对于工程计价更为重要，发布的机械价格信息应包括机械种类、规格型号、供货厂商名称、租赁单价、发布日期等内容，其表现形式见表3-7。

2022年第一期（1—2月）××建设工程施工机械租赁参考价   表3-7

机械设备名称	规格型号	供应厂商名称	租赁单价（元/月）	发布日期
履带式推土机	T120/75kW	××机械租赁有限公司	11000	2022-01
履带式推土机	T160/126kW	××机械租赁有限公司	15000	2022-01
履带式推土机	T220/165kW	××机械租赁有限公司	20000	2022-01

3. 已完工程信息

（1）已完工程信息的概念

已完工程信息是指已建成竣工和在建的有使用价值和有代表性的投资估算、工程设计概算、施工预算、工程竣工结算、竣工决算、单位工程施工成本以及新材料、新结构、新设备、新施工工艺等建筑安装工程分部分项的单位价格分析等资料。这种信息也可称为工程造价资料。

（2）已完工程信息的分类

已完工程信息可分为以下几种类别：

1）按照其不同工程类型分类，可划分为厂房、铁路、住宅、公共建筑、市政工程等已完工程信息，并分别列出其包含的单项工程和单位工程；

2）按照其不同阶段分类，一般分为项目可行性研究、投资估算、初步设计概算、施工图预算、竣工结算、竣工决算等；

3）按照其组成特点分类，一般分为建设项目、单项工程和单位工程造价资料，也包括有关新材料、新工艺、新设备、新技术的分部分项工程造价资料。

4. 工程造价指数及其编制

（1）工程造价指数的概念和分类

1）工程造价指数的概念。在建筑市场供求和价格水平发生经常性波动的情况下，建设工程造价及其各组成部分也处于不断变化之中，这不仅使不同时期的工程在"量"与"价"两方面都失去可比性，也给合理确定和有效控制造价造成了困难。根据工程建设的特点，编制工程造价指数是解决这些问题的最佳途径。以合理方法编制的工程造价指数，不仅能够较好地反映工程造价的变动趋势和变化幅度，而且可用以剔除价格水平变化对造价的影响，正确反映建筑市场的供求关系和生产力发展水平。

工程造价指数是一定时期的建设工程造价相对于某一固定时期工程造价的比值，以某一设定值为参照得出的同比例数值。用来反映一定时期由于价格变化对工程造价影响程度，包括各种单项价格指数、设备、工器具价格指数、建筑安装工程造价指数、建设项目或单项工程造价指数。它是调整工程造价价差的依据。工程造价指数反映了报告期与基期相比的价格变动趋势。利用工程造价指数分析价格变动趋势及其原因，预计宏观经济变化对工程造价的影响，是工程发承包双方进行工程估价和结算的重要依据。

2）工程造价指数的分类。工程造价指数按照工程范围、类别和用途可分为各种单项生产要素价格指数、设备、工器具价格指数、建筑安装工程造价指数以及建设项目或单项工程造价指数：

①各种单项生产要素价格指数。其中包括了反映各类工程的人工费、材料费、施工机械使用费报告期价格对基期价格的变化程度的指标。可利用它研究主要单项生产要素价格变化的情况及其发展变化的趋势。其计算过程可以简单表示为报告期价格与基期价格之比。依此类推，可以把各种费率指数也归于其中，例如措施费指数、间接费指数、工程建设其他费用指数等。这些费率指数的编制可以直接用报告期费率与基期费率之比得到。单项生产要素价格指数都属于个体指数，其编制过程相对比较简单。

②设备、工器具价格指数。设备、工器具的种类、品种和规格很多。设备、工器具费用的变动通常是由两个因素引起的，即设备、工器具单件采购价格的变化和采购数量的变化，并且工程所采购的设备、工器具是由不同规格、不同品类组成的，因此，设备、工器具价格指数属于总指数。由于采购价格与采购数量的数据无论是基期还是报告期都比较容易获得，因此设备、工器具价格指数可以用综合指数的形式来表示。

③建筑安装工程造价指数。建筑安装工程造价指数也是一种综合指数，其中包括了人工费指数、材料费指数、施工机具使用费指数以及间接费等各项个体指数的综合影响。由于建筑安装工程造价指数相对比较复杂，涉及的方面较广，利用综合指数来进行计算分析难度较大。因此可以通过对各项个体指数的加权平均，用平均数指数的形式来表示。

④建设项目或单项工程造价指数。该指数是由设备、工器具指数、建筑安装工程造价指数、工程建设其他费用指数综合得到的，也属于总指数，并且与建筑安装工程造价指数类似，一般也用平均数指数的形式来表示。

按照造价资料的期限长短来分类，工程造价指数可分为时点造价指数、月指数、季指数和年指数等。

（2）工程造价指数的编制

工程造价指数一般应按各主要构成要素（建筑安装工程造价、设备及工器具购置费和工程建设其他费用）分别编制价格指数，然后汇总得到工程造价指数。

1）各种单项生产要素价格指数的编制。各种单项生产要素价格指数的编制包括人工费、材料费、施工机具使用费等价格指数的编制、企业管理费及工程建设其他费等费率指数的编制：

①人工费、材料费、施工机具使用费等价格指数的编制。这种价格指数的编制可以直接用报告期价格与基期价格相比得到。其计算公式如下：

$$人工费（材料费、施工机械使用费）价格指数 = \frac{p_1}{p_0} \qquad （3-3）$$

式中　p_1——报告期人工日工资单价（材料价格、机具台班单价）；

　　　p_0——基期人工日工资单价（材料价格、机具台班单价）。

②企业管理费及工程建设其他费等费率指数的编制。其计算公式如下：

$$企业管理费（工程建设其他费）费率指数 = \frac{p'_1}{p'_0} \qquad （3-4）$$

式中　p_1'——报告期企业管理费（工程建设其他费）费率；

　　　p_0'——基期企业管理费（工程建设其他费）费率。

2）设备、工器具价格指数的编制。设备、工器具价格指数是用综合指数形式表示的总指数。运用综合指数计算总指数时，一般要涉及两个因素：一个是指数所要研究的对象，称为指数化因素；另一个是将不能同度量现象过渡为可以同度量现象的因素，称为同度量因素。当指数化因素是数量指标时，这时计算的指数称为数量指标指数。当指数化因素是质量指标时，这时的指数称为质量指标指数。在设备、工器具价格指数中，指数化因素是设备、工器具的采购价格，同度量因素是设备、工器具的采购数量。因此，设备、工器具价格指数是一种质量指标指数。

①同度量因素的选择。已经明确了设备、工器具价格指数是一种质量指标指数，同度量因素就应该是数量指标，即设备、工器具的采购数量。根据统计学的一般原理，应该选择报告期实际采购数量为同度量因素，即采用派式公式进行计算。此时计算公式可表示为：

$$K_p = \frac{\sum q_1 p_1}{\sum q_1 p_0} \qquad (3-5)$$

式中　K_p——综合指数；

p_0、p_1——基期与报告期价格；

q_1——报告期数量。

②设备、工器具价格指数的编制。考虑到设备、工器具的采购品类很多，为了简化，计算价格指数时可选择其中用量大、价格高、变动多的主要设备、工器具的购置数量和单价进行计算，按照派氏公式进行计算如下：

$$设备、工器具价格指数 = \frac{\sum（报告期设备、工器具单价 \times 报告期购置数量）}{\sum（基期设备、工器具单价 \times 报告期购置数量）} \qquad (3-6)$$

3）建筑安装工程价格指数。建筑安装工程价格指数属于质量指标指数，所以也应用派氏公式计算。但考虑到建筑安装工程价格指数的特点，所以用综合指数的变形即平均数指数的形式表示。

①平均数指数。从理论上说，综合指数是计算总指数较为理想的形式，因为它不仅可以反映事物变动的方向与程度，而且可以用分子与分母的差额直接反映事物变动的实际经济效果。但是，在利用派氏公式计算质量指标指数时，需要掌握 $\sum q_1 p_0$（报告期数量与基期价格之积的和），这是比较困难的。相比而言，基期和报告期的费用总值（$\sum p_0 q_0$，$\sum p_1 q_1$）却是比较容易获得的。因此，可以在不违背综合指数的一般原则的前提下，改变公式的形式而不改变公式的实质，利用容易掌握的资料来推算不容易掌握的资料，进而再计算指数，在这种背景下所计算的指数即平均数指数。利用派氏综合指数进行变形后计算得出的平均数指数称为加权调和平均数指数。派氏综合指数的计算公式如下：

$$派氏综合指数 = \frac{\sum q_1 p_1}{\sum q_1 p_0} = \frac{\sum q_1 p_1}{\sum \frac{1}{k_p} q_1 p_1} \qquad (3-7)$$

式中　$\dfrac{\sum q_1 p_1}{\sum \frac{1}{k_p} q_1 p_1}$——派氏综合指数变形后的加权调和平均数指数；

$\dfrac{1}{k_p} = \dfrac{p_1}{p_0}$——每一个单项生产要素价格指数。

②建筑安装工程造价指数的编制。根据加权调和平均数指数的推导公式，可得建筑安装工程造价指数的计算公式如下（由于利润率、规费费率和税率通常不会变化，可以认为其单项价格指数为1）：

$$\text{建筑安装工程造价指数} = \frac{\text{报告期建筑安装工程费}}{\dfrac{\text{报告期人工费}}{\text{人工费指数}} + \dfrac{\text{报告期材料费}}{\text{材料费指数}} + \dfrac{\text{报告期施工机具使用费}}{\text{施工机具使用费指数}} + \dfrac{\text{报告期措施费}}{\text{措施费指数}} + \text{利润} + \text{规费} + \text{税金}}$$

$$(3-8)$$

4）建设项目或单项工程造价指数的编制。建设项目或单项工程造价指数是由建筑安装工程造价指数，设备、工器具价格指数和工程建设其他费用指数综合而成的。与建筑安装工程造价指数类似，其计算也应采用加权调和平均数指数的推导公式，其计算公式如下：

$$\text{建设项目或单项工程造价指数} = \frac{\text{报告期建设项目或单项工程造价}}{\dfrac{\text{报告期建筑安装工程费}}{\text{建筑安装工程造价指数}} + \dfrac{\text{报告期设备、工器具费用}}{\text{设备、工器具价格指数}} + \dfrac{\text{报告期工程建设其他费}}{\text{工程建设其他费指数}}}$$

$$(3-9)$$

5）关键要素法编制工程造价指数。汇总建设项目或单项工程各主要构成要素的价格指数得到工程造价指数的方法，被广泛应用于工程造价指数的编制，然而受房建工程涉及的结构特性、施工工艺、施工条件以及组成要素等变化的影响，在实际应用中存在计算量大、无代表性、不利于实时更新等明显不足。通过对国外工程造价指数进行研究，参考美国 ENR 指数的编制思路，采用关键要素法编制工程造价指数，识别出对工程造价指数影响较大的关键要素，对筛选出的关键要素进行加权综合，计算房建工程造价指数，也是可行的解决上述缺陷的一种选择。

关键要素法是指选择出具有代表性的要素，用关键要素的物价变化代表整个工程造价的变化，其核心思想是"求代表性，而非求全"，认为选择出的关键要素物价水平的变化足以代表整个工程造价的变化，减少了大量繁杂重复的指数编制工作，使工程造价指数编制简单化。其原理类似股票指数，股票指数在进行综合测算时会涉及许多冗余信息和繁杂无用劳作，因此设计了一个"篮子"，在"篮子"里盛放参加指数计算的多只股票，这些股票是从上市股票中选择的，被认为是具有代表性的股票。使用关键要素法进行编制造价指数主要解决的关键问题即如何选择出最具有代表性的关键要素。

美国 ENR 指数选择结构钢材、木材、水泥和劳动力作为因子，首先是因为它们和国家经济价格结构的关系较稳定；其次是作为主要建筑材料，它们的价格变动会影响整体成本趋势；最后计算员根据价目清单能够快速地计算出结果。虽然因子的有限性会影响指数的精确度，但 ENR 认为因子过多将会增加衡量价格变动的时滞性和指数计算的时差，且计算因子越少，指数对价格变动的敏感性就越强。

因此，依据 ENR 指数关键因子的筛选原则，通过关键要素法并结合科学研究方法识别具有代表性的关键要素，当关键要素发生变化时，能够对选定出来的关键要素进行修正，大大减少了计算量，节省了时间，同时也保证了数据的及时更新。根据筛选出的单个因子指数的加权计算工程造价指数时，主要是利用发布的各因子价格的月变化率（Change Month）的数据和权重计算。计算如公式（3-10）所示。

$$房建工程造价指数 = \sum（各因子价格月变化率 × 权重）\qquad（3-10）$$

5. 工程造价指标的编制及使用

（1）工程造价指标及其分类

工程造价指标是根据已完成或在建工程的各种造价信息，经过统一格式及标准化处理后的造价数值。可用于对已完成或在建工程的造价分析以及拟建工程的计价依据。建设工程造价指标可以按照不同的分类标准进行分类：

1）按照工程构成的不同分类。建设工程造价指标可分为建设投资指标和单项、单位工程造价指标。其中单项工程造价指标又可以按照专业类型分为房屋建筑与装饰工程、仿古建筑工程、通用安装工程、市政工程、园林绿化工程、矿山工程、构筑物工程、城市轨道交通工程和爆破工程等。

2）按照用途分类。建设工程造价指标可以分为工程经济指标、工程量指标、工料单价指标及消耗量指标。

（2）工程造价指标的测算

工程造价指标测算时应注意以下问题：

1）数据真实性。用于测算指标的数据无论是整体数据还是局部数据必须都是采集实际的工程数据。实际工程数据是指完成工程造价计价成果的实际工程计价数据，包括建设工程投资估算、设计概算、招标控制价、合同价、竣工结算价。

2）符合时间要求。建设工程造价指标的时间应符合下列规定：投资估算、设计概算、招标控制价应采用成果文件编制完成日期；合同价应采用工程开工日期；结算价应采用工程竣工日期。

3）根据工程特征进行测算。建设工程造价指标应区分地区特征、工程类型、造价类型、时间进行测算：

①地区特征。工程造价数据所属建设工程所在地，位置信息最小精确到县（区）一级，此工程造价数据的造价指标只能是代表此区域范围内的指标。指标区域范围由县（区）扩大至市级、省级，此工程造价数据所属区域范围也相应扩大至市级、省级；

②工程类型。工程类型是指《建设工程工程量清单计价规范》GB 50500—2013包含的九个专业分类以及每个专业下一级的分类；

③造价类型。造价类型是指投资估算、设计概算、招标控制价、投标报价、签约合同价、结算价等；

④时间。时间是指造价指标所代表的工程时间段。

（3）工程造价指标的测算方法

建设工程造价指标测算方法主要包括数据统计法、典型工程法和汇总计算法：

1）数据统计法。当建设工程造价数据的样本数量达到数据采集最少样本数量时，应使用数据统计法测算建设工程造价指标。

①样本数量的最低要求。数据统计法下，采用的建设工程造价数据为样本数据，最少样本数量应符合表3-8的规定。

指标测算最少样本数量　　　　　　　　　　　　　　　　表3-8

序号	建设工程数量（个）	最少样本数量（个）
1	5~30	5
2	31~90	10
3	91~180	20
4	181~360	30
5	361~720	40
6	721~1500	50
7	1501~3000	60
8	3001~6000	70
9	6001~15000	80
10	15001以上	90

②数据统计法的测算过程。根据造价指标用途的不同，数据统计法有不同的测算过程。

数据统计法计算建设工程经济指标、工程量指标、工料消耗量指标时，应将所有样本工程的单位造价、单位工程量、单位工程量进行排序，从序列两端各去掉5%的边缘项目，边缘项目不足1时按1计算，剩下的样本采用加权平均计算，得出相应的造价指标，如公式（3-11）所示：

$$P=（P_1 \times S_1+P_2 \times S_2+\cdots\cdots+P_n \times S_n）/（S_1+S_2+\cdots\cdots+S_n）\qquad（3-11）$$

式中　P——造价指标；

　　　S——建设规模；

　　　n——样本数 ×90%。

数据统计法计算建设工程工料单价指标，应采用加权平均法，如公式（3-12）所示：

$$P=（Y_1 \times Q_1+Y_2 \times Q_2+\cdots\cdots+Y_n \times Q_n）/（Q_1+Q_2+\cdots\cdots+Q_n）\qquad（3-12）$$

式中　P——造价指标；

　　　Y——工料单价；

　　　Q——消耗量；

　　　n——样本数。

2）典型工程法。建设工程造价数据样本数量达不到表3-8中最少样本数量要求时，建设工程造价指标应采用典型工程法测算。

典型工程造价数据也宜采用样本数据，并且要求典型工程的特征必须与指标描述保持一致。在计算时，应将典型工程各构成数据，包括构成的人工、材料、机具等分部分项费用以及措施费、规费、税金数据调整至相应平均水平，然后再计算各类工程造价指标。

3）汇总计算法。当需要采用下一层级造价指标汇总计算上一层级造价指标时，应采用汇总计算法。

汇总计算法计算工程造价指标时，应采用加权平均计算法，权重为指标对应的总建设规模。汇总计算法采用的下一层级造价指标宜采用数据统计法得出的各类工程造价指标。

3.3 工程计价方式

在工程计价时，其基本的方式主要有定额计价和工程量清单计价两种。

3.3.1 定额计价方式

定额计价方式是指在建设项目工程造价计价过程中，通常是以国家、地方或行业颁布的定额，以及配套的取费标准和材料预算价格为依据，按其规定的分项工程子目和工程量计算规则，逐项计算施工图纸各分项工程的工程量，套用定额中的人工、材料、机具消耗量和单价确定直接费，然后在此基础上，按规定取费标准计算构成工程造价的间接费、利润和税金，从而获得建设项目建筑安装工程造价。定额计价方式的基本步骤如图 3-2 所示。

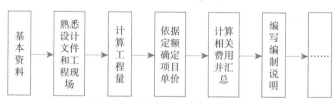

图 3-2　定额计价方式的基本步骤

由于统一定额中人工、材料、机具的消耗量是根据社会平均水平进行综合测定的，取费标准也是根据社会平均水平进行测算的，因此，通过预算定额计价方式计算所得建设项目工程造价反映的是一种社会平均水平，不能反映不同企业技术水平和管理水平的差异，其计价结果可能与市场实际的价格水平有所差异。

3.3.2 工程量清单计价方式

工程量清单计价方式是在建设项目招标投标活动中，招标人或委托具有资质的中介机构按照国家统一制定的工程量清单计价规范，编制反映工程实体消耗和措施消耗的工程量清单，并作为招标文件的一部分提供给投标人，由投标人依据工程量清单、长期积累的经验数据以及由市场获得的工程造价信息，结合企业定额自主报价的工程造价计价方式。

工程量清单计价方式的实施，实质上是建立了一种强有力且行之有效的竞争机制，施工企业在投标竞争中必须报出合理低价才能中标，因而对促进施工企业改进技术、加强管理、提高劳动效率和市场竞争力起到了积极的推动作用。按照工程量清单计价规范，在各相应专业工程计量规范规定的工程量清单项目设置和工程量计算规则基础上，针对具体工程的施工图纸和施工组织设计计算出各个清单项目的工程量，根据规定的方法计算出综合单价，并汇总各清单合价即可获得建设项目建筑安装工程造价。

3.3.3　定额计价方式与工程量清单计价方式的区别和联系

1. 两者的区别

（1）项目划分不同

采用工程量清单计价方式的建设项目，基本以一个综合实体考虑，一个项目可能包括一项或多项工作内容；而采用定额计价方式的建设项目仅需按定额子目所包含的工作内容进行计算，通常一个项目仅需套用一个定额子目。

（2）工程量计算规则不同

采用工程量清单计价方式的建设项目必须按照《建设工程工程量清单计价规范》GB 50500—2013规定的计算规则计算；采用定额计价方式的建设项目按国家、行业和地方定额的计算规则计算。

（3）采用的消耗量标准不同

采用工程量清单计价方式，投标人计价时可以采用地区统一消耗量定额，也可以采用投标人自己的企业定额。企业定额是施工企业根据本企业先进的施工技术和管理水平，以及有关工程造价资料制定，并供本企业使用的人工、材料、机械台班消耗量。消耗量标准体现投标人的个体水平，并且是动态的。

采用定额计价方式，投标人计价时须采用地区统一消耗量定额。消耗量定额是指由住房城乡建设主管部门根据合理的施工组织设计，按照正常施工条件制定的，生产一个规定计量单位合格建设项目所需人工、材料、机具台班等的社会平均消耗量，其消耗量反映的是社会平均水平，不反映具体工程中承包人个体之间的个性变化。

（4）风险分担不同

采用工程量清单计价方式，工程量清单由招标人提供，一般情况下，各投标人无须再计算工程量，招标人承担工程量计算风险，投标人则承担综合单价风险；而定额计价方式下的招标投标工程，工程量由各投标人自行计算，工程量计算风险和单价风险均由投标人自行承担。

2. 两者的联系

根据建筑安装工程费用项目组成，按生产要素划分的建筑安装工程费构成主要与定额计价方式相匹配，按造价形成划分的建筑安装工程费构成主要与工程量清单计价方式相匹配。根据建筑安装工程费用项目组成可以清晰地看到，定额计价方式是工程量与人工、材料、机具单价形成合价后，再计取管理费、利润、规费、税金。工程量清单计价方式是工程量与人工费、材料费、机具费、管理费、利润形成合价后，再计取规费和税金。

定额计价方式在我国建设项目工程计价中使用了很长一段时间，具有一定的科学性和实用性，今后将继续存在于建设项目工程发承包计价活动中，即使工程量清单计价方式占据主导地位，它仍是一种工程计价的补充方式。

目前，大部分施工企业尚未建立和拥有自己的企业定额体系，住房城乡建设主管部门发布的消耗量定额，尤其是地区消耗量定额，仍然是企业投标报价的主要依据。也就是说，工程量清单计价活动中，仍然存在着部分定额计价的成分。应该看到，在我国建设市场逐步放开的改革过程当中，虽然已经制定并推广了工程量清单计价方式，但是，由于各地实际情况的差异，我国目前的工程计价方式又不可避免地出现定额计价与工程量清单计价两种方式双轨并行的局面。

对于全部使用国有资金投资或国有资金投资为主的建设工程必须实行工程量清单计价方式，而除此以外的建设工程项目既可以采用工程量清单计价方式，也可采用定额计价方式。随着我国工程造价管理体制改革的不断深入，以及与国际工程造价管理惯例的进一步接轨，工程量清单计价方式将愈发成熟，成为真正意义上的市场定价方式。

3.4 建筑安装工程人工、材料和施工机具台班消耗量定额确定方法

建筑安装工程人工、材料和机具台班消耗量定额是在一定时期、一定范围和一定生产条件下，运用工作研究的方法，通过对施工生产过程的观测和分析研究综合测定的。测定并编制定额的根本目的，是在建筑安装工程生产过程中，能以最少的人工、材料和机具台班消耗，生产出符合社会需要的建筑安装产品，取得最佳的经济效益。

3.4.1 工作研究的基本原理

工作研究包括动作研究和时间研究。动作研究又称为工作方法研究，包括对多种过程的描述、系统的分析和对工作方法的改进，目的在于制定出一种最可取的工作方法，通常判断可取性的根据是货币节约额，以及工作效率、人力的舒适程度、人力的节约、时间的节约和材料的节约等；时间研究，又称为时间衡量，是在一定的标准测定的条件下，确定人们作业活动所需时间总量的一套程序。时间研究的直接结果是制定时间定额。

工作研究要解决的基本问题是：在完成一项工作时，总存在如何确定一种更好且更可行的方法问题，以及如何确定人们所需花费的工作时间问题。工作研究所提供的动作研究和时间研究技术恰恰能够解决这些问题，能够有助于提高工作效率和劳动生产率。

工时定额和机械台班定额的制定和贯彻是工作研究的内容，是工作研究在建筑生产和管理中的具体应用。在研究方面以施工过程和工时为例进行阐述，施工过程分解和工时研究对工作研究有着重要的意义。

1. 施工过程的含义及其分类

（1）施工过程的含义

施工过程就是为完成某一项施工任务，在施工现场所进行的生产过程。其最终目的是要建造、改建、修复或拆除工业及民用建筑物和构筑物的全部或一部分。

建筑安装施工过程与其他物质生产过程一样，也包括生产力三要素，即劳动者、劳动对象、劳动工具，也就是说，施工过程是由不同工种、不同技术等级的建筑安装工人使用各种劳动工具（手动工具、小型工具、大中型机械台班和仪器仪表等），按照一定的施工工序和操作方法，直接或间接地作用于各种劳动对象（各种建筑、装饰材料，半成品，预制品和各种设备、零配件等），使其按照人们预定的目的，生产出建筑、安装以及装饰合格产品的过程。

每个施工过程的结束，获得了一定的产品，这种产品或者是改变了劳动对象的外表形态、内部结构或性质（由于制作和加工的结果），或者是改变了劳动对象在空间的位置（由于运输和安装的结果）。

（2）施工过程的分类

1）根据施工过程组织上的复杂程度，可以分解为工序、工作过程和综合工作过程。

①工序。工序是指施工过程中在组织上不可分割，在操作上属于同一类的作业环节。其主要特征是劳动者、劳动对象和使用的劳动工具均不发生变化。如果其中一个因素发生变化，就意味着由一项工序转入了另一项工序。如钢筋制作，它由平直钢筋、钢筋除锈、切断钢筋、弯曲钢筋等工序组成。

从施工的技术操作和组织观点看，工序是工艺方面最简单的施工过程。在编制施工定额时，工序是主要的研究对象。测定定额时需要分解和标定到工序为止。如果进行某项先进技术或新技术的工时研究，就要分解到操作甚至动作为止，从中研究可加以改进操作或节约工时。

工序可以由一个人来完成，也可以由小组或施工队内的几名工人协同完成；可以手动完成，也可以由机械台班操作完成。在机械化的施工工序中，还可以包括由工人自己完成的各项操作和由机器完成的工作两部分。

②工作过程。工作过程是由同一工人或同一小组所完成的在技术操作上相互有机联系的工序的综合体。其特点是劳动者和劳动对象不发生变化，而使用的劳动工具可

以变换。例如，砌墙和勾缝、抹灰和粉刷等。

③综合工作过程。综合工作过程是同时进行的，在组织上有直接联系的，为完成一个最终产品结合起来的各个施工过程的总和。例如，砌砖墙这一综合工作过程，由调制砂浆、运砂浆、运砖、砌墙等工作过程构成，它们在不同的空间同时进行，在组织上有直接联系，并最终形成的共同产品是一定数量的砖墙。

按照施工工序是否重复循环分类，施工过程可以分为循环施工过程和非循环施工过程两类。如果施工过程的工序或其组成部分以同样的内容和顺序不断循环，并且每重复一次可以生产出同样的产品，则称为循环施工过程，反之，则称为非循环的施工过程。

按施工过程的完成方法和手段分类，施工过程可以分为手工操作过程（手动过程）、机械化过程（机动过程）和机手并动过程（半自动化过程）。

2）按劳动者、劳动工具、劳动对象所处位置和变化分类，施工过程可分为工艺过程、搬运过程和检验过程：

①工艺过程。工艺过程是指直接改变劳动对象的性质、形状、位置等，使其成为预期的施工产品的过程，例如房屋建筑中的挖基础、砌砖墙、粉刷墙面、安装门窗等。由于工艺过程是施工过程中最基本的内容，因而是工作时间研究和制定定额的重点；

②搬运过程。搬运过程是指将原材料、半成品、构件、机具设备等从某处移动到另一处，保证施工作业顺利进行的过程。但操作者在作业中随时拿起或存放在工作面上的材料等，是工艺过程的一部分，不应视为搬运过程。如砌筑工将已堆放在砌筑地点的砖块拿起砌在砖墙上，这一操作就属于工艺过程，而不应视为搬运过程；

③检验过程。检验过程主要包括对原材料、半成品、构配件等的数量、质量进行检验，判定其是否合格、能否使用；对施工活动的成果进行检测，判别其是否符合质量要求；对混凝土试块、关键零部件进行测试以及作业前对准备工作和安全措施的检查等。

（3）施工过程的影响因素

对施工过程的影响因素进行研究，其目的是正确确定单位施工产品所需要的作业时间消耗。施工过程的影响因素包括技术因素、组织因素和自然因素：

1）技术因素。包括产品的种类和质量要求，所用材料、半成品、构配件的类别、规格和性能，所用工具和机械设备的类别、型号、性能及完好情况等；

2）组织因素。包括施工组织与施工方法、劳动组织、工人技术水平、操作方法和劳动态度、工资分配方式、劳动竞赛等；

3）自然因素。包括酷暑、大风、雨、雪、冰冻等。

2. 工作时间分类

研究施工中的工作时间最主要的目的是确定施工的时间定额和产量定额，其前提是对工作时间按其消耗性质进行分类，以便研究工时消耗的数量及其特点。

工作时间指的是工作班延续时间。例如，8 小时工作制的工作时间就是 8h，午休时间不包括在内。对工作时间消耗的研究，可以分为两个系统进行，即工人工作时间消耗和工人所使用的机器工作时间消耗。

（1）工人工作时间消耗的分类

工人在工作班内消耗的工作时间，按其消耗的性质，基本可以分为两大类：必需消耗的时间和损失时间。工人工作时间的一般分类如图 3-3 所示。

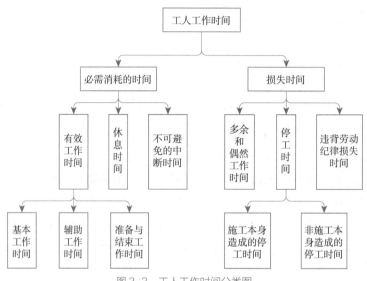

图 3-3 工人工作时间分类图

1）必需消耗的工作时间是工人在正常施工条件下，为完成一定合格产品（工作任务）所消耗的时间，是制定定额的主要依据，包括有效工作时间、休息时间和不可避免的中断时间的消耗。

①有效工作时间是从生产效果来看与产品生产直接有关的时间消耗。其中包括基本工作时间、辅助工作时间、准备与结束工作时间的消耗。

②休息时间是工人在工作过程中为恢复体力所必需的短暂休息和生理需要的时间消耗。这种时间是为了保证工人精力充沛地进行工作，所以在定额时间中必须进行计算。休息时间的长短与劳动性质、劳动条件、劳动强度和劳动危险性等密切相关。

③不可避免的中断时间是由于施工工艺特点引起的工作中断所必需的时间。与施工过程工艺特点有关的工作中断时间，应包括在定额时间内，但应尽量缩短此项时间消耗。

2）损失时间是与产品生产无关，而与施工组织和技术上的缺点有关，与工人在施工过程中的个人过失或某些偶然因素有关的时间消耗，损失时间中包括有多余和偶然工作、停工、违背劳动纪律所引起的工时损失。

①多余工作是工人进行了任务以外而又不能增加产品数量的工作，如重砌质量不

合格的墙体。多余工作的工时损失，一般都是由工程技术人员和工人的差错而引起的，因此，不应计入定额时间中。偶然工作也是工人在任务外进行的工作，但能够获得一定产品。如抹灰工不得不补上偶然遗留的墙洞等。由于偶然工作能获得一定产品，拟定定额时要适当考虑它的影响。

②停工时间是工作班内停止工作造成的工时损失。停工时间按其性质可分为施工本身造成的停工时间和非施工本身造成的停工时间两种。施工本身造成的停工时间，是由于施工组织不善、材料供应不及时、工作面准备工作做得不好、工作地点组织不良等情况引起的停工时间。非施工本身造成的停工时间，是由于停电等外因引起的停工时间。前一种情况在拟定定额时不应该计算，后一种情况定额中则应给予合理的考虑。

③违背劳动纪律损失时间是指工人在工作班开始和午休后的迟到、午饭前和工作班结束前的早退、擅自离开工作岗位、工作时间内聊天或办私事等造成的工时损失，由于个别工人违背劳动纪律而影响其他工人无法工作的时间损失，也包括在内。

（2）机器工作时间消耗的分类

在机械化施工过程中，对工作时间消耗的分析和研究，除了要对工人工作时间的消耗进行分类研究之外，还需要分类研究机器工作时间的消耗。

机器工作时间的消耗，按其性质也分为必需消耗的时间和损失时间两大类，如图3-4所示。

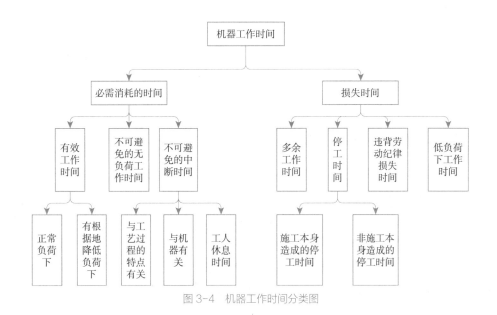

图3-4 机器工作时间分类图

1）在必需消耗的工作时间里，包括有效工作、不可避免的无负荷工作和不可避免的中断三项时间消耗。而在有效工作时间消耗中又包括正常负荷下、有根据地降低负荷下的工时消耗。

①正常负荷下的工作时间是机器在与机器说明书规定的额定负荷相符的情况下进行工作的时间。

②有根据地降低负荷下的工作时间是在个别情况下由于技术上的原因，机器在低于其计算负荷下工作的时间。例如，汽车运输重量轻而体积大的货物时，不能充分利用汽车的载重吨位因而不得不降低其计算负荷。

③不可避免的无负荷工作时间是由施工过程的特点和机械结构的特点造成的机械无负荷工作时间。例如，筑路机在工作区末端调头等，就属于此项工作时间的消耗。

④不可避免的中断时间是与工艺过程的特点、机器的使用和保养、工人休息有关的中断时间。

2）损失时间包括多余工作、停工、违背劳动纪律损失的工作时间和低负荷下的工作时间。

①机器的多余工作时间，一是机器进行任务内和工艺过程内未包括的工作而延续的时间，如工人没有及时供料而使机器空运转的时间；二是机械在负荷下所做的多余工作，如混凝土搅拌机搅拌混凝土时超过规定搅拌时间，即属于多余工作时间。

②机器的停工时间，按其性质也可分为施工本身造成和非施工本身造成的停工时间。前者是由于施工组织得不好而引起的停工现象，如由于未及时供给机器燃料而引起的停工。后者是由于气候条件所引起的停工现象，如暴雨时压路机的停工。上述停工中延续的时间，均为机器的停工时间。

③违反劳动纪律引起的机器的时间损失是指由于工人迟到早退或擅离岗位等原因引起的机器停工时间。

④低负荷下的工作时间是由于工人或技术人员的过错所造成的施工机械在降低负荷的情况下工作的时间。例如，工人装车的砂石数量不足引起的汽车在降低负荷的情况下工作所延续的时间。此项工作时间不能作为计算时间定额的基础。

3.4.2 工作时间消耗测定的基本方法

定额测定是制定定额的一个主要步骤，是用科学的方法观察、记录、整理、分析施工过程，为制定工程定额提供可靠依据。对于施工过程测定定额，通常采用计时观察法，计时观察法是测定工作时间消耗的基本方法。计时观察法是研究工作时间消耗的一种技术测定方法。它以研究工时消耗为对象，以观察测时为手段，通过密集抽样和粗放抽样等技术进行直接的时间研究。计时观察法以现场观察为主要技术手段，所以也称之为现场观察法。计时观察法能够把现场工时消耗情况和施工组织技术条件联系起来加以考察，它不仅能为制定定额提供基础数据，而且也能为改善施工组织管理、改善工艺过程和操作方法、消除不合理的工时损失和进一步挖掘生产潜力提供技术根据。计时观察法的局限性，是考虑人的因素不够。

对施工过程进行观察、测时，计算实物和劳务产量，记录施工过程所处的施工条件和确定影响工时消耗的因素，是计时观察法的三项主要内容和要求。计时观察法种类很多，最主要的有三种，如图3-5所示。

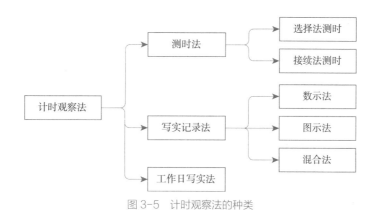

图3-5 计时观察法的种类

1. 测时法

测时法主要适用于测定定时重复的循环工作的工时消耗，是精确度比较高的一种计时观察法，一般可达到0.2~15s。测时法只用来测定施工过程中循环组成部分工作时间消耗，不研究工人休息、准备与结束及其他非循环的工作时间。

（1）测时法的分类

根据具体测时手段不同，可将测时法分为选择法测时和接续法测时两种。

1）选择法测时，是间隔选择施工过程中非紧连接的组成部分（工序或操作）测定工时，精确度达0.5s。当所测定的各工序或操作的延续时间较短时，连续测定比较困难，用选择法测时比较方便、简单。

2）接续法测时。它是连续测定一个施工过程各工序或操作的延续时间。接续法测时每次要记录各工序或操作的终止时间，并计算出本工序的延续时间。接续法测时也称作连续法测时，比选择法测时准确、完善，但观察技术也较之复杂。

（2）测时法的观察次数

由于测时法是属于抽样调查的方法，因此为了保证选取样本的数据可靠，需要对于同一施工过程进行重复测时。一般来说，观测的次数越多，资料的准确性越高，但要花费较多的时间和人力，这样既不经济，也不现实。确定观测次数较为科学的方法，应该是依据误差理论和经验数据相结合的方法来判断。需要的观察次数与要求的算术平均值精确度及数列的稳定系数有关。

2. 写实记录法

写实记录法是一种研究各种性质的工作时间消耗的方法，包括基本工作时间、辅助工作时间、不可避免的中断时间、准备与结束时间以及各种损失时间。采用这种方法，可以获得分析工作时间消耗和制定定额所必需的全部资料。这种测定方法比较简便、易于掌握，并能保证必需的精确度。因此写实记录法在实际中得到了广泛应用。

（1）写实记录法的种类

写实记录法按记录时间的方法不同分为数示法、图示法和混合法三种，计时一般采用有秒针的普通计时表即可。

1）数示法写实记录。数示法的特征是用数字记录工时消耗，是三种写实记录法中精确度较高的一种，精确度达 5s，可以同时对两个工人进行观察，适用于组成部分较少而且比较稳定的施工过程；

2）图示法写实记录。图示法是在规定格式的图表上用时间进度线条表示工时消耗量的一种记录方式，精确度可达 30s，可同时对 3 个以内的工人进行观察。这种方法的主要优点是记录简单，时间一目了然，原始记录整理方便；

3）混合法写实记录。混合法吸取数字和图示两种方法的优点，以图示法中的时间进度线条表示工序的延续时间，在进度线的上部加写数字表示各时间区段的工人数。混合法适用于 3 个以上工人工作时间的集体写实记录。

（2）写实记录法的延续时间

延续时间的确定，应立足于既不能消耗过多的观察时间，又能得到比较可靠和准确的结果。影响写实记录法延续时间的主要因素有：所测施工过程的广泛性和经济价值；已经达到的功效水平的稳定程度；同时测定不同类型施工过程的数目；被测定的工人人数以及测定完成产品的可能次数等。

3. 工作日写实法

工作日写实法是一种研究整个工作班内的各种工时消耗的方法。运用工作日写实法主要有两个目的，一是取得编制定额的基础资料；二是检查定额的执行情况，找出缺点，改进工作。

1）用于取得编制定额的基础资料。工作日写实的结果要获得观察对象在工作班内工时消耗的全部情况，以及产品数量和影响工时消耗的影响因素。其中工时消耗应该按工时消耗的性质分类记录。在这种情况下，通常需要测定 3~4 次。

2）用于检查定额的执行情况。通过工作日写实应该做到：查明工时损失量和引起工时损失的原因，制订消除工时损失，改善劳动组织和工作地点组织的措施，查明熟练工人是否能发挥自己的专长，确定合理的小组编制和合理的小组分工；确定机器在时间利用和生产率方面的情况，找出使用不当的原因，制订出改善机器使用情况的技术组织措施，计算工人或机器完成定额的实际百分比和可能百分比。在这种情况下，通常需要测定 1~3 次。

工作日写实法与测时法、写实记录法相比较，具有技术简便、费力不多、应用面广和资料全面的优点，在我国是一种采用较广的编制定额的方法。工作日写实法的缺点主要是由于有观察人员在场，即使在观察前做了充分准备，仍不免在工时利用上有一定的虚假性。

3.4.3　人工、材料和机械台班消耗量定额的确定

1. 确定人工消耗量定额的基本方法

人工消耗量定额简称人工定额，时间定额和产量定额是人工定额的两种表现形式。拟定出时间定额，也就可以计算产量定额。

在全面分析了各种影响因素的基础上，通过计时观察资料，我们可以获得定额的各种必须消耗时间。将这些时间进行归纳，有的是经过换算，有的是根据不同的工时规范附加，最后把各种定额时间加以综合和类比就是整个工作过程的人工消耗的时间定额。

（1）确定工序作业时间

根据计时观察资料的分析和选择，我们可以获得各种产品的基本工作时间和辅助工作时间，将这两种时间合并，可以称之为工序作业时间。它是各种因素的集中反映，决定着整个产品的定额时间。

1）确定基本工作时间。基本工作时间在必需消耗的工作时间中占的比重最大。在确定基本工作时间时，必须细致、精确。基本工作时间消耗一般应根据计时观察资料来确定。其做法是，首先确定工作过程每一组成部分的工时消耗，然后再综合出工作过程的工时消耗。如果组成部分的产品计量单位与工作过程的产品计量单位不符，就需先求出不同计量单位的换算系数，进行产品计量单位的换算，然后再相加，求得工作过程的工时消耗。

当各组成部分与最终产品单位一致时，单位产品基本工作时间就是施工过程各个组成部分作业时间的总和。计算公式如下：

$$T_1 = \sum_{i=1}^{n} t_i \tag{3-13}$$

式中　T_1——单位产品基本工作时间；

　　　t_i——各组成部分的基本工作时间；

　　　n——各组成部分的个数。

当各组成部分单位与最终产品单位不一致时，各组成部分基本工作时间应分别乘以相应的换算系数。计算公式如下：

$$T_1 = \sum_{i=1}^{n} k_i \times t_i \tag{3-14}$$

式中　k_i——对应于 t_i 的换算系数。

【例 3-1】砌砖墙勾缝的计算单位是 m^3，但若将勾缝作为砌砖墙施工过程的一个组成部分对待，即将勾缝时间按砌墙厚度按砌体体积计算，设每 $1m^3$ 墙面所需的勾缝时间为 11min，试求一砖墙厚和一砖半墙厚每 $1m^3$ 砌体所需的勾缝时间。

【解】①一砖厚的砖墙，其每 $1m^3$ 砌体墙面面积的换算系数为 $\frac{1}{0.24}$ =4.17（m^2），则每 $1m^3$ 砌体所需的勾缝时间为 4.17 × 11=45.87（min）；

②标准砖规格为 240mm × 115mm × 53mm，灰缝宽 10mm，则一砖半墙的厚度为

0.24+0.115+0.01=0.365（m）。因此一砖半厚的砖墙每 1m³ 砌体墙面面积的换算系数为 $\frac{1}{0.365}$ =2.74（m²），则每 1m³ 砌体所需的勾缝时间为 2.74×11=30.14（min）。

2）确定辅助工作时间。辅助工作时间的确定方法与基本工作时间相同。如果在计时观察时不能取得足够的资料，也可采用工时规范或经验数据来确定。如具有现行的工时规范，可以直接利用工时规范中规定的辅助工作时间的百分比来计算。

（2）确定规范时间

规范时间内容包括工序作业时间以外的准备与结束时间、不可避免的中断时间以及休息时间。

1）确定准备与结束时间。准备与结束工作时间分为班内和任务两种。任务的准备与结束时间通常不能集中在某一个工作日中，而要采取分摊计算的方法，分摊在单位产品的时间定额里。如果在计时观察资料中不能取得足够的准备与结束时间的资料，也可根据工时规范或经验数据来确定；

2）确定不可避免的中断时间。在确定不可避免的中断时间的定额时，必须注意由工艺特点所引起的不可避免的中断才可列入工作过程的时间定额。不可避免的中断时间也需要根据测时资料通过整理分析获得，也可以根据经验数据或工时规范，以占工作日的百分比表示此项工时消耗的时间定额；

3）确定休息时间。休息时间应根据工作班作息制度、经验资料、计时观察资料以及对工作的疲劳程度做全面分析来确定。同时，应考虑尽可能利用不可避免的中断时间作为休息时间。

规范时间均可利用工时规范或经验数据来确定。

（3）拟定定额时间

确定的基本工作时间、辅助工作时间、准备与结束工作时间、不可避免的中断时间与休息时间之和，就是劳动定额的时间定额。根据时间定额可计算出产量定额，时间定额和产量定额互成倒数。

利用工时规范，可以计算劳动定额的时间定额。计算公式如下：

$$工序作业时间 = 基本工作时间 + 辅助工作时间 \qquad (3-15)$$

$$规范时间 = 准备与结束工作时间 + 不可避免的中断时间 + 休息时间 \qquad (3-16)$$

$$工序作业时间 = 基本工作时间 + 辅助工作时间 = \frac{基本工作时间}{1-辅助工作时间（\%）} \qquad (3-17)$$

$$定额时间 = \frac{工序作业时间}{1-规范时间（\%）} \qquad (3-18)$$

【例 3-2】根据计时观察资料得知：人工挖二类土 1m³ 的基本工作时间为 6.5h，辅助工作时间占工序作业时间的 2%。准备与结束工作时间、不可避免的中断时间、休息时间分别占工作日的 4%、3%、16%。求该人工挖二类土的时间定额。

【解】基本工作时间 $= \dfrac{6.5}{8} = 0.813$（工日 $/m^3$）

工序作业时间 $= \dfrac{0.813}{1-2\%} = 0.83$（工日 $/m^3$）

时间定额 $= \dfrac{0.83}{1-4\%-3\%-16\%} = 1.078$（工日 $/m^3$）

2. 确定材料消耗量定额的基本方法

（1）材料的分类

合理确定材料消耗定额，必须研究和区分材料在施工过程中的类别。

1）根据材料消耗的性质划分。施工中材料的消耗可分为必须消耗的材料和损失的材料两类性质。

必须消耗的材料，是指在合理用料的条件下生产合格产品需要消耗的材料，包括直接用于建筑和安装工程的材料、不可避免的施工废料、不可避免的材料损耗。必须消耗的材料属于施工正常消耗，是确定材料消耗定额的基本数据。其中，直接用于建筑和安装工程的材料编制材料净用量定额，不可避免的施工废料和材料损耗编制材料损耗定额。

损失的材料是由于人为操作不当导致材料超过正常损耗之外的额外损耗，称为损失，损失不能进定额。

2）根据材料消耗与工程实体的关系划分。施工中的材料可分为实体材料和非实体材料两类。

实体材料是指直接构成工程实体的材料，包括工程直接性材料和辅助材料。工程直接性材料主要是指一次性消耗、直接用于工程构成建筑物或结构本体的材料，如钢筋混凝土柱中的钢筋、水泥、砂、碎石等；辅助性材料主要是指虽也是施工过程中所必需，却并不构成建筑物或结构本体的材料。如土石方爆破工程中所需的炸药、引信、雷管等。主要材料用量大，辅助材料用量少。

非实体材料是指在施工中必须使用但又不能构成工程实体的施工措施性材料。非实体材料主要是指周转性材料，如模板、脚手架、支撑等。

（2）确定材料消耗量的基本方法

确定实体材料的净用量定额和材料损耗定额的计算数据，是通过现场技术测定、实验室试验、现场统计和理论计算等方法获得的。

1）现场技术测定法，又称为观测法，是根据对材料消耗过程的测定与观察，通过完成产品数量和材料消耗量的计算，而确定各种材料消耗定额的一种方法。现场技术测定法主要适用于确定材料损耗量，因为该部分数值用统计法或其他方法较难得到。通过现场观察，还可以区别出哪些是可以避免的损耗，哪些是属于难以避免的损耗，明确定额中不应列入可以避免的损耗。

2）实验室试验法，主要用于编制材料净用量定额。通过试验，能够对材料的结构、化学成分和物理性能以及按强度等级控制的混凝土、砂浆、沥青、油漆等配比做出科学的结论，给编制材料消耗定额提供出有技术根据的、比较精确的计算数据。这种方法的优点是能更深入、更详细地研究各种因素对材料消耗的影响，其缺点在于无法估计到施工现场某些因素对材料消耗量的影响。

3）理论计算法，是根据施工图和建筑构造要求，用理论计算公式计算出产品的材料净用量的方法。这种方法较适合于不易产生损耗，且容易确定废料的材料消耗量的计算。

以标准砖墙材料用量计算为例。每 $1m^3$ 砖墙的用砖数和砌筑砂浆的用量可用下列理论公式计算各自的净用量，计算公式如下：

$$A = \frac{1}{墙厚 × （砖长 + 灰缝）× （砖厚 + 灰缝）} × k \qquad (3-19)$$

$$B = 1 - 砖数 × 每块砖体积 \qquad (3-20)$$

式中　　A——用砖数；

　　　　k——墙厚的砖数 $×2$；

　　　　B——砂浆用量。

材料的损耗一般以损耗率表示。材料损耗率可以通过观察法或统计法确定。材料损耗率及材料损耗量的计算通常采用如下的计算公式：

$$损耗率 = \frac{损耗量}{净用量} × 100\% \qquad (3-21)$$

$$消耗量 = 净用量 + 损耗量 = 净用量 × （1 + 损耗率） \qquad (3-22)$$

【例 3-3】计算 $1m^3$ 标准砖一砖外墙砌体砖数和砂浆的净用量。

【解】砖净用量 $= \dfrac{1}{0.24 × （0.24+0.01）× （0.053+0.01）} × 1 × 2 = 529$ （块）

砂浆净用量 $= 1 - 529 × （0.24 × 0.115 × 0.053） = 0.226$ （m^3）

3. 确定机具台班消耗量定额的基本方法

机具台班消耗量主要内容为施工机械台班消耗量。机械台班消耗量定额简称机械台班定额，其归类为施工机具台班定额，除此之外还有仪器仪表台班定额，二者的确定方法大体相同，本部分主要介绍确定机械台班定额的基本方法。

（1）确定机械 1h 纯工作正常生产率

机械纯工作时间，就是指机械的必需消耗时间。机械 1h 纯工作正常生产率，就是在正常施工组织条件下，具有必需的知识和技能的技术工人操纵机械 1h 的生产率。

根据机械工作特点的不同，机械 1h 纯工作正常生产率的确定方法，也有所不同。最常见的有循环动作机械和连续动作机械：

1）对于循环动作机械，确定机械纯工作 1h 正常生产率的计算公式如下：

$$机械一次循环的正常延续时间$$
$$= Σ（循环各组成部分正常延续时间）- 交叠时间 \qquad (3-23)$$

$$机械纯工作 1h 循环次数 = \frac{60 \times 60 (\text{s})}{一次循环的正常延续时间} \quad (3-24)$$

$$机械纯工作 1h 正常生产率 = 机械纯工作 1h 正常循环次数 \times$$
$$一次循环生产的产品数量 \quad (3-25)$$

2）对于连续动作机械，确定机械纯工作 1h 正常生产率要根据机械的类型和结构特征，以及工作过程的特点来进行，其计算公式如下：

$$连续动作机械纯工作 1h 正常生产率 = \frac{工作时间内生产的产品数量}{工作时间 (\text{h})} \quad (3-26)$$

式中　工作时间内的产品数量和工作时间的消耗，要通过多次现场观察和机械说明书来取得数据。

（2）确定施工机械的时间利用系数

确定施工机械的时间利用系数，是指机械在一个台班内的净工作时间与工作班延续时间之比。机械的时间利用系数和机械在工作班内的工作状况有着密切的关系。所以，要确定机械的时间利用系数，首先要拟定机械工作班的正常工作状况，保证合理利用工时。机械时间利用系数的计算公式如下：

$$机械时间利用系数 = \frac{机械在一个工作班内纯工作时间}{一个工作班延续时间 (8\text{h})} \quad (3-27)$$

（3）计算施工机械台班定额

计算施工机械台班定额是编制机械台班定额工作的最后一步。在确定了机械工作正常条件、机械 1h 纯工作正常生产率和机械时间利用系数之后，采用下列公式计算施工机械的产量定额：

$$施工机械台班产量定额 = 机械 1h 纯工作正常生产率 \times$$
$$工作班纯工作时间 \quad (3-28)$$

或

$$施工机械台班产量定额 = 机械 1h 纯工作正常生产率 \times$$
$$工作班延续时间 \times 机械时间利用系数 \quad (3-29)$$

$$施工机械时间定额 = \frac{1}{机械台班产量定额指标} \quad (3-30)$$

【例 3-4】某工程现场采用出料容量 600L 的混凝土搅拌机，每一次循环中，装料、搅拌、卸料、中断需要的时间分别为 1min、4min、1.5min、0.5min，机械时间利用系数为 0.9，求该机械台班产量定额。

【解】该搅拌机一次循环的正常延续时间 =1+4+1.5+0.5=7（min）=0.12（h）

该搅拌机纯工作 1h 循环次数 $= \frac{1}{0.12} = 8$（次）

该搅拌机纯工作 1h 正常生产率 $=8 \times 600=4800$（L）$=4.8$（m^3）

该搅拌机台班产量定额 $=4.8 \times 8 \times 0.9=34.56$（$m^3$/ 台班）

3.5   工程计价定额的编制

3.5.1   预算定额及其基价的编制

1. 预算定额的概念和用途

（1）预算定额的概念

预算定额是指在正常的施工条件下，完成一定计量单位合格分项工程和结构构件所需消耗的人工、材料、机械台班数量及其相应费用标准。预算定额是工程建设中的一项重要的技术经济文件，是编制施工图预算的主要依据，是确定和控制工程造价的基础。

（2）预算定额的用途

1）预算定额是编制施工图预算的基础。施工图设计一经确定，工程预算造价就取决于预算定额水平和人工、材料以及机械台班的价格；

2）预算定额可以作为编制施工组织设计的依据。施工单位在缺乏本企业施工定额的情况下，根据预算定额，能够比较精确地计算出施工中各项资源的需求量，为有计划地组织、采购及加工提供了可靠的计算依据；

3）预算定额可以作为工程结算的依据。工程结算是建设单位和施工单位按照工程进度对已完成的分部分项工程实现货币支付的行为，按进度支付工程款，需要根据预算定额将已完分项工程的造价算出。单位工程验收后，再按竣工工程量、预算定额和施工合同规定进行结算，以保证建设单位建设资金的合理使用和施工单位的经济收入；

4）预算定额可以作为施工单位经济活动分析的依据。预算定额规定的物化劳动和劳动消耗指标，是施工单位在生产经营中允许消耗的最高标准；

5）预算定额是编制概算定额的基础。概算定额是在预算定额基础上综合扩大编制的，利用预算定额作为编制依据，不但可以节省编制工作的大量人力、物力和时间，收到事半功倍的效果，还可以使概算定额在水平上与预算定额保持一致，以免造成执行中的不一致。

2. 预算定额的编制

（1）预算定额的编制原则

为保证预算定额的质量，充分发挥预算定额的作用，实际使用简便，在编制工作中应遵循以下原则：

1）按照社会平均水平确定预算定额的原则。预算定额是确定和控制建筑安装工程造价的主要依据。因此它必须遵照价值规律的客观要求，即按生产过程中所消耗的社会必要劳动时间确定定额水平。所谓预算定额的平均水平，是在正常的施工条件下，合理的施工组织和工艺条件、平均劳动熟练程度和劳动强度下，完成单位分项工程基本构造单元所需要的劳动时间。

2）简明适用的原则。一是指在编制预算定额时，对于那些主要的、常用的、价值量大的项目，分项工程划分宜细；次要的、不常用的、价值量相对较小的项目则可以粗一些。二是指预算定额要项目齐全。要注意补充那些因采用新技术、新结构、新材料而出现的新的定额项目。如果项目不全，缺项多，就会使计价工作缺少充足的可靠的依据。三是还要求合理确定预算定额的计量单位，简化工程量的计算，尽可能地避免同一种材料用不同的计量单位和一量多用，尽量减少定额附注和换算系数。

（2）预算定额的编制依据

预算定额的编制依据有如下：

1）现行施工定额。预算定额是在现行施工定额的基础上编制的；

2）现行设计、施工及验收规范，质量评定标准和安全操作规程；

3）具有代表性的典型工程施工图及有关标准图。对这些图纸进行仔细分析研究，并计算出工程数量，作为编制定额时选择施工方法确定定额含量的依据；

4）成熟推广的新技术、新结构、新材料和先进的施工方法等。这类资料是调整定额水平和增加新的定额项目所必需的依据；

5）有关科学实验、技术测定和统计、经验资料。这类工程是确定定额水平的重要依据；

6）现行的预算定额、材料单价、机械台班单价及有关文件规定等，包括过去定额编制过程中积累的基础资料，也是编制预算定额的依据和参考。

（3）预算定额示例

混凝土墙预算定额表见表3-9。

混凝土墙预算定额表　　　　　　　　　　表3-9

计量单位：10m³

定额编号			5-392	5-393	5-394
项目		单位	人工挖土桩护井壁混凝土	毛石混凝土	混凝土
人工	综合工日	工日	18.65	8.34	9.53
材料	现浇混凝土	m³	10.13	8.62	10.13
	草袋子	m²	2.32	2.39	2.49
	水	m³	9.29	7.98	9.19
机械	混凝土搅拌机（400L）	台班	1.00	0.36	0.40

3. 预算定额基价的编制

预算定额基价就是预算定额分项工程或结构构件的单价，我国现行各省预算定额基价的表述内容不尽统一。有的定额基价只包括人工费、材料费和施工机具使用费，即工料单价。有的定额基价包括工料单价以外的管理费、利润的清单综合单价，即不完全综合单价。有的定额基价包括规费、税金在内的全费用综合单价，即完全综合单价。在预算定额表中应直接列出定额基价，其中人工费、材料费、机械使用费分别列出，并列出人工、材料、机械的消耗量及人工、材料、机械的单价。

预算定额基价的编制方法，就是工、料、机的消耗量和工、料、机单价的结合过程。其中，人工费是由预算定额中每一分项工程各种用工数乘以地区人工工日单价之和算出。材料费是由预算定额中每一分项工程的各种材料消耗量乘以地区相应材料预算价格之和算出。机具费是由预算定额中每一分项工程的各种机械台班消耗量乘以地区相应施工机械台班预算价格之和，以及仪器仪表使用费汇总后算出（上述单价均为不含增值税进项税额的价格）。

以基价为工程单价为例，预算定额基价的计算公式为：

$$分项工程预算定额基价 = 人工费 + 材料费 + 施工机具使用费 \quad (3-31)$$

$$式中 \quad 人工费 = \sum（现行预算定额中各种人工工日用量 \times 人工日工资单价） \quad (3-32)$$

$$材料费 = \sum（现行预算定额中各种材料消耗量 \times 相应材料单价） \quad (3-33)$$

$$施工机具使用费 = \sum（现行预算定额中机械台班用量 \times 机械台班单价）$$
$$+ \sum（仪器仪表台班用量 \times 仪器仪表台班单价） \quad (3-34)$$

预算定额基价是根据现行定额和当地的价格水平编制的，具有相对的稳定性。在预算定额中列出的基价应视作该定额编制时的工程单价。为了适应市场价格的变动，在编制预算时，必须根据工程造价管理部门发布的调价文件对固定的工程预算单价进行修正。修正后的工程单价乘以根据图样计算出来的工程量，就可以获得符合实际市场情况的人工、材料、机具费用。

预算定额基价也可通过编制单位估价表、地区单位估价表及设备安装价目表确定单价，预算定额基价的另一种表现形式是单位估价表，它是同预算定额基价表类似的一种计价性的定额形式，更为突出地表现了地区性特点。单位估价表示例见表 3-10。

××市市政工程单位估价表 表3-10

定额编号	A3-25		定额单位	基价（元）	人工费（元）	材料费（元）	机械费（元）
1-1-1	人工挖一般土方	一、二类土深度（2m以内）	100m³	2529.55	2529.55		
1-1-2	人工挖一般土方	一、二类土深度（4m以内）	100m³	4092.14	4092.14		
1-1-3	人工挖一般土方	一、二类土深度（6m以内）	100m³	5028.88	5028.88		
1-1-4	人工挖一般土方	三类土深度（2m以内）	100m³	4093.74	4093.74		
1-1-5	人工挖一般土方	三类土深度（4m以内）	100m³	6062.63	6062.63		
1-1-6	人工挖一般土方	三类土深度（6m以内）	100m³	6593.08	6593.08		
1-1-7	人工挖一般土方	四类土深度（2m以内）	100m³	5989.79	5989.79		

定额编号	A3-25	定额单位	基价（元）	人工费（元）	材料费（元）	机械费（元）
1-1-8	人工挖一般土方　四类土深度（4m 以内）	100m³	7548.28	7548.28		
……	……	……	……	……	……	……

3.5.2　概算定额及其基价的编制

1. 概算定额的概念及作用

（1）概算定额的概念

概算定额，是在预算定额基础上，确定完成合格的单位扩大分项工程或单位扩大结构构件所需消耗的人工、材料和施工机具台班的数量标准及其费用标准。概算定额又称扩大的结构定额。

概算定额的内容和深度是以预算定额为基础的综合与扩大。在合并时，不得遗漏或增加细目，以保证定额数据的严谨性和正确性。概算定额一定要简化、准确和适用。通过概算定额计算的建筑安装工程费用与其他费用定额中的有关费用一起构成建设项目工程的总概算。

（2）概算定额与预算定额的区别

概算定额与预算定额都是以建（构）筑物各个结构部分或分部分项工程为单位表示的，内容都包括人工、材料、机械台班使用量定额三个基本部分。概算定额表达的主要内容、表达的主要方式及基本使用方法都与预算定额相近。但两者也存在差异。主要区别在于：

1）编制对象不同。概算定额是以定额计量单位的扩大分项工程或扩大结构构件为对象编制的，预算定额是以建（构）筑物各个分部分项工程为对象编制的定额；

2）综合程度不同。概算定额比预算定额综合性强；

3）概算定额是预算定额的合并与扩大。它将预算定额中有联系的若干个分项工程项目综合为一个概算定额项目；

4）预算定额是工程结算的基本依据，而概算定额是工程计划投资的依据。

（3）概算定额的作用

概算定额的合理性，对提高概算准确性，合理使用建设资金，加强建设管理，控制工程造价及充分发挥投资效益起着积极的作用。概算定额主要作用如下：

1）概算定额是初步设计阶段编制概算、扩大初步设计阶段编制修正概算的主要依据。应按设计的不同阶段对拟建工程进行估价，初步设计阶段应编制概算，技术设计阶段应编制修正概算。概算定额是适应设计深度而编制的计量计价标准。

2）概算定额是对设计方案进行技术经济分析比较的基础资料之一。设计方案的比较主要是对建筑、结构、工艺设备方案进行技术、经济比较，目的是选出经济合理的优秀设计方案。概算定额按扩大分项工程或扩大结构构件划分定额项目，可为设计方案的比较提供有效依据。

3）概算定额是建设工程主要材料计划编制的依据；

4）概算定额是控制施工图预算的依据；

5）概算定额是施工企业在准备施工期间编制施工组织总设计或总规划时对生产要素提出需要量计划的依据；

6）概算定额是工程结束后，进行竣工决算和评价的依据。

2．概算定额的编制

（1）概算定额的编制原则

1）概算定额的编制深度，要适应设计的要求；

2）概算定额应贯彻平均水平和简明适用的原则，并应考虑概算定额与预算定额之间的幅度差；

3）表现形式体现量价分离原则，并应体现各类工程的特点；

4）项目齐全、计算简单、准确可靠。

（2）概算定额的编制依据

概算定额的编制依据因其使用范围不同而不同。编制依据一般有以下几种：

1）相关的国家和地区文件；

2）现行的设计规范、施工验收技术规范和各类工程预算定额、施工定额；

3）具有代表性的标准设计图纸和其他设计资料；

4）有关的施工图预算及有代表性的工程决算资料；

5）现行的人工日工资单价标准、材料单价、机具台班单价及其他的价格资料。

（3）概算定额示例

构件加固钢梁概算定额表见表3-11。

构件加固钢梁概算定额表   表3-11

工作内容：构件加固、吊装校正、拧紧螺栓，电焊固定、除锈、除尘、按技术要求装车，绑扎、运输，按指定地点卸车堆放等全部工作内容。

计量单位：t

定额编号				GJ-4-18		GJ-4-19	
项目		单位	单价	钢梁			
				托架梁		吊车梁	
				数量	合价（元）	数量	合价（元）
基价		元	—	9947.48		10449.85	
其中	人工费	元	—	611.16		555.72	
	材料费	元	—	6132.85		6779.14	
	机械费	元	—	3203.47		3114.99	
合计工		工日	44.00	13.890	611.16	12.630	555.72
材料	钢托架梁	t	5436.07	1.000	5436.07	—	—
	钢吊车梁	t	6105.58	—	—	1.000	6105.58

续表

定额编号				GJ-4-18		GJ-4-19	
项目		单位	单价	钢梁			
				托架梁		吊车梁	
				数量	合价（元）	数量	合价（元）
材料	方木	m³	1650.32	0.006	9.90	0.007	11.55
	喷砂嘴	个	36.00	1.000	36.00	1.000	36.00
	喷砂用胶管 φ40 中压	m	28.10	1.600	44.96	1.600	44.96
	其他材料费	元	1.00	—	605.920	—	5181.050
机械	机械费	元	1.00	—	3203.470	—	3114.990

3. 概算定额基价的编制

概算定额基价和预算定额基价一样，根据不同的表达方法，概算定额基价是工料单价、综合单价或全费用综合单价，用于编制设计概算。

概算定额基价和预算定额基价的编制方法相同，单价均为不含增值税进项税额的价格，以概算定额基价为工料单价的情况为例，概算定额基价编制的过程如下：

$$概算定额基价 = 人工费 + 材料费 + 机具费 \qquad (3-35)$$

式中

$$人工费 = 现行概算定额中人工工日消耗量 \times 人工单价; \qquad (3-36)$$

$$材料费 = \sum（现行概算定额中材料消耗量 \times 相应材料单价）; \qquad (3-37)$$

$$机具费 = \sum（现行概算定额中机械台班消耗量 \times 相应机械台班单价）+ \\ \sum（仪器仪表台班用量 \times 仪器仪表台班单价）。 \qquad (3-38)$$

表 3-12 为水泥搅拌桩概算定额基价表。

水泥搅拌桩概算定额基价表　　　　表 3-12

工作内容：机具就位，预搅下沉，拌制水泥浆或筛水泥粉，喷水泥浆或水泥粉，并搅拌提升，重复上、下搅拌，移位。

计量单位：m³

定额编号				02-0014	02-0015	02-0016
项目				水泥搅拌桩		
				深层搅拌法	粉体喷搅法	水泥掺量（每增减 1%）
基价				225.35	250.90	7.47
其中	人工费			21.45	40.64	—
	材料费			110.41	95.21	6.85
	机械费			29.06	30.13	—
	名称	单位	单价	消耗量		
人工	普工	工日	92.00	0.051	0.096	—
	技工	工日	142.00	0.118	0.224	—
主要材料	水泥 P·O 42.5	t	360.29	0.275	0.239	0.018
主要机械	三轴搅拌桩机 850	台班	623.60	0.019	—	—
	粉喷桩机	台班	486.85	—	0.042	—

3.5.3 概算指标和投资估算指标的编制

1.概算指标的概念及其作用

概算指标通常是以单位工程为对象，以建筑面积、体积或成套设备装置的台或组为计量单位而规定的人工、材料、机具台班的消耗量标准和造价指标。概算指标比概算定额综合性更强。

概算定额与概算指标的主要区别：

（1）确定各种消耗量指标的对象不同。概算定额是以单位扩大分项工程或单位扩大结构构件为对象，而概算指标则是以单位工程为对象。因此，概算指标比概算定额更加综合与扩大。

（2）确定各种消耗量指标的依据不同。概算定额以现行预算定额为基础，通过计算之后才综合确定出各种消耗量指标，而概算指标中各种消耗量指标的确定，则主要来自各种预算或结算资料。

概算指标与概算定额、预算定额一样，都是与各个设计阶段相适应的多次性计价的产物，它主要用于初步设计阶段，其作用主要有：

（1）概算指标可以作为编制投资估算的参考；

（2）概算指标是初步设计阶段编制概算书，确定工程概算造价的依据；

（3）概算指标中的主要材料指标可作为匡算主要材料用量的依据；

（4）概算指标是设计单位进行设计方案比较、建设单位选址的依据；

（5）概算指标是编制固定资产投资计划，确定投资额的主要依据；

（6）概算指标是建筑企业编制劳动力、主要材料计划、实行经济核算的依据。

2.概算指标的分类及表现形式

（1）概算指标的分类

概算指标可分为建筑工程概算指标、设备及安装工程概算指标，如图3-6所示。

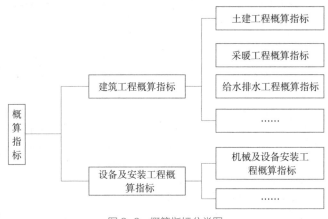

图3-6　概算指标分类图

（2）概算指标的内容及表现形式

概算指标的内容包括文字说明和列表形式：

1）文字说明。文字说明包括总说明和分册说明，其内容一般包括：概算指标的编制范围、编制依据、分册情况、指标包括的内容、指标未包括的内容、指标的使用方法、指标允许调整的范围及调整方法等。

2）列表形式。列表形式有建筑工程列表形式和安装工程列表形式。总体来讲，列表形式分为以下几部分：

①示意图。表明工程的结构，工业项目还表示起重机及起重能力等。

②工程特征。对房屋建筑工程特征主要对工程的结构形式、层高、层数和建筑面积进行说明。某轻板框架住宅结构特征见表3-13。

③经济指标。说明项目每100m²建筑面积的造价指标及其土建、水暖和电气照明等单位工程的相应造价。某轻板框架住宅经济指标见表3-14。

④构造内容及工程量指标。说明工程项目的构造内容和相应计算单位的工程量指标及人工、材料消耗指标。某轻板框架住宅构造内容及工程量指标和人工及主要材料消耗量指标见表3-15、表3-16。

某轻板框架住宅结构特征表　　　　　　　　　　　　表3-13

结构类型	层数	层高	檐高	建筑面积
轻板结构	七层	3m	21.9m	3746m²

某轻板框架住宅经济指标（每100m²建筑面积）　　　　　表3-14

造价分类		合计	造价构成（元）				
			直接费	间接费	计划利润	其他	税金
单方造价		43774	25352	6467	2195	8493	1267
其中	土建	38617	22365	5705	1937	7492	1118
	水暖	3416	1978	505	171	663	99
	电照	1741	1009	257	87	338	50

某轻板框架住宅构造内容及工程量指标（每100m²建筑面积）　　表3-15

序号	构造及内容		工程量	
			单位	数量（元）
一、土建				
1	基础	钢筋混凝土条形基础	m³	6.05
2	外墙	250mm加气混凝土外墙板	m³	13.43
3	内墙	125mm加气块/砖、石膏板	m³	19.46、8.17、17.75

续表

序号	构造及内容		工程量	
			单位	数量（元）
4	柱及间隔	预制柱、间距 2.7~3m	m³	3.50
5	梁	预制叠合梁、阳台挑梁、纵向梁	m³	3.34
6	地面	80mm 混凝土垫层、水泥砂浆面层	m²	12.60
7	楼层	100mm 钢筋混凝凝土整间板、面层	m²	73.10
8	天棚			
9	门窗	木门窗	m²	58.77
10	层架及跨度			
11	层面	三毡四油防水、200mm 加气保温、预制空心板	m²	18.60
12	脚手架	综合脚手架	m²	100
二、水暖				
1	供暖方式	垂直单管上供下回式集中供暖		
2	给水性质	生活给水		
3	排水性质	生活分流污水		
4	通风方式	自然通风		
三、电照				
1	配线方式	塑料管暗配		
2	灯具种类	白炽灯、普通灯座、防水座灯		
3	用电量			

某轻板框架住宅人工及主要材料消耗量指标（每 100m² 建筑面积）　　表 3-16

序号	名称及规格	单位	数量	序号	名称及规格	单位	数量
一	土建			1	人工	工日	38
1	人工	工日	459	2	钢管	t	0.20
2	钢筋	t	2.43	3	散热器	m²	21
3	型钢	t	0.06	4	卫生器具	套	4.7
4	水泥	t	14.00	5	水表	个	1.87
5	白灰	t	0.50	三	电照		
6	沥青	t	0.3	1	人工	工日	19
7	石膏板、红砖/墙板、加气板	千块	17.75、8.17/13.43、19.46	2	电线	m	274
8	木板	m³	3.81	3	钢（塑）管	t	0.052
9	砂	m³	30	4	灯具	套	8.7
10	碎石	m³	26	5	电表	个	1.54
11	玻璃	m²	29	6	配电管	套	0.79
12	卷材	m²	88	四	机械使用费	%	7.60
二	水暖			五	其他材料费	%	17.53

概算指标在表现形式上，分综合指标与单项指标两种形式。综合指标按照工业与民用建筑或其结构类型而制定的概算指标，综合概算指标的概括性较大，其准确性、针对性不如单项指标。单项概算指标是指为某种建筑物或构筑物而编制的概算指标，单项概算指标的针对性较强，指标附有工程结构内容介绍，只要工程项目的结构形式及工作内容与单项指标中的工程概况相符，编制的设计概算就比较准确。

3. 投资估算指标的概念

投资估算指标是编制建设项目建议书、可行性研究报告等前期工作阶段投资估算的依据，也可以作为编制固定资产计划投资额的参考。与概、预算定额相比，估算指标以独立的建设项目、单项工程或单位工程为对象，综合项目全过程投资和建设中的各类成本和费用，反映出其扩大的技术经济指标，既是定额的一种表现形式，又不同于其他的计价定额。投资估算指标既具有宏观指导作用，又能为编制项目建议书和可行性研究阶段投资估算提供依据。投资估算指标的作用如下：

（1）在编制项目建议书阶段。它是项目主管部门审批项目建议书的依据之一，并对项目的规划及规模起参考作用；

（2）在可行性研究报告阶段。它是项目决策的重要依据，也是多方案比选、优化设计方案、正确编制投资估算、合理确定项目投资额的重要基础；

（3）在建设项目评价及决策阶段。它是评价建设项目投资可行性、分析投资效益的主要经济指标；

（4）在项目实施阶段。它是限额设计和工程造价确定与控制的依据；

（5）它是核算建设项目建设投资需要额和编制建设投资计划的重要依据；

（6）合理准确地确定投资估算指标是进行工程造价管理改革、实现工程造价事前管理和主动控制的前提条件。

4. 投资估算指标编制的原则和依据

（1）投资估算指标编制的原则

由于投资估算指标属于项目建设前期进行估算投资的技术经济指标，它不但要反映实施阶段的静态投资，还必须反映项目建设前期和交付使用期内发生的动态投资，以投资估算指标为依据编制的投资估算包含项目建设的全部投资额。这就要求投资估算指标比其他各种计价定额具有更大的综合性和概括性。因此投资估算指标的编制工作，除应遵循一般定额的编制原则外，还必须坚持以下原则：

1）投资估算指标项目的确定，应考虑以后几年编制建设项目建议书和可行性研究报告投资估算的需要；

2）投资估算指标的分类、项目划分、项目内容、表现形式等要结合各专业的特点，并且要与项目建议书、可行性研究报告的编制深度相适应；

3）投资估算指标的编制内容、典型工程的选择，必须遵循国家的有关建设方针政策，符合国家技术发展方向，贯彻国家发展方向原则，使指标的编制既能反映正常建设条件下的造价水平，也能适应今后若干年的科技发展水平。坚持技术上先进、可行和经济上的合理，力争以较少的投入求得最大的投资效益；

4）投资估算指标的编制要反映不同行业、不同项目和不同工程的特点，投资估算指标要适应项目前期工作深度的需要，而且具有更大的综合性。投资估算指标要密切结合行业特点、项目建设的特定条件，在内容上既要贯彻指导性、准确性和可调性原则，又要有一定的深度和广度；

5）投资估算指标的编制要贯彻静态和动态相结合的原则。要充分考虑在市场经济条件下，由于建设条件、实施时间、建设期限等因素的不同，考虑到建设期的动态因素，即价格、建设期利息及涉外工程的汇率等因素的变动导致指标的量差、价差、利息差、费用差等"动态"因素对投资估算的影响，对上述动态因素给予必要的调整办法和调整参数，尽可能减少这些动态因素对投资估算准确度的影响，使指标具有较强的实用性和可操作性。

（2）投资估算指标编制的依据

投资估算指标的编制依据有以下几点：

1）依照不同的产品方案、工艺流程和生产规模，确定建设项目主要生产、辅助生产、公用设施及生活福利设施等单项工程内容、规模、数量以及结构形式，选择相应具有代表性、符合技术发展方向、数量足够的已经建成或正在建设的并具有重复使用可能的设计图样及其工程量清册、设备清单、主要材料用量表和预算资料、决算资料，经过分类、筛选，整理出编制依据；

2）国家和主管部门制订颁发的建设项目用地定额、建设项目工期定额、单项工程施工工期定额及生产定员标准等；

3）编制年度现行全国统一、地区统一的各类工程计价定额、各种费用标准；

4）编制年度的各类工资标准、材料单价、机具台班单价及各类工程造价指数，应以所处地区的标准为准；

5）设备价格。

5. 投资估算指标的内容及表现形式

投资估算指标根据行业不同，一般可分为建设项目综合指标、单项工程指标和单位工程指标三个层次。表现形式见表3-17。

（1）建设项目综合指标

建设项目综合指标一般以项目的综合生产能力单位投资表示，内容包括按规定应列入建设项目总投资的从立项筹建开始至竣工验收交付使用的全部投资额，包括单项工程投资、工程建设其他费用和预备费等。

建设项目综合指标一般以项目的综合生产能力单位投资表示，如元/t、元/kW，或以使用功能表示，如医院床位：元/床。

某住宅楼投资估算指标表　　表 3-17

指标编号 1-001

一、工程概况

工程名称	职工宿舍	工程地点	武汉市	建筑面积	627m²
层数	三层	层高	3.30m	结构类型	砖混
檐高	10.35m	地耐力		地震烈度	

土建部分		地基处理		
		基础		C10 混凝土垫层，C30 钢筋混凝土无梁式带形基础，砖基础
	墙体	外		一砖墙
		内		一砖墙、局部 GRC 轻质隔墙
	柱			C20 钢筋混凝土矩形柱、构造柱
	梁			C20 钢筋混凝土单梁、连续梁、过梁、圈梁
	板			C20 钢筋混凝土平板、C30 预应力钢筋混凝土空心板
	地面	垫层		C10 混凝土垫层
		面层		水磨石、局部地面砖面层
	楼面			水磨石、局部地面砖面层
	屋面			膨胀珍珠岩保温层、聚氨酯防水层、水泥砂浆面层
	门窗			木镶板门（带纱）、铝合金地弹门、铝合金推拉窗
	装饰	天棚		混合砂浆底、纸筋灰浆面、斯泰安涂料
		内粉		混合砂浆底、纸筋灰浆面、斯泰安涂料、局部釉面砖
		外粉		混合砂浆、斯泰安涂料
安装	水卫（消防）			给水镀锌钢管、排水铸铁管、洗面盆、淋浴器、蹲式大便器
	电气照明			照明配电箱，荧光灯、吸顶灯、壁灯、吊风扇，钢管暗敷，穿铜芯绝缘线

二、每平方米综合造价指标（单位：元 /m²）

项目	综合指标	定额直接费				取费（综合费）
		合价	其中			四类工程
			人工费	材料费	机械费	
工程造价	805.33	655.14	123.37	505.17	26.60	150.19
土建	720.15	585.49	113.81	445.46	26.22	134.66
水卫（消防）	42.71	33.48	5.35	28.11	0.02	9.23
电气照明	42.47	36.17	4.21	31.60	0.36	6.30

三、土建工程各部分占定额直接费的比例及每平方米直接费

分部工程名称	占直接费 %	元 /m²	分部工程名称	占直接费 %	元 /m²
地基处理工程			楼地面工程	13.22	77.38
±0.00 以下工程	10.02	58.64	屋面及防水工程	5.68	33.26
脚手架及垂直运输	1.95	11.45	防腐、保温、隔热工程	1.28	7.49
砌筑工程	10.58	61.94	装饰工程	22.98	134.59
混凝土及钢筋混凝土工程	23.20	135.83	金属结构制作工程		
构件运输及安装工程	1.24	7.26	零星项目		
门窗及木结构工程	9.85	57.65			

续表

四、人工、材料消耗指标					
项目	单位	每100m² 消耗量	材料名称	单位	每100m² 消耗量
一、定额用工	工日	630.23	二、材料消耗		
土建工程	工日	583.62	钢材	t	2.29
			水泥	t	22.60
水卫（消防）	工日	26.09	木材	m³	2.09
			标准砖	千块	17.85
电气照明	工日	20.52	中粗砂	m³	47.33
			碎（砾）石	m³	38.57

（2）单项工程指标

单项工程指标是指按规定应列入能独立发挥生产能力或使用效益的单项工程内的全部投资额，包括建筑工程费、安装工程费、设备、工器具及生产家具购置费和可能包含的其他费用。

单项工程一般划分为如下几类：

1）主要生产设施，指直接参加生产产品的工程项目，包括生产车间或生产装置；

2）辅助生产设施，指为主要生产车间服务的工程项目，包括集中控制室、中央实验室、机修、电修、仪器仪表修理及木工（模）等车间，原材料、半成品、成品及危险品等仓库；

3）公用工程，包括给水排水系统（给水排水泵房、水塔、水池及全厂给水排水管网）、供热系统（锅炉房及水处理设施、全厂热力管网）、供电及通信系统（变配电所、开关所及全厂输电、电信线路）以及热电站、热力站、燃气站、空压站、冷冻站、冷却塔和全厂管网等；

4）环境保护工程，包括废气、废渣、废水等处理和综合利用设施及全厂性绿化；

5）总图运输工程，包括厂区防洪、围墙大门、传达及收发室、汽车库、消防车库、厂区道路、桥涵、厂区码头及厂区大型土石方工程；

6）厂区服务设施，包括厂部办公室、厂区食堂、医务室、浴室、哺乳室、自行车棚等；

7）生活福利设施，包括职工医院、住宅、生活区食堂、职工医院、俱乐部、托儿所、幼儿园、子弟学校、商业服务点以及与之配套的设施；

8）厂外工程，如水源工程、厂外输电、输水、排水、通信、输油等管线以及公路、铁路专用线等。

单项工程指标一般以单项工程生产能力单位投资，如"元 /t"或其他单位表示。

（3）单位工程指标

单位工程指标按规定应列入能独立设计、施工的工程项目的费用，即建筑安装工程费用。

　　单位工程指标一般以如下方式表示：房屋区别不同结构形式以"元/m²"表示；道路区别不同结构层、面层以"元/m²"表示；水塔区别不同结构层、容积以"元/座"表示；管道区别不同材质、管径以"元/m"表示。

习题与思考题

　　1. 工程计价的原理有哪些？

　　2. 阐述工程定额中的计价定额、消耗量定额之间的关系。

　　3. 工程量清单的编制依据是什么？包含哪几部分？试概括各部分的编制步骤。

　　4. 在编制材料消耗量定额时，用于编制材料消耗量定额的方法主要有哪些？

　　5. 阐述概算定额与概算指标的区别。

　　6. 根据相关的计时观察资料得知：人工挖二类土 $1m^3$ 的基本工作时间为 6h，辅助工作时间占工序作业时间的 2.5%。准备与结束工作时间、不可避免的中断时间、休息时间分别占工作日的 5%、4%、14%。求该人工挖二类土的时间定额。

　　7. 砌一砖半标准砖墙，已知砂浆的损耗率是 5%，求该一砖半墙的标准砖和砂浆的消耗量。

　　8. 有 $4350m^3$ 土方开挖任务，要求在 11d 内，采用斗容量为 $0.5m^3$ 的反铲挖掘机挖土，载重量为 5t 的自卸汽车将开挖土方量的 60% 运走，运距为 3km，其余土方量就地堆放。经现场测定的有关数据如下：

　　（1）挖掘机每循环一次时间为 2min，机械时间利用系数为 0.85，挖掘机的铲斗充盈系数为 1.0；

　　（2）自卸汽车每一次装卸往返需 24min，时间利用系数为 0.8；

　　（3）土的松散系数为 1.2，松散状态容量为 $1.65t/m^3$。

　　求机械台班消耗定额，并确定所需要的机械数量。

4

投资估算

【教学要求】

　　1. 了解投资估算的基本概念及阶段划分；

　　2. 熟悉投资估算的编制依据和编制程序；

　　3. 熟悉并掌握投资估算的编制方法。

【导读】

　　本章详细地介绍了投资决策阶段投资估算的编制方法，采用案例引入的方式分别介绍匡算估算法和分解估算法在投资估算编制时的应用情况，并结合相关例题，予以详细解释和说明。

案例引入：根据××省××市总体发展规划及经济发展布局，拟在该市××区××路综合产业园内新建年产20万辆电动车生产厂房。本项目建设期为2021年10月至2023年10月，建设期为两年。

依据项目建设规模需求，本项目总占地面积42578m²，其中厂房建筑面积20000m²，原材料仓库及研发大楼等辅助生产系统建筑面积6500m²，公用及福利设施建筑面积12778m²，外部工程建筑面积3300m²。本项目生产车间的人员和物料的进出口分别设置，物流顺畅，布置紧凑，人流物流不相混杂；车间内各功能间的洁净级别确定合理准确，各操作的区域合理分布，生产流程设计高效流畅。

该项目建成后将实现年产20万辆电动车的产能。

该项目相关数据见表4-1。

××电动车生产厂房项目相关数据　　　　　　　　　　　表4-1

序号	名称	单位	数据	备注
I	建设规模			
1	生产厂房开发项目总建筑面积	m²	42578	
1.1	主要生产系统			
	生产车间	m²	5000	
	焊接车间	m²	5000	
	组装车间	m²	5000	
	成品车间	m²	5000	
1.2	辅助生产系统			
	原材料仓库	m²	2500	
	研发大楼	m²	4000	
1.3	公用及福利设施			
	办公楼及展厅	m²	4000	
	停车场	m²	1800	
	食堂	m²	2670	
	宿舍楼	m²	4000	
	变电所	m²	160	
	锅炉房	m²	148	
1.4	外部工程			
	总图工程	m²	3300	

本章将围绕该工程项目对在实际投资估算涉及的各项工作进行详细介绍。

4.1 投资估算概述

4.1.1 投资估算的概念与内容

1. 投资估算的概念

依据住房和城乡建设部 2013 年发布的《工程造价术语标准》GB/T 50875—2013，投资估算（Estimate of Investment）是指以方案设计或可行性研究文件为依据，按照规定的程序、方法和依据，对拟建项目所需总投资及其构成进行的预测和估计。投资估算的成果文件称为投资估算书，投资估算书是项目建设前期编制可行性研究报告的重要组成部分，是建设项目前期决策的重要依据之一。投资估算的准确性不仅影响到可行性研究工作的质量和经济评价结果，还直接关系到下一阶段设计概算和施工图预算，以及建设项目资金筹措方案的编制。

2. 投资估算的内容

建设工程投资估算包括该项目从筹建、施工直至竣工投产所需的全部费用。按照费用构成的划分方式，建设工程投资估算的内容包括固定资产投资估算和流动资产投资估算两部分，其中固定资产投资估算的内容按照费用性质划分，为工程费用、工程建设其他费用、预备费及建设期利息等；流动资产估算的主要内容包括生产经营性项目投产后，用于购买原材料、燃料、支付工资及其他经营费用等所需的周转资金。它是伴随着固定资产投资而发生的长期占用的流动资产投资。

参考中国建设工程造价管理协会发布的《建设项目投资估算编审规程》CECA/GC 1—2015，投资估算的实际工作内容主要包括投资估算编制说明、投资估算分析、总投资估算、单项工程投资估算、工程建设其他费用估算、主要技术经济指标。

4.1.2 投资估算的作用

1. 投资估算在建设项目全生命周期中的作用

投资估算是建设项目前期决策阶段的重要工作内容，同时也是项目前期编制项目建议书和可行性研究报告的重要组成部分。准确合理的投资估算不仅能够作为建设项目投资决策的依据，还会对后续的设计概算及施工图预算的编制产生直接影响。具体来说，投资估算在项目开发建设过程中的作用主要有以下几点：

（1）项目主管部门审批项目建议书的依据之一

在项目建议书阶段，主管部门将根据所报项目的类型、初步规划、规模及其对应的投资估算额来初步分析评价决策项目。项目建议书阶段的投资估算是项目主管部门审批项目建议书的主要依据之一，同时也对项目的规划起参考作用。

（2）可行性研究阶段进行经济评价和项目决策的重要依据

项目可行性研究阶段的投资估算，是后续项目投资决策的重要依据，也是研究、分析、计算项目投资经济效果的重要条件。

（3）控制设计概算的依据

当可行性研究报告被批准之后，其投资估算额就作为设计任务书中下达的投资限额，即作为建设项目投资的最高限额。在项目决策后的实施过程中，应保证设计概算不得突破批准的投资估算额，并应控制在投资估算额以内。

（4）制定项目资金筹措计划的依据

项目投资估算可作为项目资金筹措及制订建设贷款计划的依据，建设单位可根据批准的项目投资估算额，通过向银行申请贷款等方式进行资金筹措。

（5）进行设计招标、优选设计单位及设计方案的依据

在进行设计招标时，投标单位报送的标书中除了具有设计方案的图纸和相关资料外，还包括项目的投资估算，方便在招标过程中为择优选择设计单位及设计方案提供依据，以及衡量设计方案的经济合理性。

（6）控制 PPP 项目各环节资金合理稳定支出的基础

由于 PPP 项目需要政府和社会资本合作的特殊性，投资估算可作为寻找社会资本时的交易性参考数据。此外，投资估算额作为项目的投资目标，可作为未来绩效付费的依据及控制结算价的基础。

2. 项目前期决策与投资估算的关系

（1）项目前期决策的正确性是进行投资估算的前提

正确的项目决策就意味着对项目建设作出了科学的判断，评选出了最佳的投资行动方案，达到了资源的合理配置。错误的项目决策主要体现在对不该建设的项目进行投资建设，或者项目建设地点的选择错误，或者投资方案的确定不合理等方面。决策失误会直接带来不必要的资金投入及人力、物力和财力的浪费，甚至造成不可弥补的损失。在这种情况下，强调工程造价的计价与控制已经没有太大意义。因此，要保证投资估算的合理性，首先要保证项目决策的正确性，避免决策失误。

（2）项目前期决策的内容是决定投资估算的基础

投资决策过程是一个由浅入深、不断深化的过程。工程造价贯穿于项目建设全过程，但决策阶段各项技术、经济决策，对拟建项目的工程造价有重大影响，包括建设标准水平的确定、建设地点的选择、工艺的评选、设备选用等内容都直接关系到投资估算的高低。一般来说，在项目建设各个阶段中投资决策阶段对工程造价的影响程度最高，可达到 50% 左右。因此，投资决策阶段项目决策的内容是决定投资估算的基础，直接影响着决策阶段之后的每个建设阶段工程造价的计价与控制是否科学、合理。

（3）投资估算额的高低影响项目前期决策

投资部门的财力在一定程度上决定了工程建设的规模和标准。项目决策阶段的投资估算，能够为企业选择投资方案提供重要的数据支持，是进行投资方案选择的重要依据，同时也是判定项目能否按照施工要求顺利完成的重要依据。对需审批或核准、备案的项目，主管部门在完成项目审批工作时，也会将投资估算作为是否对其审批立

项的重要评判标准。

4.1.3　投资估算的阶段划分与精度要求

建设项目的投资估算作为初步设计前的一项工作，是一个从初步设想，经过构思、方案设想到方案成熟的渐进过程。根据《建设项目投资估算编审规程》CECA/GC 1—2015 第 1.0.3 条规定：在项目建议书、预可行性研究、可行性研究、方案设计阶段（包括概念方案设计和报批方案设计）应编制投资估算。本教材结合投资估算的实际工作情况，将我国项目投资估算分为项目规划及项目建议书阶段、预可行性研究阶段以及可行性研究阶段三个阶段。由于在各阶段所具备的条件、掌握的资料和采用的投资估算方法不同，因而投资估算的准确程度也不尽相同。但随着前期工作的不断推进，掌握的信息资料越来越丰富，拟建项目的轮廓越来越清晰，投资估算的准确度也会逐渐提高。

（1）项目规划及项目建议书阶段

该阶段主要根据国民经济发展规划、地区及行业发展规划的要求，按照项目建议书中的产品方案、项目建设规模、产品主要生产工艺、企业车间组成、初选建厂地点等，估算建设工程项目所需投资额。此阶段投资估算是主管部门审批项目建议书、初步选择投资项目的主要依据之一，也是判断项目是否有价值进入下一阶段工作的参考标准。此阶段投资估算的精度允许误差在 ±30% 以内。

（2）预可行性研究阶段

此阶段已掌握了更详细的工程资料，包括总平面图、主要设备的生产能力及设备材料的资料等。这一阶段的投资估算是对项目进行详细的经济评价，对拟建项目是否真正可行进行初步决定，是选择最佳投资方案的主要依据，也是初步明确项目方案，为技术经济论证提供方案并判断是否有必要进行详细可行性研究的依据。此阶段投资估算的精度允许误差在 ±20% 以内。

（3）可行性研究阶段

此阶段已具备项目的大部分细节，已掌握建筑材料、设备的价格和大致的设计和施工情况。该阶段是确定项目可行性、选择最佳投资方案的主要依据，投资估算经审查批准之后可作为工程设计任务书中规定的项目投资限额，也可作为编制设计文件、控制初步设计概算的依据。此阶段投资估算的精度允许误差在 ±10% 以内。

上述我国项目投资估算的相关内容总结见表 4-2。

【例 4-1】本章案例引入部分引用的 ×× 电动车生产厂房项目案例，由于其具备的参考资料较为全面，因此对项目规划及项目建议书阶段、预可行性研究阶段的投资估算不再赘述，主要对其可行性研究阶段的投资估算进行详细说明。

本案例在可行性研究阶段编制投资估算时，根据国家发展改革委、建设部印发的《建设项目经济评价方法与参数》对投资预测的要求、行业有关投资估算规定，以及地方有关取费标准，根据企业现有条件和项目具体情况进行编制。投资估算参考的资料

我国项目投资估算阶段划分及其内容对比　　　表 4-2

投资估算阶段	估算时可参考的资料	投资估算作用	投资估算误差率
项目规划及项目建议书阶段	①国民经济发展规划；②地区及行业发展规划；③产品方案；④项目建设规模；⑤产品主要生产工艺；⑥企业车间组成；⑦初选建厂地点	作为主管部门审批项目建议书、初步选择投资项目的主要依据之一，也是判断项目是否有价值进入下一阶段工作的参考标准	±30% 以内
预可行性研究阶段	①总平面图；②主要设备的生产能力；③设备材料的资料	对拟建项目是否真正可行进行初步决定，是选择最佳投资方案的主要依据，也是初步明确项目方案，为技术经济论证提供方案并判断是否有必要进行详细可行性研究的依据	±20% 以内
可行性研究阶段	①项目的大部分细节；②建筑材料、设备的价格；③大致的设计和施工情况	确定项目可行性、选择最佳投资方案的主要依据，投资估算经审查批准之后可作为工程设计任务书中规定的项目投资限额，也可作为编制设计文件、控制初步设计概算的依据	±10% 以内

主要包括了 ×× 省 ×× 市现行有关建筑、装饰、安装工程定额，并结合相关类似工程的单方造价标准，材料、设备执行《×× 市价格信息》及厂家询价，依据本项目的建设方案进行估算。

（4）投资估算实际工作中误差选择导致的问题

　　从上文中可以发现投资估算在各个阶段的精度要求并不相同，但投资估算的误差率往往都以正负百分比来表示。然而在现实工作中，投资估算的误差在执行时只能为正不能为负，即估算金额应大于实际项目所需金额，较低的投资额报价会致使实际投资额不足进而导致项目的重大损失。投资估算的控制曲线如图 4-1 所示。

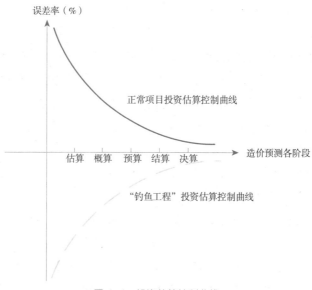

图 4-1　投资估算控制曲线

如图 4-1 所示，正常项目的投资估算控制曲线是在第一象限，是一条非线性并逐渐下降的曲线。如果在投资估算时出现误差率为负的现象，其投资估算控制曲线便会呈现出图中虚线所示的曲线，俗称"钓鱼工程"。"钓鱼工程"是指在申报项目时，故意夸大经济效益或社会效益，通过低报投资额，来获得上级批准的恶意行为。由于有意低报投资，致使实际投资额不足，项目无法继续，迫使地方政府、企业持续向上级申请追加投资，而上级考虑到中途下马会造成更大的损失，为确保项目的进展只能继续投入资金。在实际建设过程中，由于建设单位不断变更资金投资额达到迫使投资部门不断追加投资的目的，导致了决算超预算、预算超概算、概算超估算的"三超"现象。最终使得项目的实际造价远大于预期计划投资额，给投资决策带来了较大风险。

4.1.4 投资估算工作的发展情况

1. 国外典型国家投资估算制度发展概述

（1）英国投资估算情况概述

英国作为世界上工程造价管理制度较为完善的国家之一，具有代表性的工料测量（Quantity Surveying, QS）有着悠久的历史，可以追溯到 16 世纪。经过 400 多年的发展，英国已经形成了完善的工程量标准计量规则和成熟的工程造价管理体系。国外最早关于投资估算的研究就是从 1962 年由英国提出 BCIS 的估算模型开始的，其特征是按单位面积估算造价，这种方法选择一个最类似的已完工程的数据，分别估算基础部分、主体部分、内装修部分、外部工作部分、设备安装部分和公共服务设施部分六部分再进行汇总得到总投资估算额。

英国的建设项目总投资主要由三部分组成，分别为基础成本费用、风险费用和增值税。其中基础成本费用是项目总投资的主要组成部分，包含了工程成本费用、项目和设计团队费用、其他开发费用；风险费用包含了风险预备金和通货膨胀费用，是为解决在项目实施过程中不可预见因素而增加工程造价的预留费用。英国建设项目的投资控制更加侧重于项目前期，在立项阶段通过工程量清单的方式确定较为准确的项目总投资。工料测量师根据项目资料确定工程量，再根据工程量计算规则和造价信息或指数、市场材料信息和经验数据确定项目投资限额。

（2）美国投资估算情况概述

美国具有较成熟的社会化管理体系，工程造价管理工作主要依靠政府和行业协会的共同管理与监督，相关政府管理机构对整个行业的发展进行宏观调控，由行业协会负责具体的管理工作。在美国，项目的决策阶段各项工作要经过同级财政部门和议会的严格审查。

目前，美国大部分建设项目在投资估算阶段划分主要采用美国国际工程造价促进会（AACE）制订的标准。美国国际工程造价促进会（AACE）成立于 1956 年，在业内知名度和影响力很高，是世界公认的项目策划、费用估算、风险管理等领域的技术权威。AACE 投资估算分级标准包括 1 个总则标准和 10 个针对不同行业的具体标准，覆盖了制造业、矿业、房建、基础设施等常见领域的投资项目。AACE 将项目开发周期中的投资估算划分为 5 个等级，即一级至五级估算，其中五级估算在项目开发初期阶段编制，精度最低；五级估算在项目定义基本完成阶段编制，精度最高。

2. 我国投资估算工作的发展情况

投资估算是项目建设过程中重要且富有实际应用意义和价值的一项工作。没有科学准确的估算，就谈不上工程造价的事前控制和管理。目前，我国的投资估算工作大多是基于估算指标和定额的估算体系。但随着工程造价改革的不断发展深化，与国际接轨，实行"量"与"价"的分离，成为我国投资估算工作必然的发展趋势。

（1）强化估算指标的编制及应用

优化投资估算指标的编制，需要加快估算指标的更新速度，扩大其覆盖面。投资估算指标，在编制项目建议书及可行性研究报告时是确定和控制建设项目全过程各项投资支出的技术经济指标。它具有较强的综合性、概括性，往往以独立的单项工程或完整的工程项目为计算对象，根据历史的预、决算资料和工程造价指数等资料编制，为项目决策和投资控制提供依据，是一种扩大的技术经济指标。

由于科学技术的不断进步，新材料、新工艺、新技术不断涌现，定额的时效性问题突出，满足不了建设发展的需要，2020 年 7 月，《住房和城乡建设部办公厅关于印发工程造价改革工作方案的通知》（建办标〔2020〕38 号）中就明确指出"优化概算定额、估算指标编制发布和动态管理，取消最高投标限价按定额计价的规定，逐步停止发布预算定额"。这也是跟国际惯例接轨的一个重要的步骤和环节。因此，估算指标应加快更新速度，及时吸收新技术、新经验，不断提高质量水平，强化其应用。

（2）建立价格信息网络，加强数据积累

建设工程费用由建筑安装工程费、设备购置费以及工程建设其他费用组成，而设备购置费及材料费在建筑安装工程造价中占有很大比重。在实际工作中，因信息渠道不顺畅等原因无法了解到部分设备确切的生产厂家及准确的价格信息，投资估算时只能参考同类设备或其他设备的价格，易造成设备价格水平失真从而导致估算价格与实际价格的脱节。

对于建筑、安装材料，各地造价管理部门在价格的采集方面做了大量的工作，定期发布材料信息，但是面对庞大的建筑市场，仅靠各地造价部门采集价格，显然是不够的，应当建立一套标准的价格信息网络系统。《住房和城乡建设部办公厅关于印发工程造价改革工作方案的通知》（建办标〔2020〕38 号）中同时提到：利用大数据、人工智能等信息化技术为概预算编制提供依据。综合运用造价指标指数和市场价格信息，控制设计限额、建造标准、合同价格，确保工程投资效益得到有效发挥。信息网络系统中包括各地造价管理部门、设备生产厂家及材料生产厂家等部门，由各地造价管理部门采集价格信息，设立信息特派员，及时提供和反馈价格信息，视市场变化情况，设备价格指数每半年或一年发布一次，材料价格指数每季度发布一次，形成一套较完整的价格体系，为设备、材料价格的动态管理提供可靠依据。及时积累已完工程的各项数据并分类归纳总结，确保投资估算能够如实地反映工程投资，为后续的初步设计概算、施工图预算、竣工决算奠定基础。

4.2 投资估算的编制依据和程序

4.2.1 投资估算的编制依据

建设项目投资估算编制依据是指在编制投资估算时所遵循的计量规则、市场价格、费用标准及工程计价有关参数、率值等基础资料，本节从国家行业规划、标准和拟建项目情况以及同类工程情况三个方面进行介绍，具体内容见表4-3。

投资估算依据

表 4-3

依据	具体内容	作用
国家及行业等部门规划	国家经济发展部门的长远规划和部门、行业、地区规划、经济建设方针及产业政策	决定项目是否继续进行研究的依据
行业标准及规定	行业部门、项目所在地工程造价管理机构或行业协会等编制的投资估算指标、概算指标（定额）、工程建设其他费用定额（规定）、综合单价、价格指数和有关造价文件等	
拟建项目的建设内容及工程量	项目建议书或可行性研究报告提供的待建项目类型、规模、建设地点、时间、工期、总体建筑结构、施工方案、主要设备类型、建设标准、用地面积、地上建筑面积（计算容积率）、地下建筑面积、公建配套面积、容积率、建设密度、绿化率等	
拟建项目所在地政策环境	当地建筑工程取费标准，如规费、税金以及建设有关的其他费用标准等	进行估算费用确定和调整的基础依据
拟建项目所在地市场经济条件	专门机构发布的工程建设其他费用计算方法和费用标准，以及政府部门发布的物价指数，包括当地的取费标准及当地材料、设备预算价格及市场价格、燃料动力、当地历年、历季调价系数、年（季）材料价差、价格指数等	
拟建项目所在地自然条件	项目所在地的地质、地貌、交通、气象、水文、土壤等	
同类工程造价资料	已建类似工程的造价资料，包括总生产能力、单位生产能力、建设投资、建设规模、主要设备投资占项目投资的比例等	为拟建项目费用估算提供参考数据

【例4-2】本章案例引入部分引用的 ×× 电动车生产厂房项目的投资估算编制依据如下：

（1）《×× 省 ×× 市国民经济和社会发展"十四五"计划》及国家和 ×× 省政府、省住房和城乡建设厅有关政策法规及文件；

（2）《投资项目可行性研究指南》《建设项目经济评价方法与参数（第三版）》等；

（3）《×× 市建设工程估算指标》《×× 市建设工程概算指标》《×× 市建设工程概算定额》；

（4）本项目可行性研究报告所设计的建设方案，包括项目建设内容及工程量等情况；

（5）建筑工程费的估价以类似建筑物造价为基准，并参考以上定额；

（6）项目的设备费用按厂方报价和参照国内最新报价资料估算。

4.2.2　投资估算的编制要求

1. 投资估算编制详细要求

建设项目投资估算编制时，应满足以下要求：

（1）应根据主体专业设计的阶段和深度，结合各行业的特点，所采用生产工艺流程的成熟性，以及国家及地区、行业或部门、市场相关投资估算基础资料和数据的合理、可靠、完整程度，采用合适的方法，对建设项目投资估算进行编制，并对主要技术经济指标进行分析。

（2）应做到工程内容和费用构成齐全，不重不漏，不提高或降低估算标准，计算合理。

（3）应充分考虑拟建项目设计的技术参数和投资估算所采用的估算系数、估算指标在质和量方面所综合的内容，应遵循口径一致的原则。

（4）投资估算应参考相应工程造价管理部门发布的投资估算指标，依据工程所在地市场价格水平，结合项目实体情况及科学合理的建造工艺，全面反映建设项目建设前期和建设期的全部投资。对于建设项目的边界条件，如建设用地费和外部交通、水、电、通信条件，或市政基础设施配套条件等差异所产生的与主要生产内容投资无必然关联的费用，应结合建设项目的实际情况进行修正。

（5）投资估算精度应能满足控制初步设计概算要求，并尽量减少投资估算的误差。

（6）应对影响造价变动的因素进行敏感性分析，通过分析市场的变动因素，充分估计物价上涨因素和市场供求情况对项目造价的影响，确保投资估算的编制质量。

2. 投资估算需符合项目经济评价的要求

项目经济评价是工程造价投资估算过程中的重要工作，这项工作既要突出可行性研究的关注要点，也要体现出项目的经济效益水平。一般情况下，建设项目经济评价由国民经济评价和财务评价两部分共同组成。

建设项目经济评价的结果准确性，很大程度上取决于投资估算基础数据的可靠性。经济评价需要得到详细的投资估算基础数据，由于设计方案在整体设计过程中花费的时间占比较大，因此留给投资估算测算的时间较短，即使发现经济评价不符合标准，也无法及时调整设计方案，最后为了项目的成果只能"调整"估算、"优化"经济评价，久而久之就会形成恶性循环。因此，做好项目经济评价前需要科学地确定投资估算，这是让投资决策真正能够成为项目的可靠及合理依据的前提。此外，在项目决策阶段还需制定完善的可行性研究报告，并在报告中对项目进行适当合理的经济评价，这样不仅能够确保后续工作顺利开展，还可确保工程造价得到更加有效的控制。

4.2.3　投资估算的编制程序

根据投资估算的不同阶段，主要包括项目建议书阶段及可行性研究阶段的投资估算。可行性研究阶段的投资估算的编制一般包含静态投资部分、动态投资部分与流动资金估算三部分，主要包括以下步骤：

1. 估算建筑工程费用、安装工程费用、设备及工器具购置费用

根据总体构思和描述报告中的建筑方案和结构方案构思、建筑面积分配计划和单项工程描述，列出各单项工程的用途、结构和建筑面积；利用工程计价的技术经济指标和市场经济信息，估算出建设项目中的建筑工程费用；根据可研报告中机电设备构思和设备购置及安装工程描述，列出设备购置清单；参照设备安装工程估算指标及市场经济信息，估算出设备及工器具购置费用以及需安装设备的安装工程费用，汇总上述三种估算费用得到工程费用估算额。

2. 估算其他费用和基本预备费

根据建设中可能涉及的其他费用构思和前期工作设想，按照国家、地方有关法规和政策，编制其他费用估算和基本预备费用估算，与工程费用估算额共同构成项目静态投资部分的估算。

3. 估算价差预备费和建设期利息

根据国家、地方有关法规和政策规定及颁布的造价指数、利率等，估算价差预备费和建设期利息，得到项目动态投资部分的估算。

4. 估算流动资金

根据产品方案，参照类似项目流动资金占用率，估算流动资金。

5. 汇总出总投资

将建筑安装工程费用、设备及工器具购置费用，其他费用和流动资金汇总，估算出建设项目总投资，如图 4-2 所示。

4.2.4　投资估算文件的编制

投资估算文件一般由封面、签署页、编制说明、投资估算分析、总投资估算、单项工程估算、工程建设其他费用估算、主要技术经济指标等内容构成。

1. 封面

封面一般包括项目名称、档案号、估算文件编制单位名称和印章以及编制日期，如图 4-3 所示。

2. 签署页

签署页一般包括项目名称、档案号、编制人、审核人和审定人各自的姓名及职业（从业）印章，如图 4-4 所示。

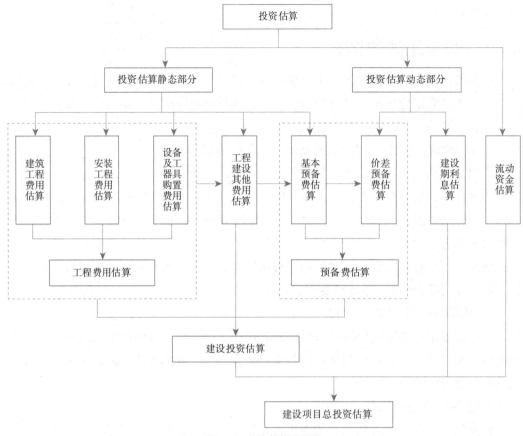

图 4-2   投资估算流程图

图 4-3   ××市电动车生产厂房项目投资估算封面

3. 编制说明

投资估算编制说明一般包括以下内容：

（1）工程概况。主要介绍项目的拟建地点、位置、建设规模与目标以及具备的建设条件等。

××市电动车生产厂房项目

投资估算书

档案号：×××

编制人：×××［执业（从业）印章］

审核人：×××［执业（从业）印章］

审定人：×××［执业（从业）印章］

法定负责人：×××

图 4-4 ××市电动车生产厂房项目投资估算签署页

（2）编制范围。说明建设项目总投资估算中所包含的和不包含的工程项目和费用，如投资估算由多个单位共同编制时，需说明各自的分工编制情况。

（3）编制方法。计算投资估算费用时采用的方法，包括分解估算法、匡算估算法等。

（4）编制依据。编制投资估算文件所依据的文件，具体内容见本章 4.2.1。

（5）主要技术经济指标，包括投资、用地和主要材料用量指标。当设计规模有远、近期不同的考虑时，或者土建与安装的规模不同时，应分别计算后再综合。

（6）有关参数、率值选定的说明，如征地拆迁、供电供水、考察咨询等费用的费率标准选用情况。

（7）特殊问题的说明（包括采用新技术、新材料、新设备、新工艺）；必须说明的价格的确定；进口材料、设备、技术费用的构成与技术参数；采用特殊结构的费用估算方法；安全、节能、环保、消防等专项投资占总投资的比重；建设项目总投资中未计算项目或费用的必要说明等。

（8）采用限额设计的工程还应对投资限额和投资分解做进一步说明。

（9）采用方案比选的工程还应对方案比选的估算和经济指标做进一步说明。

（10）资金筹措方式。介绍本工程的资金来源，一般包括自筹、银行贷款、政府投资等。

【例 4–3】本章案例引入部分引用的年产 20 万辆电动自行车生产厂房项目的编制说明主要包括：

1）估算费用计算包括建设工程费、安装工程费、设备及工器具购置费、工程建设其他费用、基本预备费等静态投资费用和涨价预备费、建设期利息等动态投资费用及流动资金费用；

2）资金来源包括自有资金和银行贷款资金；

3）本项目主要采用分解估算法进行费用计算；

4）本项目占用的土地为建设单位自有财产且地上无附着物。

4. 投资估算分析

投资估算分析应包括以下内容：

（1）工程投资比例分析。一般民用项目要分析土建及装修、给水排水、消防、采暖、通风空调、电气等主体工程和道路、广场、围墙、大门、室外管线、绿化等室外附属／总体工程占建设项目总投资的比例；一般工业项目要分析主要生产系统（需列出各生产装置）、辅助生产系统、公用工程（给水排水、供电和通信、供气、总图运输等）、服务性工程、厂外工程等占建设项目总投资的比例。

（2）各类费用构成占比分析。分析设备及工器具购置费、建筑工程费、安装工程费、工程建设其他费用、预备费占建设项目总投资的比例；分析引进设备费用占全部设备费用的比例等。

（3）分析影响投资的主要因素。一般包括投资成本、预期收益、风险与不确定因素等。

（4）与类似工程项目的比较，对投资总额进行分析。

5. 总投资估算

总投资估算包括汇总单项工程估算、工程建设其他费用、基本预备费、价差预备费、计算建设期利息等，具体见表4-4。

建设项目总投资估算汇总表　　　　　　　　　　表4-4

序号	工程和费用名称	投资额		占项目投入总资金的百分比（%）
		合计（万元）	其中：外汇（万美元）	
1	固定资产投资			
1.1	固定资产投资静态部分			
1.1.1	建筑工程费			
1.1.2	设备及工器具购置费			
1.1.3	安装工程费			
1.1.4	工程建设其他费用			
1.1.5	基本预备费			
1.2	固定资产投资动态部分			
1.2.1	价差预备费			
1.2.2	建设期利息			
2	流动资金			
3	项目投资总资金（1+2）			

6. 单项工程投资估算

单项工程投资估算中，应按建设项目划分的各个单项工程分别计算组成工程费用的建设工程费、设备及工器具购置费和安装工程费。

7. 工程建设其他费用估算

工程建设其他费用估算应按预期将要发生的工程建设其他费用种类，逐项详细估算其费用金额。

8. 主要技术经济指标

工程造价人员应根据项目特点，计算并分析整个建设项目、各单项工程和主要单位工程的主要技术经济指标。

4.3　投资估算的编制方法

编制建设项目投资估算时，往往先进行静态投资部分的估算，再进行动态投资部分的估算。然后再与流动资金汇总后形成建设项目总投资估算额。本教材将静态投资估算的方法归纳总结为匡算估算法和分解估算法两种。编制动态投资及流动资金流程相对固定，动态投资部分的估算与流动资金部分的估算进行统一说明。

匡算估算法是指利用投资及某一函数的变量关系来估算拟建项目的静态投资，包括单位生产能力估算法、生产能力指数法、系数估算法、比例估算法和混合法等。由于其估算精度相对不高，在项目建议书阶段通常采用分解估算法进行建设项目的投资估算。

分解估算法就是按照拟建项目的总投资构成，分别计算每项的投资费用，汇总形成项目静态投资额，再与动态投资和流动资金汇总形成项目总投资的方法，主要用于项目可行性研究阶段，估算精度较高。

4.3.1　静态投资部分的估算

1. 匡算估算法

（1）单位生产能力估算法

单位生产能力估算法是指依据已有的统计资料，利用相似规模的建设项目的投资额或生产能力，以及拟建项目的生产能力，乘以建设规模，计算后得出的拟建项目的静态投资估算值。其计算公式如下：

$$C_2 = \frac{C_1}{Q_1} \cdot Q_2 \cdot f \tag{4-1}$$

式中　C_1——已建类似项目的静态投资额；

　　　C_2——拟建项目的静态投资额；

Q_1——已建类似项目的生产能力；

Q_2——拟建项目的生产能力；

f——不同时期、不同地点的定额、单价、费率等的综合调整系数。

这种方法往往只能进行简单粗略的估计，精准度不够，误差在 ±30% 左右。原因是公式（4-1）将项目的建设投资与其生产能力的关系视为简单的线性关系，而在实际工作中，由于项目之间时间、空间等因素的差异性，建设投资和生产能力之间并不是一种线性关系。因此在使用这种方法进行估算时要注意拟建项目和类似项目生产能力之间的相似性，否则计算结果误差较大。

【例 4-4】已知已建年产 3000t 的某化工产品生产项目的静态投资额为 2000 万元，现拟建年产相同产品 7000t 的类似项目，若生产能力指数为 0.6，综合调整系数为 1.2，试利用单位生产能力估算法估算该拟建项目的静态投资额。

【解】根据上述给定条件，可直接代入公式得到拟建项目静态投资额为：

$$C_2 = \frac{C_1}{Q_1} \cdot Q_2 \cdot f = \frac{2000}{3000} \times 7000 \times 1.2 = 5600 \text{（万元）}$$

（2）生产能力指数法

这种方法计算原理与单位生产能力估算法相同，它也是根据已建成的类似项目的投资额或生产能力来估算拟建项目静态投资额的方法。生产能力指数法是对单位生产能力估算法的改进运用，它将生产能力和建设投资的关系考虑为一种非线性的指数关系，在一定程度上提高了估算的精度。其计算公式如下：

$$C_2 = C_1 \cdot (\frac{Q_2}{Q_1})^n \cdot f \qquad\qquad (4\text{-}2)$$

式中　n——生产能力指数，$0 \leq n \leq 1$。

其他符号含义同公式（4-1）。

n 的取值在不同生产力水平的国家和不同项目中是不同的。若已建成的类似项目和拟建项目的规模相差不大，生产规模比值（Q_2/Q_1）在 0.5~2.0 时，则生产能力指数 n 的取值近似为 1。若已建成的类似项目与拟建项目的生产规模有一定差距，但相差不大于 50 倍，且拟建项目生产规模的扩大仅靠增大设备规模来达到时，则 n 的取值为 0.6~0.7；若是靠增加相同规格设备的数量达到时，n 的取值为 0.8~0.9。

此方法与单位生产能力估算法相比精确度略高，计算简单，但要求类似项目的资料可靠且条件基本相同，否则误差较大。

【例 4-5】已知建设日产 15t 氢氰酸装置的投资额为 18500 美元，试估计建设日产 30t 氢氰酸装置的投资额（生产能力指数 n=0.52，综合调整系数 f=1）。若将设计中的化工生产系统的生产能力在原有的基础上增加 1 倍，则投资额大约增加多少？

【解】1）根据上述资料，可首先计算出该装置投资额为：

$$C_2 = C_1 \cdot \left(\frac{Q_2}{Q_1}\right)^n \cdot f = 18500 \times \left(\frac{30}{15}\right)^{0.52} \times 1 = 26455 \text{（万元）}$$

2）对于一般未加确定的化工生产系统，可按 $n=0.6$ 估计投资额，因此：

$$\frac{C_2}{C_1} = \left(\frac{2}{1}\right)^{0.6} \approx 1.5$$

计算结果表明，若生产能力增加 1 倍，投资额大约增加 50%。

（3）系数估算法

系数估算法也称因子估算法，是以拟建项目的主体工程费或主要设备购置费为基数，以其他工程费与主体工程费或设备购置费的百分比为系数，估算拟建项目静态总投资的方法。这种方法一般运用于项目建议书阶段，适用于设计深度不足，拟建项目与已建成类似项目的主体工程费或主要设备购置费比重较大，行业内相关系数等基础资料完备的情况。系数估算法主要包括设备系数法、主体专业系数法和朗格系数法。

1）设备系数法。以拟建项目的设备购置费为基数，根据已建成的同类项目的建筑安装费和其他工程费等与设备购置费的百分比，求出拟建项目建筑安装工程费和其他工程费，进而求出项目的静态投资。其计算公式如下：

$$C = E \cdot (1 + f_1 P_1 + f_2 P_2 + f_3 P_3 + \cdots\cdots) + I \tag{4-3}$$

式中　　　　　C——拟建项目的静态投资额；

　　　　　　　E——拟建项目根据当时当地价格计算的设备购置费；

P_1，P_2，P_3，……——已建项目中建筑安装工程费及其他工程费等与设备购置费的比例；

f_1，f_2，f_3，……——不同建设时间、地点产生的定额、价格、费用标准等差异的调整系数；

　　　　　　　I——拟建项目的其他费用。

【例 4-6】某地 2022 年拟建一座年产 50 万 t 的某产品化工厂。根据调查，该地区 2020 年已建年产 30 万 t 相同产品的项目的建筑工程费为 4500 万元，安装工程费为 1800 万元，设备购置费为 8500 万元。已知按 2022 年该地区价格计算的拟建项目设备购置费为 9800 万元，征地拆迁等其他费用为 1200 万元，且该地区 2020 年至 2022 年建筑安装工程费平均每年递增 5%，计算该拟建项目的静态投资估算额。

【解】A. 本题需要首先明确已完工程计算出建筑工程费、安装工程费与设备购置费的比例：

$$P_1 = \frac{4500}{8500} + \frac{1800}{8500} = 0.53 + 0.21 = 0.74$$

B. 然后再计算出调差系数：

$$f_1 = (1+5\%)^2 = 1.1025$$

C. 最后再汇总征地拆迁等其他费用，得到拟建项目的静态投资估算为：

$$C = E \cdot (1 + f_1 P_1) + I = 9800 \times [1 + (0.53 + 0.21) \times (1 + 5\%)^2] + 1200 = 18995.3 （万元）$$

2）主体专业系数法。以拟建项目中投资为系数，并与生产能力直接相关的工艺设备投资为基数，根据已建成同类项目的有关统计资料，计算出拟建项目各专业工程与工艺设备投资的百分比，求出拟建项目各专业投资，然后合计即为拟建项目的静态投资。其计算公式如下：

$$C = E' \cdot (1 + f_1 P_1' + f_2 P_2' + f_3 P_3' + \cdots\cdots) + I \tag{4-4}$$

式中　　　　　E' —— 与生产能力直接相关的工艺设备投资；

P_1'，P_2'，P_3'，$\cdots\cdots$ —— 已建项目中各专业工程费用与工艺设备投资的比值；

其他符号含义同公式（4-3）。

【例 4-7】拟建年产 25 万 t 炼钢厂，根据可行性研究报告提供的主厂房工艺设备清单和询价资料，估算出该项目主厂房设备投资约 6200 万元。已经建设的类似项目资料中与设备有关的各专业工程投资系数见表 4-5，综合调整系数分别为 1、1.1、1.01、1.03、1.11、1.08、1.09。拟建钢厂其他工程费费用为 1700 万元。求拟建钢厂的静态投资。

与设备有关的各专业工程投资系数　　　　　　　　　表 4-5

加热炉	汽化冷却	余热锅炉	自动化仪表	起重设备	供电与传动	建筑安装工程
0.13	0.01	0.04	0.02	0.08	0.18	0.42

【解】拟建钢厂的静态投资额为

$$C = E' \cdot (1 + f_1 P_1' + f_2 P_2' + f_3 P_3' + \cdots\cdots) + I = 6200 \times (1 + 1 \times 0.13 + 1.1 \times 0.01 +$$
$$1.01 \times 0.04 + 1.03 \times 0.02 + 1.11 \times 0.08 + 1.08 \times 0.18 + 1.09 \times 0.42) + 1700 = 13746.6 （万元）$$

3）朗格系数法。以设备费为基数，乘以适当系数来推算项目的建设费用。此方法在国内项目中并不常用，是世界银行项目投资估算经常采用的方法。该方法的基本原理是将总成本费用中的直接成本和间接成本分别计算，再汇总为项目的静态投资。其计算公式为：

$$C = E \cdot (1 + \sum K_i) \cdot K_c \tag{4-5}$$

式中　C——拟建项目静态投资额；

　　　E——拟建项目的主要设备费；

　　　K_i——管线、仪表、建筑物等项费用的估算系数；

　　　K_c——管理费、合同费、应急费等间接费用的总估算系数。

其中，把 $L=(1+\sum K_i)\cdot K_e$ 称为朗格系数。根据不同项目，朗格系数有不同的取值，朗格系数见表4-6。

朗格系数表　　　　　　　　　　　　　　　　　表4-6

项目		固体流程	固流流程	流体流程
朗格系数 L		3.1	3.63	4.74
内容	①包括基础、设备、绝热、油漆及设备安装费		$E\times 1.43$	
	②包括上述在内和配管工程费	①×1.1	①×1.25	①×1.6
	③装置直接费		②×1.5	
	④包括上述在内和间接费，即总费用（C）	③×1.31	①×1.35	①×1.38

【例4-8】在北非某地建设一座年产30万套汽车轮胎的工厂，已知该工厂的设备到达工地的费用为2204万美元，试估算该工厂的投资。

【解】轮胎工厂的生产流程基本上属于固体流程，因此在采用朗格系数法时，全部数据应采用固体流程的数据。计算过程为：

①设备到达工地现场的费用2204万美元，根据表4-6计算费用①：

$$① =E\times 1.43=2204\times 1.43=3151.72（万美元）$$

则基础、设备、绝热、油漆及设备安装费用为：

$$3151.72-2204=947.72（万美元）$$

②计算费用②：

$$② =E\times 1.43\times 1.1=2204\times 1.43\times 1.1=3466.89（万美元）$$

则其中配管（管道工程）费用为：

$$3466.89-3151.72=315.17（万美元）$$

③计算费用③，即装置直接费：

$$③ =E\times 1.43\times 1.1\times 1.5=5200.34（万美元）$$

则电气、仪表、建筑等工程费用为：

$$5200.34-3466.89=1733.45（万美元）$$

④计算总费用 C：

$$C=E\times 1.43\times 1.1\times 1.5\times 1.31=6812.45（万美元）$$

（4）比例估算法

根据统计资料，先求出已建项目主要设备购置费占项目静态投资的比例，然后再估算出拟建项目的主要设备购置费，即可按比例求出拟建项目的静态投资。其计算公式为：

$$I=\frac{1}{K}\sum_{i=1}^{n}Q_iP_i \tag{4-6}$$

式中　I——拟建项目的静态投资；

K——已建项目主要设备购置费占已建项目静态投资的比例；

n——设备种类数；

Q_i——第 i 种设备的数量；

P_i——第 i 种设备的单价（到厂价格）。

这种方法主要适用于设计深度不足，拟建建设项目与类似建设项目的主要生产工艺设备投资比重较大及行业内相关系数等基础资料完备情况下的投资估算。

（5）混合法

混合法是根据主体专业设计的阶段和深度，投资估算编制者所掌握的国家及地区、行业或部门相关投资估算基础资料和数据，对一个拟建建设项目采用上述方法结合进行项目的静态投资额的估算。针对不同项目背景、不同资料深度的项目，采用混合法将上述估算方法搭配使用，可提升投资估算精度。

【例 4-9】某石化项目，设计生产能力 50 万 t，已知生产能力为 30 万 t 的同类项目投入设备费用为 45000 万元，设备综合调整系数为 1.1，该项目生产能力指数估计为 0.8。该类项目的建筑工程费用是设备费的 10%，安装工程费用是设备费的 20%，其他工程费用是设备费的 10%，这三项的综合调整系数定为 1.0，其他投资费用估算为 1500 万元，试估算该项目的静态投资。

【解】1）首先用生产能力指数法估算设备费：

$$C_2 = C_1 \cdot \left(\frac{Q_2}{Q_1}\right)^n \cdot f = 45000 \times \left(\frac{50}{30}\right)^{0.8} \times 1.1 \approx 74745（万元）$$

2）再用系数估算法估算投资，得项目静态投资额为：

$$74745 \times（1+10\%+20\%+10\%）\times 1.0+1500=106143（万元）$$

2. 分解估算法

分解估算法是按照建筑投资费用的构成分别计算各部分的费用，然后汇总得到投资估算总额的方法，具体包括静态投资估算部分的建筑工程费、安装工程费、设备及工器具购置费、工程建设其他费用及基本预备费和动态投资部分的价差预备费、建设期利息以及流动资金的估算。详细的估算方法如下：

（1）建筑工程费用估算

建筑工程费用是指为建造永久性建筑物和构筑物所需要的费用，主要采用单位实物工程量投资估算法，是以单位实物工程量的建筑工程费乘以实物工程总量来估算建筑工程费的方法。当无适当估算指标或类似工程造价资料时，可采用主体实物工程量套用相关综合定额或概算定额进行估算，但通常需要较为详细的资料，工作量较大。实际工作中可根据具体条件和要求选用。建筑工程费估算通常应根据不同的专业工程选择不同的实物工程量计算方法。三种方法的计算过程见表 4-7。

建筑工程费用估算方法汇总 表 4-7

方法名称	计算过程
单位建筑工程投资估算法	建筑工程费 = 单位建筑工程量投资 × 建筑工程总量，其中： 工业与民用建筑 = 单位建筑面积（m²）投资 × 建筑工程总量； 工业窑炉砌筑 = 单位容积（m³）投资 × 建筑工程总量； 水库投资 = 水坝单位长度（m）投资 × 建筑工程总量； 铁路投资 = 路基单位长度（km）投资 × 建筑工程总量
单位实物工程量投资估算法	建筑工程费 = 单位实物工程量的投资 × 实物工程总量，其中： 土石方工程 = 每立方米投资 × 实物工程总量； 路面铺设工程 = 每平米投资 × 实物工程总量
概算指标投资估算法	建筑工程费 = 概算指标 × 工程总量 （采用此种方法需要较为详尽的工程资料、建筑材料价格和工程费用指标）

【例 4-10】本章案例引入部分引用的 ×× 电动车项目采用单位建筑工程投资估算法。以生产车间计算过程为例：5000 × 1500 元 = 750 万元。具体计算结果见表 4-8。

建筑工程费用估算表 表 4-8

序号	建筑物名称	单位	建筑面积	单价（元）	费用合计（万元）	备注
1	生产车间	m²	5000	1500	750	1 栋 1 层，轻钢结构
2	焊接车间	m²	5000	1500	750	1 栋 1 层，轻钢结构
3	组装车间	m²	5000	1500	750	1 栋 1 层，轻钢结构
4	成品车间	m²	5000	1500	750	1 栋 1 层，轻钢结构
5	原材料仓库	m²	2500	1500	375	1 栋 1 层，轻钢结构
6	研发大楼	m²	4000	1200	480	1 栋 4 层，框架结构
7	办公楼及展厅	m²	4000	1200	480	1 栋 4 层，框架结构
8	停车场	m²	1800	100	18	
9	食堂	m²	2670	1200	320	1 栋 3 层，框架结构
10	宿舍楼	m²	4000	1100	440	1 栋 4 层，框架结构
11	变电所	m²	160	1300	20	
12	锅炉房	m²	148	1200	17	
	合计				5152	

注：各建筑物单价依据：①参考湘潭市建设工程造价管理站《关于发布 2021 年第四期建设工程材料价格的通知》（湘建价〔2021〕9 号）、湖南省《关于机械费调整及有关问题的通知》（湘建价市〔2020〕46 号）、人工工资单价按《湖南省住房和城乡建设厅关于发布 2019 年湖南省建设工程人工工资单价的通知》（湘建价〔2019〕130 号）乘以系数 1.15 执行；②市场询价；③参考同类建筑物造价资料。

（2）设备及工器具购置费估算

设备购置费根据项目主要设备表及价格、费用资料编制，工器具购置费按设备费的一定比例计取。对于价格高的设备应按单台（套）估算购置费，价值较小的设备可按类估算，国内设备和进口设备应分别估算。具体计算方法见第 2 章 2.3。

【例 4-11】本章案例引入部分引用的 ×× 电动车生产项目采用单位建筑工程投资估算法。具体计算结果见表 4-9、表 4-10。

电动车生产厂房主要生产设备购置费估算表   表 4-9

序号	设备名称	单位	数量	单价（元）	购置费（万元）
1	生产车间				614
1.1	注塑机	台	4	258000	103.2
1.2	数控注塑机	台	2	487000	97.4
1.3	剪板机	台	5	60000	30
1.4	摆式剪板机	台	8	58000	46.4
1.5	液压折弯机	台	8	60000	48
1.6	数控板料折弯机	台	8	88900	71.1
1.7	高速液压数控转塔冲床	台	6	160000	96
1.8	四柱压力机	台	5	66000	33
1.9	开式双柱定台压力机	台	5	38000	19
1.10	多功能冲剪机	台	5	39000	19.5
1.11	攻丝机	台	8	30000	24
1.12	钻铣机	台	2	70000	14
1.13	台钻	部	2	3000	0.6
1.14	摇臂机床	台	5	23500	11.8
2	焊接车间				13.3
2.1	逆变式直流弧焊机	台	4	1100	0.4
2.2	自整流氩弧焊机	台	4	8500	3.4
2.3	交流电焊机	台	4	2000	0.8
2.4	点式对焊机	台	4	8000	3.2
2.5	枪钳式电焊机	台	4	11000	4.4
2.6	等离子切割机	台	2	5250	1.1
3	组装车间				44
3.1	组装生产线	套	1	200000	20
3.2	滴漆机	台	4	15000	6
3.3	干燥箱	台	4	45000	18
4	成品车间				11.2
4.1	整车测试台	台	1	100000	10
4.2	直流机测试仪	台	2	2000	0.4
4.3	驱动器测试仪	台	2	3900	0.8
5	仓库运输				1.5
5.1	悬挂式输送机	台	2	5000	1
5.2	链板输送机	台	2	2500	0.5
合计（1+2+3+4+5）					684

注：各设备价格依据：①市场价格；②同类工程设备购置费用。

工器具购置费估算表　　　　　　　　　　表 4-10

序号	设备所在车间	设备购置费（万元）	定额费率（%）	工器具购置费（万元）
1	生产车间	614.0	20.5	125.9
2	焊接车间	13.3	22.6	3
3	组装车间	44	25.7	11.3
4	成品车间	11.2	26.6	3
5	仓库运输	1.5	20.5	0.3
合计				143.5

（3）安装工程费估算

安装工程费包括安装主材费和安装费，其中，安装主材费可根据行业和地方相关部门定期发布的价格信息或市场询价进行估算。安装工程费用内容包括：①生产、动力、起重、运输、传动和医疗、实验等各种需要安装的机械设备的装配费用，与设备相连的工作台、梯子、栏杆等设施的工程费用，附属于被安装设备的管线敷设工程费用，以及被安装设备的绝缘、防腐、保温、油漆等工作的材料费和安装费；②为测定安装工程质量，对单台设备进行单机试运转、对系统设备进行系统联动无负荷试运转工作的调试费。计算公式为：

$$安装工程费 = 设备原价 \times 安装费率 \tag{4-7}$$

$$安装工程费 = 设备吨重 \times 每吨安装费 \tag{4-8}$$

$$安装工程费 = 安装工程实物量 \times 安装费用指标 \tag{4-9}$$

【例 4-12】本章案例引入部分引用的 ×× 电动车项目中，采购设备主要依据各车间工作及生产需要，并全部采用国产设备，包括注塑机、折弯机等，本工程采用的设备价格通过市场询价、比价等形式确定，具体情况见表 4-11。

安装工程费用估算表　　　　　　　　　　表 4-11

序号	安装工程名称	设备购置费（万元）	安装费率（%）	安装费用（万元）
1	生产车间	614		36.5
1.1	注塑机	103.2	5	5.2
1.2	数控注塑机	97.4	5	4.9
1.3	剪板机	30	6	1.8
1.4	摆式剪板机	46.4	6	2.8
1.5	液压折弯机	48	6	2.9
1.6	数控板料折弯机	71.1	6	4.3
1.7	高速液压数控转塔冲床	96	6	5.8
1.8	四柱压力机	33	10	3.3

续表

序号	安装工程名称	设备购置费（万元）	安装费率（%）	安装费用（万元）
1.9	开式双柱定台压力机	19	10	1.9
1.10	多功能冲剪机	19.5	6	1.2
1.11	攻丝机	24	6	1.4
1.12	钻铣机	14	6	0.8
1.13	台钻	0.6	6	0
1.14	摇臂机床	11.8	2.5	0.3
2	焊接车间	13.3		0.3
2.1	逆变式直流弧焊机	0.4	1.75	0
2.2	自整流氩弧焊机	3.4	1.75	0.1
2.3	交流电焊机	0.8	1.75	0
2.4	点式对焊机	3.2	1.75	0.1
2.5	枪钳式电焊机	4.4	1.75	0.1
2.6	等离子切割机	1.1	2.5	0
3	组装车间	44		1.7
3.1	组装生产线	20	—	0
3.2	滴漆机	6	6	0.4
3.3	干燥箱	18	7	1.3
4	成品车间	11.2		0.3
4.1	整车测试台	10	2.5	0.3
4.2	直流机测试仪	0.4	2.5	0
4.3	驱动器测试仪	0.8	2.5	0
5	仓库运输	1.5		0.2
5.1	悬挂式输送机	1	10	0.1
5.2	链板输送机	0.5	10	0.1
合计				39

注：安装费率参考 2018 年固定资产的经济寿命参考年限及安装费率以及机器设备安装调试费率指标参考表，其中，安装费率按照上下限浮动区间的平均值。

因此，本案例电动车厂房项目的工程费用 = 建筑工程费 + 设备购置费 + 工器具购置费 + 安装工程费 =5152+684+143.5+39=6018.5（万元）

（4）工程建设其他费用估算

工程建设其他费用的计算应结合拟建项目的具体情况，有合同或协议明确的费用按合同或协议列入；无合同或协议明确的费用，根据国家和各行业部门、工程所在地地方政府的有关工程建设其他费用定额（规定）和计算办法估算，没有定额或计算办法的，参照市场价格标准计算。

【例 4-13】本章案例引入部分引用的 ×× 电动车项目中，土地为建设单位所有，且土地上无附着物，因此，无需计算征地补偿费、拆迁补偿费及土地出让金等费用，工程建设其他费用内容见表 4-12。

电动车厂房项目工程建设其他费用估算表 表 4-12

序号	费用名称	计算基础	依据	费率（%）	总价（万元）
1	场地准备及临时设施费	工程费用	《基本建设项目建设成本管理规定》（财建〔2016〕504 号）	1.00	58.36
2	建设单位管理费	工程费用	《基本建设项目建设成本管理规定》（财建〔2016〕504 号）	1.20	70.03
3	可行性研究费	工程费用	合同约定	1.00	58.36
4	专项评价费（环境影响评价费、安全预评价费、节能评估费等）	—	《国家计委、国家环境保护总局关于规范环境影响咨询收费有关问题的通知》（计价格〔2020〕125 号）	—	81
5	研究试验费	工程费用	合同约定	0.50	29.18
6	勘察设计费	工程总投资	《工程勘察设计收费标准》（2002 年修订本）	2.40	140.06
7	市政公用配套设施费	建筑面积	《湘潭市人民政府办公室关于进一步规范城市基础设施配套费征收管理工作的通知》（潭政办发〔2010〕49 号）	—	255
8	工程保险费	工程费用	合同约定	0.45	26.26
9	监造费	设备购置费	《湖南省建设工程施工阶段监理服务费计费规则》（湘监协〔2016〕2 号）	3.54	24.21
10	招标费	工程费用	《湖南省招标代理收费标准》（湘招协〔2015〕6 号）	0.50	29.18
11	工程造价咨询费	工程费用	合同约定	0.90	52.52
12	税费（包括土地使用税、契税、印花税等）	—	《湖南省财政厅、湖南省地方税务局关于批准城镇土地使用税地段等级税额标准的通知》（湘财税〔2015〕21 号）《关于湖南省契税具体适用税率等事项的决定》《印花税税目税率表》（2021 年版）	—	275.9
13	联合试运转费	工程费用	合同约定	0.05	2.92
14	专利及专有技术使用费	—	合同约定	—	200
15	生产准备费	—	合同约定	—	80
合计					1382.98

注：费率保留两位小数。

（5）基本预备费估算

基本预备费的估算一般是以建设项目的工程费用和工程建设其他费用之和为基础，乘以基本预备费率进行计算。基本预备费率的大小，应根据建设项目的设计阶段和具体的设计深度，以及在估算中所采用的各项估算指标与设计内容的贴近度、项目所属行业主管部门的具体规定确定。

基本预备费 =（工程费用 + 工程建设其他费用）× 基本预备费费率 （4-10）

【例 4-14】本章案例引入部分引用的 ×× 电动车项目中，根据合同约定，将预备

费定为 5%，因此，基本预备费 =（6018.50+1382.98）×5%=370.07（万元）

因此，该项目静态投资部分估算费用 = 工程费用 + 工程建设其他费用 + 基本预备费 =6018.50+1382.98+370.07=7771.55（万元）

4.3.2　动态投资部分的估算

动态投资估算主要包括价差预备费和建设期利息的估算。如果是涉外项目还应计算汇率的影响。

1. 价差预备费的估算

价差预备费的估算方法，一般根据国家规定的投资综合价格指数，以估算年份价格水平的投资额为基数，采用复利方法计算，详细内容参见第 2 章 2.5。

【例 4-15】本章案例引入部分引用的 ×× 电动车项目中，建设前期为 2 年，建设期 2 年，第一年投资 4662.93 万元，第二年投资 3108.62 万元，建设期内价格水平变化为年涨价率 5%，则该项目的价差预备费计算过程为：

第一年价差预备费 =4662.93×[（1+5%）^{2}×（1+5%）$^{0.5}$−1]=604.90（万元）

第二年价差预备费 =3108.62×[（1+5%）^{2}×（1+5%）$^{0.5}$×（1+5%）^{1}−1]=578.86（万元）

因此，此项目的价差预备费 =604.90+578.86=1183.76（万元）

2. 建设期利息的估算

建设期利息包括银行借款和其他债务资金的利息，以及其他融资费用。其他融资费用是指某些债务融资中发生的手续费、承诺费、管理费、信贷保险贷等融资费用，一般情况下应将其单独计算并计入建设期利息：在项目前期研究的初期阶段，也可做粗略估算并计入建设投资；对于不涉及国外贷款的项目，在可行性研究阶段，也可做粗略估算并计入建设投资。建设期利息的计算可详见第 2 章 2.5.2。

【例 4-16】本年产 20 万辆电动自行车厂房项目，根据项目实施进度规划，项目建设期为两年。本项目资金来源为公司自筹及银行贷款，其中建设期银行贷款共 4600 万元，每年贷款 50%，在建设期每年均衡发放，贷款年利率为 6%。

$$q_1 = \frac{1}{2} A_1 i = \frac{1}{2} \times 2300 \times 6\% = 69（万元）$$

$$q_2 = （P_1 + \frac{1}{2} A_2） i = （2300+69+\frac{1}{2} \times 2300）\times 6\% = 211.14（万元）$$

所以该项目建设期利息 =q_1+q_2=69+211.14=280.14（万元）

4.3.3　流动资金的估算

流动资金是指生产经营性项目投资后，为进行正常生产运营，用于购买原材料、燃料，支付工资及其他经营费用等所需的周转资金。流动资金估算一般采用分项详细估算法，个别情况或者小型项目可采用扩大指标估算法。

1. 分项详细估算法

对构成流动资金的各项流动资产和流动负债应分别进行估算。在可行性研究中，为简化计算，仅对存货、现金、应收账款和应付账款四项内容进行估算，计算公式为：

$$流动资金 = 流动资产 - 流动负债 \tag{4-11}$$

$$流动资产 = 应收账款 + 存货 + 现金 \tag{4-12}$$

$$流动负债 = 应付账款 \tag{4-13}$$

$$流动资金本年增加额 = 本年流动资金 - 上年流动资金 \tag{4-14}$$

估算的具体步骤，首先计算各类流动资产和流动负债的年周转次数，然后再分项估算占用资金额。

（1）周转次数计算

周转次数等于360天除以最低周转天数。存货、现金、应收账款和应付账款的最低周转天数，可参照同类企业的平均周转天数并结合项目特点确定。

（2）应收账款估算

应收账款是指企业已对外销售商品、提供劳务尚未收回的资金，包括若干科目，在可行性研究时，只计算应收销售款。计算公式为：

$$应收账款 = 年销售收入 / 应收账款周转次数 \tag{4-15}$$

（3）预付账款估算

预付账款是指企业为购买各类材料、半成品或服务所预先支付的款项，其计算公式为：

$$预付账款 = 外购商品或服务年费用金额 / 预付账款周转次数 \tag{4-16}$$

（4）存货估算

存货是企业为销售或者生产耗用而储备的各种货物，主要有原材料、辅助材料、燃料、低值易耗品、维修备件、包装物、在产品、自制半成品和产成品等。为简化计算，仅考虑外购原材料、外购燃料、在产品和产成品，并分项进行计算。计算公式为：

$$存货 = 外购原材料 + 外购燃料 + 在产品 + 产成品 \tag{4-17}$$

$$外购原材料 = 年外购原材料 / 按种类分项周转次数 \tag{4-18}$$

$$在产品 = （年外购原材料 + 年外购燃料 + 年工资及福利费 \\ + 年修理费 + 年其他制造费用） / 在产品周转次数 \tag{4-19}$$

$$产成品 = 年经营成本 / 产成品周转次数 \tag{4-20}$$

（5）现金需要量估算

项目流动资金中的现金是指货币资金，即企业生产运营活动中停留于货币形态的部分资金，包括企业库存现金和银行存款。计算公式为：

$$现金需要量 = （年工资及福利费 + 年其他费用）/ 现金周转次数 \qquad （4-21）$$

$$\begin{aligned}年其他费用 = &制造费用 + 管理费用 + 销售费用 - （以上三项费用中\\&所含的工资及福利费、折旧费、维简费、摊销费、修理费）\qquad （4-22）\end{aligned}$$

（6）流动负债估算

流动负债是指在一年或者超过一年的一个营业周期内，需要偿还的各种债务。在可行性研究中，流动负债的估算只考虑应付账款一项。计算公式为：

$$产成品 = 年经营成本 / 产成品周转次数 \qquad （4-23）$$

$$应付账款 = （年外购原材料 + 年外购燃料）/ 应付账款周转次数 \qquad （4-24）$$

【例4-17】根据本项目的特点，流动资金的估算采用分项详细估算法。对流动资产和流动负债主要构成要素，即存货、现金、应收账款、预付账款、应付账款、预收账款等项内容分项进行估算，最后得出项目所需的流动资金数额。经估算项目生产期所需流动资金为2918.4万元，其中铺底流动资金875.5万元。流动资金估算详见表4-13。

流动资金估算表（单位：万元）   表4-13

序号	项目	最低周转天数	周转次数	计算期（年）								
				建设期		生产期						
				1	2	3	4	5	6	7	8	9
1	流动资产				0	4147.4	5534	6917.4	6917.4	6917.4	6917.4	6917.4
1.1	应收账款	15	24		0	907.2	1210.3	1512.9	1512.9	1512.9	1512.9	1512.9
1.2	存货				0	3240.2	4323.7	5404.5	5404.5	5404.5	5404.5	5404.5
1.2.1	原材料及燃料动力	30	12		0	721.6	963.5	1204.3	1204.3	1204.3	1204.3	1204.3
1.2.2	在产品	15	24		0	765.7	1021.6	1276.9	1276.9	1276.9	1276.9	1276.9
1.2.3	产成品	30	12		0	1752.9	2338.6	2923.3	2923.3	2923.3	2923.3	2923.3
1.3	预付账款											
2	流动负债				0	2076.8	3039	3999	3999	3999	3999	3999
2.1	应付账款	60	6		0	943.3	1794.6	2643.8	2643.8	2643.8	2643.8	2643.8
2.2	预收账款											
2.3	应交税费				0	1133.5	1244.4	1355.2	1355.2	1355.2	1355.2	1355.2
3	流动资金（1-2）				0	2070.6	2495	2918.4	2918.4	2918.4	2918.4	2918.4
4	流动资金当期增加额				0	1601.4	535.4	534.2	0	0	0	0
	其中：流动资金借款				0	1601.4	535.4	534.2	0	0	0	0

2. 扩大指标估算法

扩大指标估算法，是根据现有同类企业的实际资料求得各种流动资金指标，亦可依据行业或部门给定的参考值或经验确定比率，将各类流动资金乘以相对应的费用基数来估算流动资金。一般常用的基数有营业收入、经营成本、总成本费用和建设投资等，究竟采用何种基数依行业习惯而定，其计算公式为：

$$年流动资金额 = 年费用基数 \times 各类流动资金率 \qquad (4-25)$$

扩大指标估算法简便易行，但准确度不高，适用于项目建议书阶段的估算。

4.3.4 基于现代数学理论的投资估算方法

一般估算方法大多是从工程特征的相似性出发，找到已完工程和拟建工程的联系，用类比、回归分析等方法，进而推算出拟建工程的造价。其原理较简单，并且计算容易，应用方便。但是由于影响工程造价的因素很多，如工程用途、规模、结构特征、工期等，且这些因素之间往往呈现非线性关系，对造价的影响程度也不一样，因此就导致一般估算方法很大程度上不能解释这些变量之间繁复的关系。这些局限性也导致一般的估算方法精确度都不够高，从而限制了其在建筑业的应用。

本文选取了三种目前投资估算相关研究中较常用到的数学方法进行介绍。

1. 模糊数学估算法

运用模糊数学理论对建设项目进行投资估算的办法是回归分析的一种演变和推广。在采用这种模型方法时，需要把拟建工程投资拆分成为一组相关联的子体系，同时明确每个子体系所占主体系的比重和权值。接着对全部子体系逐一特征量化，通过特征量化从定性的研究过渡到了定量的研究。紧接着，把拟建工程特征量的值在已完工程的相对应的数据库中进行检索，发现与拟建工程最为相像的一个已完工程，参考其最终的造价获得拟建工程的估算结果。

2. 基于人工神经网络的估算方法

人工神经网络是由大量简单处理单元广泛连接而成，用以模拟人脑行为的复杂网络系统。人工神经网络由于具有自动"学习"和"记忆"功能，从而十分容易进行知识获取工作；由于其具有"联想"功能，所以在只有部分信息的情况下也能回忆起系统全貌；其具有的"非线性映射"能力，可以自动逼近那些刻画最佳的样本数据内部最佳规律的函数，揭示出样本数据的非线性关系。因此，基于人工神经网络的估算方法可以克服模糊数学估算法中主观因素干扰过大的缺点，特别适合于对不精确和模糊信息的处理。

对建设工程投资估算的问题，可以看作是输入（工程造价估算的指标体系）到输出（该项目的单位造价）的非线性映射。由于人工神经网络可以以任意精度去逼近任意映射关系，因此可用人工神经网络方法估算基建工程投资。如采用三层 BP 神经网络，从已完工程的资料数据中获得神经网络的样本集后，只要输入指标体系各指标值，经神经网络进行估算，就可以在输出层给出该项目的单位造价估算。

3. 基于灰色理论的估算方法

灰色理论是以"部分信息已知，部分信息未知"的小样本，"贫信息"不确定性系统为研究对象，要通过对"部分"已知信息的生成、开发，提取有价值的信息，实现对系统运行规律的正确认识和确切描述，并据此进行科学预测。

通过引入灰色理论，在对拟建工程进行投资估算时，该模型具有需要数据少，涉及参数少和预测精度高等特点。而模型所用原始数据为工程竣工决算数据，以时间为参数变量。因此，预测结果可以作为短期投资计划的重要参考依据，其良好的精度既能减少对资金的过多占用，又能避免开工后因资金到位不足而影响工程进度，确保工程投资的计划性和科学性。

基于现代数学理论的估算方法及模型发展现状见表 4-14。

基于现代数学理论的估算方法及模型发展现状 表 4-14

投资估算方法	作者	题目	主要思路
模糊数学估算法	马永军，杨志远[1]	基于模糊神经网络的公路造价估算模型探究	对拟建项目所在省境内 18 条高速公路工程造价数据资料信息进行收集并处理构建基于模糊神经网络的高速公路工程造价预测模型
	包训福[2]	基于模糊数学方法的电子洁净厂房造价估算研究	在电子洁净厂房施工企业向 EPC 业务转型的背景下，作者将项目以 WBS 方式分解为若干子项目，以子项目为单位建立基于模糊数学方法的造价估算模型，实现对子项目的造价估算，再汇总得出项目的造价估算
	蓝筱晟[3]	基于模糊数学的绿色建筑投资决策研究	在绿色建筑投资决策中引入模糊数学理论，对增量成本和增量效益分别给出量化方法，建立了基于模糊数学的投资决策模型
基于人工神经网络的估算方法	蔡璧蔓[4]	基于 BP 神经网络的装配式建筑投资估算方法研究	依据 MATLAB 工具，构建了装配式建筑的投资估算模型。选取典型工程，通过案例工程的仿真分析进行了模型精度验证，验证结果表明，基于 BP 神经网络的装配式建筑投资估算模型符合投资估算精度要求
	傅鸿源，杨毅[5]	BP 神经网络在建筑工程估算中的应用分析	模拟从工程特征到工程造价的非线性映射关系，利用 BP 神经网络的基本原理建立工程估算模型，并将其运用于实际工程估算中
基于灰色理论的估算方法	翁珍燕[6]	基于灰色理论的市政工程造价方法探究	根据灰色关联分析理论，分析了影响市政工程造价的各个因素与工程造价的关联度，并根据分析得出的关联度，对各影响因素进行排序，得出了影响市政工程造价的关键因素，并提出了快速估算市政工程造价的方法
	董留群，刘井周[7]	基于灰色系统理论的建筑工程项目投资估算实证研究	采用灰色系统预测模型，对某高层住宅楼单方工程造价进行预测，结果表明预测误差小，拟合效果可达 99.45%

① 马永军，杨志远.基于模糊神经网络的公路造价估算模型探究 [J].公路工程，2017，42（06）：41-47.
② 包训福.基于模糊数学方法的电子洁净厂房造价估算研究 [D].南昌：南昌大学，2021.
③ 蓝筱晟.基于模糊数学的绿色建筑投资决策研究 [J].重庆建筑，2017，16（03）：13-15.
④ 蔡璧蔓.基于 BP 神经网络的装配式建筑投资估算方法研究 [D].长沙：长沙理工大学，2019.
⑤ 傅鸿源，杨毅.BP 神经网络在建筑工程估算中的应用分析 [J].重庆大学学报，2008（09）：1078-1082.
⑥ 翁珍燕.基于灰色理论的市政工程造价方法探究 [J].福建建材，2021（10）：92-94.
⑦ 董留群，刘井周.基于灰色系统理论的建筑工程项目投资估算实证研究 [J].项目管理技术，2016，14（03）：68-72.

伴随着计算机技术的飞速发展，近几年来人们发明了许多基于现代数学理论的建设项目投资估算的方法，并在实际工程中加以运用。这些模型比之前的一般方法更加完善全面地描述了已完工程和拟建工程之间的联系，运用起来更加全面、客观、有效。

4.3.5 利用 BIM 技术提高投资估算精度的方法

投资估算的准确性对整个拟建项目的顺利开展有着至关重要的导向性作用。但现实工作中，由于资料缺乏、设计深度不够、定额的选择差异等实际因素，都会使投资估算产生一定的误差，影响投资估算精度。因此，只有有效地提高投资估算的精度，才能更好地提升拟建项目前期的造价控制水平。

将 BIM 技术应用在建设项目投资估算工作中，依托建筑信息模型，将已完工程相关数据信息输入信息模型；再依托建筑模型数据库，查看与拟建项目类似工程的相关数据和工程情况，再结合拟建项目实际的工程相关情况，对拟建项目进行估算，这样可以提高建设工程项目投资估算的准确性。此外，BIM 技术降低了建设项目前期投资决策阶段数据收集的时间，还提高了前期投资决策的效率。

1. 利用 BIM 技术收集历史数据信息

在进行投资估算时，运用 BIM 技术可以有效利用信息数据收集功能，全面分析数据信息，为建筑工程项目的投资决策提供参考依据。而且，在投资估算过程中，使用 BIM 技术，能够快速获取相关的信息资料，有助于对建筑工程项目的具体类型和相关特征进行总结。同时，可以借助 BIM 数据库采集信息，并及时更新数据库内的数据，获取新的工程造价资料，以获取完整的信息资料。此外，还可以利用 BIM 技术进行信息处理，再通过 BIM 数据库测算指标，提升 BIM 技术计算效率，顺利完成投资预算评估工作。

由于传统技术不能有效关联设计库和造价，也无法合理运用以往的信息资料，为造价管理工作人员提供信息支持。而采用传统的人工造价处理方式进行工作，对造价结果的准确性影响较大，会降低工程造价管理的质量。但采用 BIM 技术进行工程造价管理，BIM 技术能够有效利用历史数据信息，计算出造价结果，且可以减少造价计算结果失误，提高造价结果准确性。

2. 运用 BIM 可视化功能进行方案比对

在工程项目决策阶段，假设单位可有效运用 BIM 技术的可视化功能，借助多维度模型将设计方案全面、直观地展示出来，以方便决策人员对项目各个方案进行有效比对。此外，根据新建项目的方案特点，还可利用 BIM 技术对相关项目模型进行分类、获取、调控、组合与革新等，以形成多样化的方案模型。建设单位还可利用 BIM 技术对各个方案的投资开展二次评估，多层面对比、解析各个方案的优势与劣势，以此为工程决策人员科学挑选方案提供重要的参考依据。

3. 利用 BIM 数据库编制投资估算文件

在估算的过程中采用 BIM 技术的优势在于工程信息能被方便地提取出来,这些工程信息不但包括历次工程数据,还包括 BIM 模型中包含的工程信息。这些提取的数据在拟建项目估算阶段可以作为重要的依据。找到相似项目的 BIM 数据库,然后把对应模块的数据提取出来,结合拟建项目的特点,对类似项目投资估算书中不合适的部分进行修订,参考拟建项目的一些参数和原始材料,根据 BIM 数据库中人员成本、原材料还有施工机械等价格信息,就可以快速高效地完成拟建项目的投资估算文件编制。

4. 依靠 BIM 技术进行智能决策

在投资决策阶段,建设单位可以依靠 BIM 技术提升决策的智能化。例如在构建工程实体模型和创建地址模型时采用的 Revit、GIS 以及 Inforsworks 软件,这些软件的应用都能够在进行位置选址、道路路线优化与规模制定等工作时发挥作用。此外,将项目方案的进度安排、投资估算等数据指标与财务分析管理系统整合起来,还能提高建设方案的实时性。当项目的某个参数发生变化时,建设方案可以快速更新,同时项目的投资收益也会及时体现,为建设单位最终决策提供了充分的数据。

习题与思考题

1. 投资估算的概念是什么?

2. 投资估算的内容和作用分别有哪些?

3. 我国投资估算工作分为哪几个阶段? 各阶段的精度要求是什么?

4. 简述建设项目投资估算编制的过程。

5. 简述编制静态投资部分估算的主要方法,并说明各自的优缺点和适用条件是什么?

6. 简述提高投资估算精度的主要方法。

7. 某市于 2015 年已建成年产 10 万 t 的钢厂,其投资额为 4000 万元,2019 年拟建生产 40 万 t 的钢厂项目,建设期三年。2015~2019 年每年平均造价指数递增 4%,预计建设期三年平均造价指数递减 5%,试估算拟建钢厂的静态投资额为多少万元? (生产能力指数 n 取 0.8)

8. 某新建项目设备投资为 8000 万元,根据已建同类项目统计情况,一般建筑工程占设备投资的 28.5%,安装工程占设备投资的 9.5%,其他工程费用占设备投资的 7.8%。该项目其他费用估计为 900 万元,请估算该项目的静态投资。(调整系数 $f=1$)

9. 某拟建项目年销售收入估算为 19000 万元;存货资金占用估算为 5000 万元,预付账款占用估算为 250 万元;全部职工人数为 1500 人,每人每年工资及福利费估算为 9 万元;年其他费用估算为 3000 万元;年外购原材料、燃料及动力费为 15300 万元;预收账款占用估算为 300 万元。各项资金的周转天数为:应收账款为 30 天,现金为 15 天,应付账款为 30 天。请估算流动资金额。

10.某企业计划投资一个项目，设计每年生产能力 35 万件，已知生产能力为 10 万件／每年的同类项目投入设备费为 2300 万元，设备综合调整系数 1.15，该项目生产能力指数估计为 0.75，该类项目的建筑工程费用是设备费的 10%，安装工程费用是设备费的 20%，其他工程费是设备费的 10%，这三项综合调整系数是 1，该项目资金来源为自有资金和贷款，贷款总额为 4000 万元，年利率为 8%，按季计息。建设期为 2 年，每年各投 50%，基本预备费率为 10%，建设期内生产资料涨价预备费率为 5%。

该项目达到设计生产能力后，全厂定员 1500 人，工资与福利费按照每人每年 25000 元估算，每年其他费用为 2000 万元（其中其他制造费用 1200 万元），年外购原材料、燃料及动力费为 5000 万元，年经营成本为 4500 万元，年修理费占年经营成本 10%，各项流动资金的最低周转天数分别为：应收账款 36d，现金 40d，应付账款 36d，存货 36d。则：

（1）估算价差预备费和建设期利息；

（2）分项估算拟建项目的流动资金；

（3）求建设项目的总投资估算。

5

设计概算和施工图预算

【教学要求】

1. 了解设计概算、施工图预算的基本概念及阶段划分；

2. 熟悉设计概算、施工图预算的编制依据和编制程序；

3. 熟悉并掌握设计概算、施工图预算的编制方法。

【导读】

本章介绍在初步设计、技术设计、施工图设计阶段的设计概算和施工图预算的编制方法，重点阐述不同编制方法适用的不同设计深度及编制过程，并通过案例引入的方式对各编制方法予以详细说明。

案例引入：该工程是××市××综合大楼工程，为Ⅰ类公共建筑，由××设计研究院设计，总用地面积700.9m²，建筑面积为4999m²，层数为10层。该工程是以单体建筑工程为主体构成的建设项目，项目建设包括了室内工程与室外工程两部分。本项目设计概算深度定为初步设计阶段，主要技术经济指标见表5-1。

××综合大楼工程主要技术经济指标　　　　　　表5-1

序号	名称	单位	数量	技术经济指标（元/单位）
1	建筑工程			
1.1	主体结构工程	m²	4999	1694.34
1.2	装饰装修工程	m²	4999	1361.69
2	安装工程			
2.1	给水排水工程	m²	4999	17.26
2.2	消火栓工程	m²	4999	42.93
2.3	自动喷淋系统	m²	4999	50.79
2.4	电气照明及防雷工程	m²	4999	165.33
2.5	火灾自动报警及消防联动系统	m²	4999	54.11
2.6	空调工程	m²	4999	405.94
2.7	电梯	部	2	225000.00
3	室外工程			
3.1	室外供电线路			
3.2	室外给水排水工程			
3.3	道路	m²	158	759.49
3.4	绿化	m²	142	950.70

5.1 设计概算概述

5.1.1 设计概算的概念与内容

国内外相关资料研究表明，设计阶段的费用只占工程全部费用不到1%，但在项目决策正确的前提下，它对工程造价影响程度高达75%以上。因此根据我国现行规范，在设计阶段编制相应的造价文件是合理确定与控制造价的关键举措。

1. 设计概算的概念

依据住房和城乡建设部2013年发布的《工程造价术语标准》GB/T 50875—2013，设计概算（Budget Estimate at Design Stage）是指以初步设计文件为依据，按照规定的程序、方法和依据，对建设项目总投资及其构成进行的概略计算。设计概算的成果文件称作设计概算书，也简称设计概算。

2. 设计概算的内容

按照《建设项目设计概算编审规程》CECA/GC 2—2015的相关规定，设计概算的编制应采用单位工程概算、单项工程综合概算、建设项目总概算三级概算编制形式。三级概算之间的关系和费用构成，如图 5-1 所示。

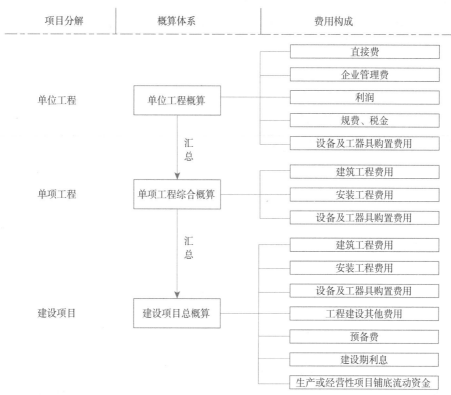

图 5-1　三级概算之间的关系和费用构成

（1）单位工程概算

单位工程是指具有独立的设计文件、能够独立组织施工，但不能独立发挥生产能力或使用功能的工程项目。单位工程概算是以初步设计文件为依据，按照规定的程序、方法和依据，计算单位工程费用的成果文件，是编制单项工程综合概算（或项目总概算）的依据，是单项工程综合概算的组成部分。单位工程概算按其工程性质分为建筑工程概算和设备及安装工程概算两大类。建筑工程概算包括土建工程概算，给水排水、采暖工程概算，通风、空调工程概算，电气照明工程概算，弱电工程概算，特殊构筑物工程概算等；设备及安装工程概算包括机械设备及安装工程概算，电气设备及安装工程概算，热力设备及安装工程概算，工具、器具及生产家具购置费概算等。

（2）单项工程综合概算

单项工程是指具有独立的设计文件，建成后能够独立发挥生产能力或使用功能的工程项目。它是建设项目的组成部分，如生产车间、办公楼、食堂、图书馆、学生宿舍、住宅楼、一个配水厂等。单项工程综合概算是以初步设计文件为依据，在单位工程概算的基础上汇总单项工程的工程费用的成果文件，是建设项目总概算的组成部分。

（3）建设项目总概算

建设项目总概算是以初步设计文件为依据，在单项工程综合概算的基础上计算建设项目总投资的成果文件，是由各单项工程综合概算、工程建设其他费用概算、预备费概算、建设期利息概算和生产或经营性项目铺底流动资金概算汇总编制而成的，如图5-2所示。

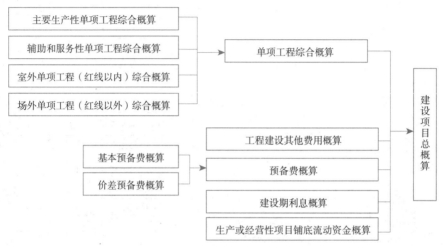

图 5-2　建设项目总概算的组成内容

若干个单位工程概算汇总后成为单项工程综合概算，若干个单项工程综合概算和工程建设其他费用、预备费、建设期利息、铺底流动资金等概算文件汇总后成为建设项目总概算。单项工程综合概算和建设项目总概算仅是一种归纳、汇总性文件，因此，最基本的计算文件是单位工程概算书。若建设项目为一个独立单项工程，则单项工程综合概算书与建设项目总概算书可合并编制，并以工程总概算书的形式出具。

5.1.2　设计概算的作用

设计概算是工程造价在初步设计阶段的表现形式，用于衡量建设投资是否超过估算，用来控制下一阶段费用支出。设计概算的作用具体表现为以下7个方面：

1. 编制固定资产投资计划、确定和控制建设项目投资的依据

按照国家有关规定，政府投资项目编制年度固定资产投资计划，确定计划投资总额及其构成数额，要以批准的初步设计概算为依据，没有批准的初步设计文件及其概算，建设工程不能列入年度固定资产投资计划。

政府投资项目设计概算一经批准，将作为控制建设项目投资的最高限额，在工程建设过程中，年度固定资产投资计划安排、银行拨款或贷款、施工图设计及其预算、竣工决算等费用额度在未经规定程序批准的情况下都不能突破这一限额，以此来确保对国家固定资产投资计划的严格执行和有效控制。

2.控制施工图设计和施工图预算的依据

经批准的设计概算是政府投资建设工程项目的最高投资限额。设计概算批准后不得任意修改和调整；如需修改和调整时，须经原批准部门重新审批。竣工决算不能突破施工图预算，施工图预算不能突破设计概算。

3.衡量设计方案技术经济合理性和选择最佳设计方案的依据

设计部门在初步设计阶段要选择最佳设计方案，设计概算是从经济角度衡量设计方案经济合理性的依据。设计部门在初步设计阶段要选择最佳方案，设计概算是从经济角度衡量设计方案经济合理性的重要依据。因此，设计概算是衡量设计方案技术经济合理性和选择最佳设计方案的依据。

4.编制最高投标限价的依据

以设计概算进行招标投标的工程，招标单位以设计概算作为编制最高投标限价的依据。

5.签订建设工程合同和贷款合同的依据

建设工程合同价款是以概、预算价为依据，且总承包合同不得超过设计总概算的投资额。银行贷款累计总额不能超过设计概算。如果项目投资计划所列支投资额与贷款突破设计概算时，必须查明原因，之后由建设单位报请上级主管部门调整或追加设计概算总投资。凡未获批准之前，银行对其超支部分不予拨付。

6.考核和评价建设工程项目成本和投资效果的依据

建设工程项目的投资转化为建设项目法人单位的新增资产，可根据建设项目的生产能力计算建设项目的成本、回收期以及投资效果系数等技术经济指标，并将以概算造价为基础计算的指标与以实际发生造价为基础计算的指标进行对比，从而对建设工程项目成本和投资效果进行评价，有利于加强设计概算管理和建设项目的造价管理工作。

7.确保发挥 PPP 项目效益的重要把控手段

由于 PPP 项目具有建设周期长、投资规模大、设计复杂等特点，导致 PPP 项目在整个建设周期内面临较多不确定性风险。而概算作为控制建设项目投资的最高限额，需要在编制设计概算时充分考虑影响 PPP 项目建设的各方因素，如市场价格风险、政策调整风险等，确保 PPP 项目能够发挥预期效益，实现企业与政府的合作共赢。

5.1.3 设计概算的发展趋势

《住房和城乡建设部办公厅关于印发工程造价改革工作方案的通知》（建办标 [2020] 38 号）（以下简称"38 号文"）要求将"完善工程计价依据发布机制"和"加强工程造价数据积累"作为两大主要任务，旨在通过逐步取消预算定额，优化概算定额、估算指标，促进工程造价市场形成机制的完善。

1.提高对设计概算的重视程度

38 号文提出"逐步停止发布预算定额"，而预算定额作为概算定额的编制基础，因此，在逐步弱化预算定额的趋势下，概算作为整个工程造价的最高限额，将影响整个工程造价的准确性与合理性。建设单位、设计单位及财政投资评审单位等工程各参与方要提高对设计概算的重视，通过优化管理方法、整合管理流程、改进技术手段来确保概算的科学合理，成为发挥工程投资效益的关键。

2. 优化设计概算定额，动态管理定额指标

38 号文要求"优化概算定额的编制发布和动态管理"，鼓励通过多种渠道与手段，促进概算定额与实际量价的一致，并实行动态管理，解决定额依据与实际差距大、造价信息服务水平不高的问题，针对新技术、新工艺、新结构、新设备、新材料等新型建筑工程能够通过概算定额得到实时反映，确保设计概算的科学性与合理性，为后续工程的实际开展提供合理的资金支持与约束。

3. 信息化技术助力设计概算精度的提高

38 号文更加注重在数据资源的环境下，实现工程造价的数字化转型与发展。推动建立国有资金投资的各类工程造价指标库与造价数据库，按照地区、工程类型、建筑结构等分类发布人工、材料、项目等造价指标指数，利用大数据、人工智能等信息化技术促进造价信息效率的提高，为设计概算提供依据。

5.2 设计概算的编制

5.2.1 设计概算的编制依据和要求

1. 设计概算编制依据

建设项目设计概算编制依据是指在编制设计概算时所遵循的计量规则、市场价格、费用标准及工程计价有关参数、率值等基础资料，本部分从国家行业规划、标准和拟建项目情况以及同类工程情况等几个方面进行介绍，具体内容见表5-2。

设计概算依据   表 5-2

依据	具体内容	作用
国家及行业等部门规划	国家及主管部门有关建设和造价管理的法律、法规和方针政策	进行概算费用确定和调整的基础依据
行业标准及规定	政府有关部门、金融机构等发布的价格指数、利率、汇率、税率及工程建设其他费用，以及各类工程造价指数等	
拟建项目的设计文件	设计单位提供的初步设计或扩大初步设计图纸文件、说明及主要设备材料表。例如建筑工程包括：建筑专业平面、立面、剖面图和初步设计文字说明，包括工程做法及门窗表；结构专业的布置草图、构件截面尺寸和特殊构件配筋率；给水排水、电气、采暖、通风、空调等专业的平面布置图、系统图、文字说明、设备材料表等；室外平面布置图、土石方工程量、道路、围墙等构筑物断面尺寸	
拟建项目已获得的批准文件	经批准的建设项目可行性研究报告、合同、协议等文件	

依据	具体内容	作用
拟建项目所在地市场经济条件	工程所在地编制同期的人工、材料、机具台班市场价格信息，以及设备供应方式及供应价格信息	进行概算费用确定和调整的基础依据
拟建项目的创新情况	建设项目的复杂程度，新技术、新材料、新工艺以及专利使用情况等	
同类工程造价资料	类似工程的概、预算及技术经济指标	进行概算费用计算的参考依据

【例5-1】本章导读部分引用的 × × 综合大楼工程的设计概算的编制依据包括：

（1）《 × × 市建设工程设计概算编制规定》（ × × 建发〔2006〕47号）；

（2）《 × × 市建筑工程概算定额》（CQGS—301—2006）；

（3）《 × × 市安装工程概算定额》（CQGS—302—2006）；

（4）《 × × 市市政工程概算定额》（CQGS—304—2006）；

（5）其他费用参考现行有关文件执行；

（6）类似工程预算。

2. 设计概算编制要求

（1）设计概算应按编制时项目所在地的价格水平编制，总投资应完整地反映编制时项目实际投资；

（2）设计概算应考虑建设项目施工条件等因素对投资的影响；

（3）设计概算应按项目合理建设期限预测建设期价格水平，以及资产租赁和贷款的时间价值等动态因素对投资的影响。

5.2.2 单位工程概算的编制

依据《工程造价术语标准》GB/T 50875—2013，单位工程概算（Budget Estimate of Unit Work）是指以初步设计文件为依据，按照规定的程序、方法和依据，计算单位工程费用的成果文件。

单位工程概算分为单位建筑工程概算和设备及安装工程概算两大类。单位建筑工程概算的编制方法主要有概算定额法、概算指标法、类似工程预算法；设备及安装工程概算的编制方法有预算单价法、扩大单价法、设备价值百分比法和综合吨位指标法等。

1. 单位建筑工程概算的编制

编制单位建筑工程概算一般有概算定额法、概算指标法及类似工程预算法三种，可根据编制条件、编制依据和编制要求的不同适当选取。

（1）概算定额法

概算定额法（Method of Budget Estimate）是利用概算定额编制单位工程概算的方法。概算定额法又叫扩大单价法或扩大结构定额法，是采用概算定额编制单位建筑工程概算的方法。当初步设计达到一定深度，建筑结构比较明确，能按照初步设计的平面、立面、剖面图纸计算出楼地面、墙身、门窗和屋面等分部工程（或扩大结构件）项目的工程量时，就可采用概算定额法。

利用概算定额编制单位建筑工程概算的方法与利用预算定额编制单位工程施工图预算的方法基本上相同，不同之处在于设计概算项目划分较施工图预算稍粗略，是把施工图预算中的若干个项目合并为一项，并且采用的是概算定额中规定的工程量计算规则。概算定额法编制设计概算的步骤：

1）列出单位工程中各分部工程的项目名称，并计算工程量。在熟悉设计图纸和了解施工条件的基础上，按照概算定额分部分项工程的划分，列出各分项工程项目。工程量计算应按概算定额中规定的工程量计算规则进行，并将各分项工程量按概算定额编号顺序填入工程概算表内。由于设计概算阶段尚无工程量清单，因此按照实际人、材、机消耗量及直接费进行计算。

分部工程是按照单位工程的不同部位、不同施工方式或不同材料和设备种类，从单位工程中划分出来的中间产品。一般工业与民用建筑工程的分部工程包括地基与基础工程、主体结构工程、装饰装修工程、屋面工程、给水排水及采暖工程、电气工程、智能建筑工程、通风与空调工程、电梯工程等。

2）套用各分部工程的概算定额单价，并计算人、材、机价格。工程量计算完毕后，逐项套用相应概算定额单价和人工、材料、机械消耗指标，然后分别将其填入工程概算表和工料分析表中。人工费、材料费、机械费应依据相应的概算定额子目的人、材、机要素消耗量，以及报告编制期人、材、机的市场价格等因素确定。套用定额时一般应对定额的工作内容、定额的边界条件、定额单位等逐一核实，与定额不完全相符的应考虑换算或编制补充定额。

3）计算单位工程直接费。将已算出的人工、材料、机械等要素消耗量乘以对应定额基准价并汇总，得到人工合价、材料合价及机械合价。人工合价、材料合价、机械合价的计算可分为三个步骤：分项工程人、材、机合价的计算；分部工程人、材、机合价的计算；单位工程人、材、机合价的计算。将各合价再汇总得到直接费。

4）计算价差、间接费、利润和税金等费用。如果规定有地区的人工、材料价差调整指标，计算直接费时，人工、材料、机械费要根据有关规定和材料信息价格还应按规定的调整系数进行调整计算。

根据直接费，结合各项施工取费标准，分别计算间接费、利润和税金等费用。管理费、利润、规费、税金等应依据概算定额配套的费用定额或取费标准，并依据报告编制期拟建项目的实际情况、市场水平等因素确定。

5）汇总得到单位工程概算造价，其计算公式为：

$$单位工程概算造价 = 直接费 + 价差 + 间接费 + 利润 + 税金 \qquad (5-1)$$

（2）概算指标法

概算指标法（Index Method of Budget Estimate）是利用概算指标编制单位工程概算的方法。概算指标一般是以建筑面积（或建筑体积）为单位，以整栋建筑物为依据而编制的指标。它的数据均来自各种已建项目预算或竣工结算资料。概算指标法将拟建厂房、住宅的建筑面积或体积乘以技术条件相同或基本相同的概算指标而得出直接工程费，然后按规定计算出措施费、间接费、利润和税金等。概算指标法计算精度较低，但由于其编制速度快，因此对一般附属、辅助和服务工程等项目，以及住宅和文化福利工程项目或投资比较小、比较简单的工程项目投资概算有一定实用价值。

由于概算指标通常是按每栋建筑物每 $100m^3$ 建筑面积（或每栋建筑物每 $1000m^3$ 建筑体积）表示的价值或工料消耗量，因此，它比概算定额更为扩大、综合，所以按此方法编制的设计概算比按概算定额编制的设计概算更加简化，精确度显然也要比用概算定额编制的设计概算低一些。

1）概算指标法的适用情况：

①在方案设计中，当由于设计无详图而只有概念性设计时，或初步设计深度不够，不能准确地计算出工程量，但工程设计采用的技术比较成熟时，可以选定与该工程相似类型的概算指标编制概算；

②设计方案急需造价概算而又有类似工程概算指标可以利用的情况；

③图样设计间隔很久后再实施，概算造价不适用于当前情况而又急需确定造价的情形下，可按当前概算指标来修正原有概算造价；

④通用设计图设计，可组织编制通用设计图设计概算指标来确定造价。

2）概算指标法编制设计概算的步骤：

在使用概算指标法时，如果拟建工程在建设地点、结构特征、地质及自然条件、建筑面积等方面与概算指标相同或相近，可直接套用概算指标编制概算。但在实际工作中，经常会遇到拟建工程的结构特征与概算指标中规定的结构特征有局部不同的情况，因此必须对概算指标进行调整后方可套用。用概算指标法编制设计概算的步骤如图 5-3 所示。（本项目不产生仪器仪表使用费，因此在机具使用费中只包含施工机具使用费）

①当拟建工程结构特征等方面与概算指标相同或相近时就可直接套用概算指标编制概算。

根据选用的概算指标的内容，可选用两种套算方法：一种方法是以指标中所规定的工程每平方米或立方米的造价，乘以拟建单位工程建筑面积或体积，得出单位工程的直接费，再计算其他费用，即可求出单位工程的概算造价。直接费计算公式为：

$$直接费 = 概算指标每平方米（立方米）工程造价 × 拟建工程建筑面积（体积） \tag{5-2}$$

这种方法的计算结果参照的是概算指标编制时期的价值标准，未考虑拟建工程建设时期与概算指标编制时期的价差，所以在计算直接工程费后还应用物价指数另行调整。

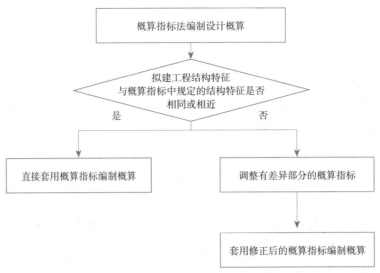

图 5-3 概算指标法编制设计概算的步骤

另一种方法以概算指标中规定的每 $100m^2$ 建筑物面积（或 $1000m^2$）所耗工日数、主要材料数量为依据，首先计算拟建工程人工、主要材料消耗量，再计算直接费。在概算指标中，一般规定了 $100m^2$ 建筑物面积（或 $1000m^3$）所耗工日数、主要材料数量，通过套用拟建地区当时的人工工日单价和主材预算单价，便可得到每 $100m^2$（或 $1000m^3$）建筑物的人工费和主材费而无需再作价差调整。计算公式为：

$$100m^2 \text{建筑物面积的人工费} = \text{指标规定的工日数} \times \text{本地区人工工日单价} \quad （5-3）$$

$$100m^2 \text{建筑物面积的主要材料费} = \sum（\text{指标规定的主要材料数量} \times \text{相应的地区材料预算单价}）\quad （5-4）$$

$$100m^2 \text{建筑物面积的其他材料费} = \text{主要材料费} \times \text{其他材料费占主要材料费的百分比} \quad （5-5）$$

$$100m^2 \text{建筑物面积的机械使用费} = （\text{人工费} + \text{主要材料费} + \text{其他材料费}）\times \text{机械使用费所占百分比} \quad （5-6）$$

$$\text{每平方米建筑面积的直接工程费} = （\text{人工费} + \text{主要材料费} + \text{其他材料费} + \text{机械使用费}）/ 100 \quad （5-7）$$

根据直接费，结合其他各项取费方法，分别计算间接费、利润和税金等，得到每平方米建筑面积的概算单价，乘以拟建单位工程的建筑面积，即可得到单位工程概算造价。

②拟建工程结构特征与概算指标有局部差异时，需调整概算指标后再进行计算。

在实际工作中，经常会遇到拟建对象的结构特征与概算指标中规定的结构特征有局部不同的情况，因此必须对概算指标进行调整后方可套用。调整方法如下：

A. 调整概算指标中的每平方米（立方米）造价

这种调整方法是将原概算指标中的单位造价进行调整，扣除每平方米（立方米）原概算指标中与拟建工程结构不同部分的造价，增加每平方米（立方米）拟建工程与概算指标结构不同部分的造价，使其成为与拟建工程结构相同的单位直接工程费造价。计算公式如下：

$$结构变化修正概算指标（元/m^2）= J+Q_1P_1-Q_2P_2 \qquad （5-8）$$

式中　J——原概算指标；

　　Q_1——概算指标中换入结构的工程量；

　　Q_2——概算指标中换出结构的工程量；

　　P_1——换入结构的直接工程费单价；

　　P_2——换出结构的直接工程费单价。

则拟建单位工程的直接费为：

$$直接费 = 修正后的概算指标 × 拟建工程建筑面积（体积） \qquad （5-9）$$

计算出直接工程费之后，再按照规定的取费标准计算其他费用，最终得到单位工程概算。

B. 调整概算指标中的人、材、机数量

这种方法是将原概算指标中每 $100m^2$（$1000m^3$）建筑面积（体积）中的人、材、机数量进行调整，扣除原概算指标中与拟建工程结构不同部分的人、材、机消耗量，增加拟建工程与概算指标结构不同部分的人、材、机消耗量，使其成为与拟建工程结构相同的每 $100m^2$（$1000m^3$）建筑面积（体积）人、材、机数量。计算公式如下：

$$结构变化修正概算指标的人、材、机数量$$
$$= 原概算指标的人、材、机数量 + 换入结构件工程量 ×$$
$$相应定额人、材、机消耗量 - 换出结构件工程量 ×$$
$$相应定额人、材、机消耗量 \qquad （5-10）$$

（3）类似工程预算法

类似工程预算法（Comparative Estimate Method）是利用技术条件相类似工程的预算或结算资料，编制拟建单位工程设计概算的方法。当拟建工程初步设计与已完工程或在建工程的设计类似而又没有可用的概算指标时可以采用类似工程预算法。

1）类似工程预算法编制设计概算的步骤。利用类似工程预算法编制设计概算时，首先要根据拟建工程的特点选择合适的类似工程；其次依据各项费用及价格标准计算类似工程人工费、材料费、施工机具使用费的修正系数；再根据上述修正系数计算总修正系数和类似工程每平方米预算成本，据此结合编制概算地区的利税率得到类似工程平方米造价；最后根据拟建工程的建筑面积和修正后的类似工程平方米造价，计算得到拟建工程概算造价。具体编制步骤如图5-4所示。

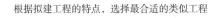

根据拟建工程的特点，选择最合适的类似工程

↓

根据本地区现行的各种价格及费用标准计算类似工程预算的人工费、材料费、施工机具使用费
及企业管理费等的修正系数

↓

根据计算出的修正系数和上述四项费用占预算成本的比重，计算总修正系数，并据此计算修正后的
类似工程每平方米预算成本

↓

根据修正后的类似工程每平方米预算成本和本地区的利税率计算修正后的类似工程每平方米造价

↓

根据拟建工程的建筑面积和修正后的类似工程每平方米造价计算拟建工程概算造价

图 5-4   类似工程预算法编制设计概算的步骤

2）差异调整。采用类似工程预算法编制设计概算时，拟建工程项目需要满足在建筑面积、结构构造特征等方面与已建工程基本一致，因此在采用此方法时必须对建筑结构差异和价差进行调整。

①建筑结构差异的调整。建筑结构差异的调整方法与概算指标法的调整方法基本相同。首先确定有差别的项目，分别按每一项算出结构构件的工程量和单位价格（按编制概算工程所在地区的单价）；再以类似工程中相应的结构构件的工程数量和单价为基础，算出总差价；最后将类似工程的直接工程费总额减去（或加上）这部分差价，就得到结构差异换算后的直接工程费，再行取费得到结构差异换算后的造价。

②价差调整。类似工程的价差调整通常有两种方法。

A. 当类似工程造价资料有具体的人工、材料、机具台班的用量时，可按类似工程中的主要材料、工日、机具台班数量乘以拟建工程所在地的主要材料预算价格、人工单价、机具台班单价，计算出人、材、机费，再根据各项取费标准计算企业管理费、利润、规费和税金等费用。

B. 当类似工程造价资料中只有人工、材料、施工机具使用费和企业管理费等费用或费率时，可按如下公式进行调整：

$$D = A \times K \tag{5-11}$$

$$K = a\%K_1 + b\%K_2 + c\%K_3 + d\%K_4 \tag{5-12}$$

式中　　　　　D——拟建工程单方概算造价；

　　　　　　　A——类似工程单方概算造价；

　　　　　　　K——综合调整系数；

$a\%$、$b\%$、$c\%$、$d\%$——类似工程预算的人工费、材料费、施工机具使用费、企业管理费占预算成本的比重；

K_1、K_2、K_3、K_4——拟建工程地区与类似工程地区人工费、材料费、施工机具使用费、

企业管理费价差系数，如：

$$K_1 = \frac{拟建工程概算的人工费（或工资标准）}{类似工程预算的人工费（或工资标准）}，\quad K_2 = \frac{\sum（类似工程主要材料数量×编制概算地区材料预算价格）}{\sum 类似工程地区各主要材料费}，$$

其他 K 值类同。

（4）编制方法与设计深度的匹配性

1）设计深度概述。根据《建筑工程设计文件编制深度规定》（2016 年版）规定的在进行施工图设计时总图、建筑、结构、水电等专业的细化程度，建筑工程一般应分为方案设计、初步设计和施工图设计三个阶段；对于技术要求相对简单的民用建筑工程，当有关主管部门在初步设计阶段没有审查要求，且合同中没有做初步设计的约定时，可在方案设计审批后直接进入施工图设计。根据规定，初步设计必须要有概算，概算书应由设计单位负责编制。对于技术上复杂、在设计时有一定难度的工程，在初步设计和施工图设计中还可以加入技术设计阶段，初步设计阶段编制设计概算，技术设计阶段编制修正概算，施工图设计阶段编制施工图预算，施工图预算也由设计单位负责。

根据设计图纸中绘制的主体结构土建工程的详细程度得到的不同设计深度如图 5-5所示。

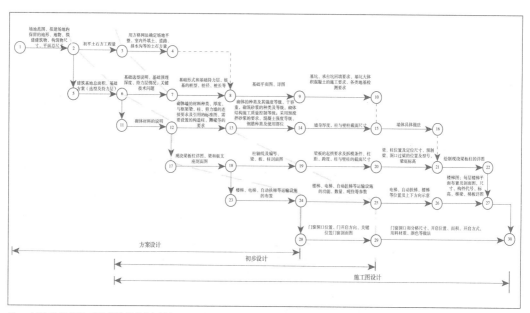

注：本图未考虑各工序具体的绘制时间。

图 5-5   设计阶段绘制主体结构土建工程不同设计深度

通过图 5-5 并结合《建筑工程设计文件编制深度规定》（2016 年版）分析可知，从设计图纸的绘制内容来看，方案设计阶段主要负责确定场地范围、建筑总尺寸等基础工作，因此，在图纸布置类的绘制工作中，任务量较轻，约占整体绘制任务量的 10%，

其详细程度约为完整设计图纸的 10%。该阶段主要负责整体建筑方案的构思设想，包括确定场地范围、平面总尺寸、建筑功能布局、立面造型和环境分析等以及编制投资估算文件等内容并提供说明，完成后向规划主管部门审定方案设计，获批建设用地规划许可证后进入初步设计阶段。

初步设计阶段的工作是对上一阶段设计思想和理念的具象化，并将建筑方案绘制在图纸上。该阶段的工作范围与设计内容较方案设计阶段的详细程度更加深入，图纸布置类工作量约占整体绘制任务量的 30%，图纸详细程度为完整设计图纸的 40%。在此阶段，需要对整体建筑设计方案进行全面考量，解决方案设计审批时存在的主要问题。除了需要详细绘制各建筑的平立剖面图的布局外，还需细化建筑、结构、建筑电气、给水排水、供暖通风与空调功能、热能动力等各专业的布置内容，并提供各专业的设计图纸和计算书等，为概算提供基础数据，并达到能够为下一阶段的施工图设计提供方向指导的要求，如建筑电气专业拟设置的配电系统的供电方式、线路型号和铺设方式以及导线、电缆的材质类别、拟配置的主要电气设备型号等内容，因此，初步设计方案作为施工图设计的初步模型，越详细越有利于后续工作的开展。完成初步设计后，向行政主管部门提出审批申请，经其批准后进入施工图设计阶段。

施工图设计阶段是对初步设计方案的细化与补充，是全部设计方案与设计说明的图纸可视化，该阶段的图纸详细程度要求达到可指导具体施工实践，因此，图纸绘制类任务量较大，约占完整设计图纸的 60%，详细程度达 100%。在此阶段，除了补充上一阶段各平立剖面图的细节图和施工做法外，还需各专业间进行信息交流与协调，绘制详细的专业施工图纸，如采暖通风专业与建筑结构专业相互沟通，确定设备安装预留尺寸等。另外，针对不合理的设计应及时与设计单位进行协商与调整，避免后续施工过程中出现工程变更等情况。完成施工图设计后交由规划部门进行施工图审查，通过后颁发建设规划许可证。

2）概算定额法与设计深度的适配性。通过表 5-3 概算定额法、概算指标法、类似工程预算法的对比可知，运用概算定额法计算设计概算费用得到的结果较精确，这是由于概算定额法对设计图纸的详细程度要求较高，需要达到能够依据初步设计的平面、立面、剖面图纸计算出楼地面、墙身、门窗和屋面等分部工程（或扩大结构件）项目的工程量的程度。概算指标法的计量单位范围过大，相比概算定额更为扩大、综合，所以按此方法编制的设计概算比按概算定额编制的设计概算更加简化，精确度显然也要比用概算定额编制的设计概算低一些。类似工程法更多侧重于类似项目的技术经济指标，如各分项工程的工程量等，掌握的拟建项目资料较少，然而，在实际工程中建筑结构与面积相近的两个工程的实际情况差距较大，如电气设备安装情况、给水排水布置情况等，因此，调整得到的修正系数也与实际工程情况存在出入，得到的精度较低。所以概算定额法相对概算指标法和类似工程预算法得到的设计概算准确性更高，是编制设计单位工程设计概算的常用方法。

编制方法对比情况　　　　　　　　　表 5-3

编制方法	概算定额法	概算指标法	类似工程预算法
编制深度要求	平立剖面图的尺寸、分部工程工程量可计算	平立剖面图尺寸、建筑面积（体积）	建筑面积（体积）、建筑结构设计图纸明确
核心思想	根据拟建工程实际工程量计算得到各项费用	根据拟建工程的面积等再乘以类似工程的概算指标得到工程的各项费用	利用拟建项目情况套用类似项目工程量得到修正价差，进而得到本工程单方造价，然后乘以拟建项目建筑面积得到拟建项目各项费用
确定工程量方式	拟建项目实际分部工程量	按每栋建筑物每 100m³ 建筑面积（或每栋建筑物每 1000m³ 建筑体积）表示的价值或工料消耗量	拟建项目工程量 = 类似工程项目工程量 × 调整系数
适用情况	设计图纸较为详细的各类型项目	拟建工程情况与概算指标类似的项目	建筑结构设计较为标准，适用范围广的项目
概算费用精度	精度高	精度低	精度低

【例 5-2】本章案例引入部分引用的 ×× 综合大楼工程主要采用概算定额法，建筑安装工程费用项目按照费用构成要素进行划分，单位设计概算计算过程如下：

第一步：当各项工程能够套用定额时，则直接根据定额确定；当概算定额与实际情况有所出入时，需要根据工程实际情况对定额进行适当的调整，表 5-4 中需要进行调整计算主要包括以下情形：

①定额换算：本类情形为"加减数"换算，即通过对原定额子目的人、材、机消耗量进行抽减或添加，使得定额消耗量与实际消耗量一致。本项目的基础工程中，定额规定"混凝土基础梁 商品混凝土"的混凝土等级为 C25，而在设计中要求"混凝土基础梁的混凝土等级为 C30"，因此，需要针对混凝土等级进行换算，材料费单价由 6211.26 元 /10m³ 增加至 6296.99 元 /10m³，人工费、机械费不变，按定额计取。定额不可随意换算，在定额说明中允许更换的子目可进行换算。

②定额调差：本类情形为"乘数"换算，即按照定额系数规定与工程实际情况，在对应定额子目乘以相应的系数得到实际消耗量。本项目中，根据《×× 市建设工程费用定额》（2018 年版）定额说明，该项目中需要在框架结构间和预制柱间砌块墙，因此，对人工费乘以系数 1.25，由 783.58 元 /10m³ 调整为 979.48 元 /10m³，材料费、机械费按定额计取。

③定额补充：当施工图纸的某些设计要求与定额项目特征相差甚远，既不能直接套用也不能换算、调整时，必须编制补充定额。在本工程中，发包人提出在部分窗玻璃贴太阳隔热膜，且定额中无相应子目，因此，由承包人编制一次性补充定额"B1"，补充定额的单价按照市场价格和建设单位协商确定，并报工程所在地造价管理机构备案。

表 5—4

单位主体结构直接费计算表

序号	定额编号	工程或费用名称	单位	数量	单价（元）				合价（元）			
					人工费	其中		合计	人工费	其中		合计
						材料费	机械费			材料费	机械费	
	一	土石方工程										
1	GA01029	机械平整场地、填土夯实、原土夯实	1000m²	12.55	51.00		461.76	512.76	640.05		5795.09	6435.14
	……											……
		分部小计							79213.94		5795.09	85009.03
	二	基础工程										
2	GA02041换	混凝土基础梁 商品混凝土 换为【商品混凝土C30】	10m³	0.32	4450.99	6296.99	166.98	10914.96	1424.32	2015.04	53.43	3492.79
3	GA02060	人工挖孔桩 桩径1000 深度在 3m 以内	10m	8.59	3063.15	6036.75	34.26	9134.16	26312.46	51855.68	294.29	78462.43
	……											……
		分部小计							221883.17	324508.63	133283.6	679675.4
	三	脚手架工程										
4	GA03009	多层建筑综合脚手架	100m²	125.46	353.61	167.04	25.95	546.60	44363.91	20956.84	3255.69	68576.44
		分部小计							44363.91	20956.84	3255.69	68576.44
	四	墙壁工程										
5	GA04002换	砖石及砌块墙 内外墙 砖墙 商品混凝土 换为【商品混凝土C30】	10m³	9.48	1134.79	2976.96	63.60	4175.35	10757.81	28221.58	602.93	39582.32
6	GA04008×1.25	砖石及砌块墙 框架间同墙 空心砌块墙	10m³	97.69	979.48	2552.83	57.25	3589.56	95685.40	249385.96	5592.76	350664.12
		分部小计							248984.94	795492.24	12052.91	1056530.09
	五	梁柱工程										
7	GA05004换	砖石及混凝土柱 现浇混凝土矩形柱 商品混凝土 换为【商品混凝土C30】	10m³	17.42	2013.08	5292.84	159.14	7465.06	35067.85	92201.27	2772.23	130041.35
	……								97841.09	337480.75	15133.76	450455.60
		分部小计										……
	六	门窗工程										
8	GA07021	成品门窗安装 全板塑钢门	100m²	13.09	4428.23	20747.17		25175.40	57965.53	271580.46		329546.99

续表

| 序号 | 定额编号 | 工程或费用名称 | 单位 | 数量 | 单价（元） | | | | 合价（元） | | | |
| | | | | | 人工费 | 其中 | | 合计 | 人工费 | 其中 | | 合计 |
						材料费	机械费			材料费	机械费	
9	B1补	建筑太阳能隔热膜	m²	100	22.88	1044.50		1067.38	2288.00	104450.00		106738.00
	……	……							……	……		……
小计		分部小计							61482.14	467510.43		528992.57
七		楼地面工程										
10	GA08006	垫层 混凝土	10000m³	161.39	739.50	2136.15	163.35	3039	119347.91	344753.25	26363.05	490464.21
11	GA08008	找平层 水泥砂浆	100m²	85.58	486.08	711.10	41.12	1238.3	41598.73	60855.94	3519.04	105973.71
		分部小计							186045.91	703958.27	32054.70	922058.88
八		屋面工程										
12	GA08008换	找平层 水泥砂浆 换为【水泥砂浆 1：2.5】	100m²	106.56	486.08	670.68	41.12	1197.88	51796.68	71467.66	4381.75	127646.09
13	GA09008	柔性屋面 SBS 改性沥青卷材防水屋面	100m²	6.13	1145.45	3300.31	39.28	4485.04	7021.61	20230.90	240.79	27493.30
	……	……										
九		分部小计							60646.7	125991.3	6504.55	193142.55
		装饰工程										
14	GA10001	墙柱面装饰 水泥砂浆 砖墙面	100m²	14.08	851.26	577.77	40.44	1469.47	11985.74	8135.00	569.40	20690.14
	……	……							……	……		
十		分部小计							65342.08	57752.75	20742.29	143837.12
		其他工程										
15	GA12005	常用大型机械每台安装和拆卸一次费用表，履带式单斗挖掘机 1m³ 以内	台次	2	2092.50	198.18	4025.52	6316.20	4185.00	396.35	8051.04	12632.39
	……	……							……	……		……
		分部小计							30265.00	2866.32	58223.34	91354.66
		合计							1096068.88	2836517.53	287045.93	4219632.34

数据来源：重庆市建设工程造价信息网发布的重庆市南川区 2021 年第四季度主要建筑材料价格信息、2021 年四季度重庆市建设工程人工价格指数、2021 年全国定额人工资及机械费指导价，《重庆市建设工程费用定额》（2018 年版）。

第二步：计算价差。

价差指人工、材料、机械费根据有关规定和材料信息价格（或预算价格）与全市统一基价表中的取定价格的正、负差价。以商品混凝土 C15 为例，价差的计算过程如下：

价差 = 用量 ×（市场价格 − 定额取定价格）=29.0021 ×（286−282）=116.01（元）

通过汇总各项人材机价差得到单位主体结构工程人材机价差为 907320.74 元，具体各项人、材、机的价差见表 5-5。

单位主体结构工程人材机价差表   表 5-5

序号	编码	材料规格	单位	材料量	定额基价（元）	编制期价（元）	价差（元）	价差合计（元）
一		人工类别						
1	A000000001	综合工日	工日	2559.7301	31	45	14	35836.22
2	A000000002	土石方综合工日	工日	822.5562	18	51	33	27144.35
		……						……
	分项小计							109651.44
二		材料类别						
3	BZ04000006	C15 商品混凝土碎石 20mm	m³	29.0021	282	286	4	116.01
4	BZ04000007	C20 商品混凝土碎石 20mm	m³	64.2604	290	300	10	642.6
		……						……
	分项小计							687300.91
三		机械类别						
4	A000000010	机上人工	工日	2025.0314	26	46	20	40500.63
5	02BI0601	机用汽油	kg	735.1693	3	8.52	5.52	4058.13
		……						……
	分项小计							110368.39
	合计							907320.74

第三步：计算间接费。间接费包括规费和企业管理费，根据《××市房屋建筑与装饰工程计价定额》（2018 年版）的相关规定，规费费率为 12.84%，企业管理费按 18.65% 计取。间接费的取费基数为定额基价人工费、材料费、机械费之和。

规费 = 直接费 × 规费费率 =5040336.62 × 12.84%=647179.22（元）

企业管理费 = 直接费 × 企业管理费费率 =5040336.62 × 18.65%=940022.78（元）

因此，间接费 = 规费 + 企业管理费 =647179.22+940022.78=1587202.00（元）

第四步：计算利润。根据《××市建设项目定额》（2018 年版），公共建筑工程利润率为 6%。

利润 = 直接费 × 利润率 =5040336.62 × 6%=302420.20（元）

税前造价 = 直接费 + 间接费 + 利润 =5040336.62+1587202.00+302420.20= 6929958.82（元）=693.00（万元）

第五步：计算税金。税金是指增值税，本项目采用一般计税方法，建筑业增值税税率按照 9% 计取。

税金 = 税前造价 × 增值税税率 =6929958.82×9%=623696.29（元）=62.37（万元）

因此，单位工程概算造价 = 直接费 + 间接费 + 利润 + 税金 =7553655.51（元）=755.00（万元）

具体计算结果见表 5-6。

单位主体工程建筑工程费用构成表　　　　　　表 5-6

序号	费用项目	费用计算式	费率（%）	费用金额（元）
1	直接费	1.1+1.2+1.3+1.4		5040336.62
1.1	人工费	人工费		1056068.88
1.2	材料费	材料费		2796517.53
1.3	机械费	机械费		280429.47
1.4	人材机价差费	人材机价差费		907320.74
2	间接费	2.1+2.2		1587202.00
2.1	规费	1× 费率	12.84	647179.22
2.2	企业管理费	1× 费率	18.65	940022.78
3	利润	1× 费率	6	302420.20
4	税金	（1+2+3）× 费率	9	623696.29
5	工程造价	1+2+3+4		7553655.51

数据来源：其中定额人工单价调整系数依据重庆市城乡建设委员会 2016 年发布的《关于调整建设工程定额人工单价的通知》（渝建〔2016〕71 号）；安全文明施工费计算依据《重庆市建设工程安全文明施工费计取及使用管理规定》（渝建发〔2014〕25 号）。

2. 设备及安装工程概算的编制

单位设备及安装工程概算包括单位设备及工器具购置费概算和单位设备安装工程概算两大部分。

（1）设备及工器具购置费概算

设备及工器具购置费由设备原价和运杂费两项组成。设备及工器具购置费是根据初步设计的设备清单计算出设备原价，并汇总求出设备总原价，然后按有关规定的设备运杂费率乘以设备总原价，两项相加即为设备及工器具购置费概算，计算公式为：

$$设备及工器具购置费概算 = \sum （设备清单中的设备数量 × 设备原价）×$$
$$（1 + 运杂费率）\qquad（5-13）$$

国产标准设备原价可根据设备型号、规格、性能、材质、数量及附带的配件，向制造厂家询价或向设备、材料信息部门查询或按主管部门规定的现行价格逐项计算。

非主要标准设备及工器具、生产家具的原价可按主要标准设备原价的百分比计算，百分比指标按主管部门或地区有关规定执行。

国产非标准设备原价在设计概算时可以根据非标准设备的类别、重量、性能、材质等情况，以每台设备规定的估价指标计算原价，也可以以某类设备所规定吨重估价指标计算。

（2）设备安装工程概算的编制方法

设备安装工程费概算的编制方法应根据初步设计深度和要求所明确的程度而采用，主要编制方法包括预算单价法、扩大单价法、设备价值百分比法及综合吨位指标法。

1）预算单价法。当初步设计较深，有详细的设备清单时，可直接按安装工程预算定额单价编制安装工程概算，概算编制程序与安装工程施工图预算程序基本相同。该法的优点是计算比较具体，精确性较高。

【例 5-3】根据表 5-1 可知，×× 综合大楼项目安装工程包括给水排水工程、消火栓工程、自动喷淋系统、电气照明及防雷工程、火灾自动报警及消防联动系统、空调工程、电梯等，本节以空调工程的概算计算过程为例。

第一步：确定设备数量与价格（表 5-7）。

单位空调工程设备表　　　　表 5-7

序号	名称及规格	单位	数量	预算价（元）	预算价合价（元）
1	多联空调室外机 KT-XT01	台	1	38569	38569
2	多联空调室外机 KT-SN01	台	18	3392	61056
3	全热交换器 XF-SN1	台	10	12100	121000
	……				……
	合计				1294250

第二步：计算单位空调工程概算费用。套用各分部分项工程项目的预算单价，并计算人、材、机价格（表 5-8、表 5-9）。

单位空调工程设备及安装费用概算表　　　　表 5-8

序号	定额编号	子目名称	工程量		价值（元）		其中（元）			
			单位	数量	单价	合价	人工合价	材料合价	机具合价	主材合价
	一	给水排水、采暖、燃气管道								
1	C8-219	室内塑料给水管	10m	61.10	80.64	4927.10	3504.08	1423.02		
	主材	塑料管 25	m	629.33	4.95	3115.18				3115.18
	……					……	……	……	……	……
		分项小计				39689.41	24082.76	6863.48	89.62	8653.55

续表

序号	定额编号	子目名称	工程量		价值（元）		其中（元）			
			单位	数量	单价	合价	人工合价	材料合价	机具合价	主材合价
	二	通风及空调设备、部件制作安装								
2	C9-23	通风及空调设备安装空调器安装吊顶式重量（0.15t 以内）	台	52	58.22	3027.44	2901.60	125.84		
	主材	空调器	台	52	35.32	1836.64				1836.64
	……				……	……	……	……		……
		分项小计				47130.48	11355.30	287.98		35487.20
	三	通风管道制作安装								
3	C9-55	碳钢通风管道制作安装镀锌薄钢板圆形风管（ℓ=1.2mm 以内）咬口）直径500mm 以下	10m²	5.495	422.23	2320.15	1531.40	666.43	122.32	
	主材	镀锌钢板	m²	62.53	30.62	1914.67				1914.67
	……				……	……	……	……	……	……
		分项小计				43656.20	8036.38	4313.99	2075.30	29230.53
	四	绝热工程								
4	C9-71	发泡橡塑瓦块、板材安装	10m²	7.86	350.43	2754.38	1655.29	1099.09		
	主材	橡塑板材	m²	50.42	36.18	1824.20				1824.20
	……				……	……	……	……	……	……
		分项小计				68720.09	9156.28	5532.9	1653.56	52377.35
	五	刷油工程								
5	C14-117	金属结构刷油一遍，一般钢结构红丹防锈漆一遍	100kg	453.81	24.99	11340.71	3235.67	4483.64	3621.40	
6	C14-118	金属结构刷油一遍，一般钢结构红丹防锈漆两遍	100kg	453.81	22.95	10414.93	3094.98	3698.55	3621.40	
	……				……	……	……	……	……	
		分项小计				40910.97	12520.64	13904.73	14485.60	
	六	补充分部								
7	B2	分歧接头 28.6	个	50	5.50	275				275
8	B3	分歧接头 22.2	个	20	4.30	86				86
		分项小计				361				361
	……				……	……	……	……	……	……
		合计				311561.98	82760.75	63987.16	16683.14	148130.93

单位空调工程人材机价差汇总表 表 5-9

序号	编码	材料名称	单位	材料量	定额基价（元）	编制期价（元）	价差（元）	价差合计（元）
		人工类别						
1	A000000001	综合工日	工日	2559.7301	31	45	14	35836.22
		……						
	分项小计							84563.10
		材料类别						
2	CG0100003	槽钢（5 号 ~ 16 号）	kg	7.1181	2.60	4.12	1.52	10.82
3	CY0200060	汽油（60 号 ~ 70 号）	kg	703.4055	3.75	6	2.25	1582.66
4	CY0200051	扁钢—59	kg	709.7785	2.50	3.91	1.41	1000.79
		……						……
	分项小计							42355.01
		机械类别						
5	02BI0601	机用汽油	kg	159.38	3	8.52	5.52	879.78
6	A000000010	机上人工	工日	1204.27	26	46	20	24085.40
		……						……
	分项小计							52293.12
	合计							179211.23

第四步：计算间接费、利润、税金等费用，计算方法同上。注意在设备安装工程中，由于主材为设备，因此，计算直接费时的材料费中不包括主材费，主材费需单独计入直接费中（表 5-10）。

单位空调工程概算费用汇总表 表 5-10

序号	费用内容	取费基数（元）	费率（%）	费用金额（元）
1	直接费	人工费 + 材料费 + 机具费 + 主材费 + 人材机价差费		490773.21
1.1	人工费	人工费		82760.75
1.2	材料费	材料费		63987.16
1.3	机械费	机具费		16683.14
1.4	主材费	主材费		148130.93
1.5	人材机价差费	人材机价差费		179211.23
2	间接费	企业管理费 + 规费		154102.78
2.1	企业管理费	1 × 费率	18.56	91087.50
2.2	规费	1 × 费率	12.84	63015.28
3	利润	1 × 费率	6	29446.39
4	税金	(1+2+3) × 费率	9	60689.01
5	设备费	设备费		1294250.00
	工程造价	1+2+3+4+5		2029261.39

单位空调工程概算造价 =2029261.37 元 =202.93（万元）。

2）扩大单价法。当初步设计深度不够，设备清单不完备，只有主体设备或仅有成套设备重量时，可采用主体设备、成套设备的综合扩大安装单价来编制概算。

上述两种方法的具体编制步骤与单位建筑工程概算类似。

3）设备价值百分比法。设备价值百分比法又叫安装设备百分比法。当初步设计深度不够，只有设备出厂价而无详细规格、重量时，安装费可按占设备费的百分比计算，其百分比值（即安装费率）由主管部门制定或由设计单位根据已完类似工程确定。该法常用于价格波动不大的定型产品和通用设备产品。计算公式为：

$$设备安装费 = 设备原价 × 安装费率（\%）\qquad（5-14）$$

【例 5-4】某发电厂的直流系统蓄电池容量为 3000A·h，其设备出厂价为 160 万元，各设备安装费率见表 5-11，试求其安装费。

某发电厂直流系统设备安装费率 　　　　　　　表 5-11

序号	名称及规格	单位	数量	调整系数（费率）	合计（%）
1	人材机费用合计				11.6
1.1	人工费	%	0.8	1.0	0.8
1.2	材料费	%	5.3	1.0	5.3
	定额装置性材料费	%	5.2	1.0	5.2
1.3	机械使用费	%	0.3	1.0	0.3
2	措施费	%	11.8	6.4%	0.76
3	管理费	%	0.9	50.0%	0.45
4	企业利润	%	13.3	6.0%	0.80
5	税金	%	14.1	2.9%	0.41
6	安装费率（1+2+3+4+5）	%			14.02

【解】由表 5-11 可知安装费率为 14.02%，故安装费为：160 万元 ×14.02%=22.4 万元

4）综合吨位指标法。当初步设计提供的设备清单有规格和设备重量时，可采用综合吨位指标编制概算。综合吨位指标由主管部门或由设计单位根据已完类似工程资料确定。该法常用于设备价格波动较大的非标准设备和引进设备的安装工程概算。计算公式为：

$$设备安装费 = 设备吨重 × 每吨设备安装费指标\qquad（5-15）$$

5.2.3 单项工程综合概算的编制

1. 单项工程综合概算的编制

单项工程综合概算是确定单项工程建设费用的综合性文件，是由该单项工程的各

专业的单位工程概算汇总而成的，是建设项目总概算的组成部分。单项工程综合概算采用综合概算表（含其所附的单位工程概算表和建筑材料表）进行编制。

对单一的、具有独立性的单项工程建设项目，按照两级概算编制形式，直接编制总概算。

2. 单项工程综合概算文件的内容

单项工程综合概算文件一般包括编制说明（不编制总概算时列入）、综合概算表（含其所附的单位工程概算表和建筑材料表）两大部分。

（1）编制说明

编制说明列在综合概算表之前，其内容主要包括：

1）工程概况：简述建设项目性质、特点、生产规模、建设周期、建设地点等主要情况。引进项目要说明引进内容以及与国内配套工程等主要情况。

2）编制依据：包括国家和有关部门的规定、设计文件，现行概算定额或概算指标、设备材料的预算价格和费用指标等。

3）编制方法：说明设计概算是采用概算定额法、概算指标法，还是类似工程预算法。

4）主要设备和材料数量及其他必要的说明。

（2）综合概算表

综合概算表是根据单项工程所辖范围内的各单位工程概算等基础资料，按照国家或部委所规定统一表格进行编制。

1）综合概算表的项目组成。对于工业建筑而言，其建设项目综合概算表由建筑工程和设备及安装工程两大部分组成；对于民用建筑工程而言，其综合概算表中包括一般土木建筑工程、给水排水、采暖、通风及电气照明工程等。

2）综合概算的费用组成。一般应包括建筑工程费用、安装工程费用、设备购置及工器具生产家具购置费所组成。当不编制总概算时，还应包括工程建设其他费用、建设期利息、预备费等费用项目。

【例5-5】××综合大楼项目单项建筑工程综合概算表见表5-12，单项安装工程综合概算表见表5-13，单项室外工程综合概算表见表5-14。

单项建筑工程综合概算表　　　　　　　表5-12

序号	工程项目或费用名称	设计规模或主要工程量	建筑工程费（万元）	设备购置费（万元）	安装工程费（万元）	合计（万元）
1	主体结构工程	4999m²	847.00			847.00
2	装饰装修工程	4999m²	680.71			680.71
	单项工程综合概算费用合计		1527.71			1527.71

单项安装工程综合概算表　　　　表 5-13

序号	工程项目或费用名称	设计规模或主要工程量	建筑工程费（万元）	设备购置费（万元）	安装工程费（万元）	合计（万元）
1	给水排水工程	4999m²			8.63	8.63
2	消火栓工程	4999m²			21.46	21.46
3	自动喷淋系统	4999m²			25.39	25.39
4	电气照明及防雷工程	4999m²		19.66	62.99	82.65
5	火灾自动报警及消防联动系统	4999m²		5.20	21.85	27.05
6	空调工程	4999m²		129.42	73.51	202.93
7	电梯	2 部		40	5	45
	单项工程综合概算费用合计			194.28	218.83	413.11

单项室外工程综合概算表　　　　表 5-14

序号	工程项目或费用名称	设计规模或主要工程量	建筑工程费（万元）	设备购置费（万元）	安装工程费（万元）	合计（万元）
1	室外供电线路				50	50
2	室外给水排水工程		10		10	20
3	道路	158m²	12			12
4	绿化	142m²	13.50			13.50
	单项工程综合概算费用合计		35.50		60	95.50

因此，工程费用 = 单项建筑工程综合概算 + 单项安装工程综合概算 + 单项室外工程综合概算 =1527.71+413.11+95.50=2036.32（万元）

5.2.4　建设项目总概算的编制

建设项目总概算是设计文件的重要组成部分，是预计整个建设项目从筹建到竣工交付使用所花费的全部费用的文件。它是由各单项工程综合概算、工程建设其他费用、建设期利息、预备费和生产或经营性项目铺底流动资金概算组成，并按照主管部门规定的统一表格进行编制。设计概算文件的组成包括：

（1）封面、签署页及目录（图 5-6、图 5-7）

（2）编制说明

设计概算编制说明一般包括以下内容：

1）工程概况：简述建设项目性质、特点、生产规模、建设周期、建设地点、主要工程量、工艺设备等情况。引进项目要说明引进内容以及与国内配套工程等主要情况。

2）编制依据包括国家和有关部门的规定、设计文件、现行概算定额或概算指标、设备材料的预算价格和费用指标等。

```
┌─────────────────────────────────────────┐
│                                          │
│             ××工程项目                    │
│                                          │
│             设计概算书                     │
│                                          │
│          档案号：×××                      │
│                                          │
│        ××市××建筑设计研究院                │
│                                          │
│                                          │
│           年    月    日                  │
│                                          │
└─────────────────────────────────────────┘
```

图 5-6 设计概算书封面

```
┌─────────────────────────────────────────┐
│                                          │
│             ××工程项目                    │
│                                          │
│             设计概算书                     │
│                                          │
│          档案号：×××                      │
│                                          │
│                                          │
│   编 制 人 ：___×××___  [职业（从业）印章]  │
│                                          │
│   审 核 人 ：___×××___  [职业（从业）印章]  │
│                                          │
│   审 定 人 ：___×××___  [职业（从业）印章]  │
│                                          │
│                                          │
│        法定负责人 ：___×××___             │
│                                          │
└─────────────────────────────────────────┘
```

图 5-7 设计概算书签署页

3）编制方法：说明设计概算是采用概算定额法还是采用概算指标法或其他方法。

4）主要设备、材料的数量。

5）主要技术经济指标主要包括项目概算总投资（有引进的给出所需外汇额度）及主要分项投资、主要技术经济指标（主要单位投资指标）等。

6）工程费用计算表主要包括建筑工程费用计算表、工艺安装工程费用计算表、配套工程费用计算表、其他涉及的工程费用计算表。

7）引进设备材料有关费率取定及依据，主要是关于国际运输费、国际运输保险费、关税、增值税、国内运杂费、其他有关税费等。

8）引进设备材料从属费用计算表。

9）其他必要的说明。

（3）工程建设其他费用概算表

工程建设其他费用概算按国家或地区或部委所规定的项目和标准确定，并按统一格式编制，详见表 5-15。

（4）总概算表（适用于三级编制形式的总概算）

总概算表即概算汇总表，详见表5-16。

【例5-6】××综合大楼项目工程建设其他费用表见表5-15，概算汇总表见表5-16。

××综合大楼项目工程建设其他费用概算表 表5-15

序号	工程或费用名称	计算基础	计费依据	费率（%）	合价（万元）	备注
1	征地补偿费	—	合同约定	—	10	该项目所在地地上除青苗外无其他附着物。青苗按照0.5元/棵标准进行补偿
2	出让金、土地转让金	—	合同约定	—	50	
3	场地准备及临时设施费	建筑安装工程费用	《基本建设项目建设成本管理规定》（财建〔2016〕504号）	1.00	19.85	
4	建设单位管理费	建筑安装工程费用	《基本建设项目建设成本管理规定》（财建〔2016〕504号）	1.20	23.82	
5	可行性研究费	建筑安装工程费用	合同约定	3.00	59.55	
6	专项评价费	—	《国家计委、国家环境保护总局关于规范环境影响咨询收费有关问题的通知》（计价格〔2002〕125号）	—	20.50	本项费用参考同类工程计取，具体数据需查询各子目地方取费标准
7	研究试验费	建筑安装工程费用	合同约定	0.50	9.93	
8	勘察设计费	建筑安装工程费用	《工程勘察设计收费标准》（2002年修订本）	2.40	47.64	
9	特殊设备安全监督检验费	特殊设备购置费	《重庆市物价局重庆市财政局关于我市特种设备检验检测收费标准的通知》（渝价〔2009〕243号）	0.32	3.20	本项目采购施工用特殊设备费共计10万元
10	市政公用配套设施费	建筑面积	《重庆市城市建设配套费征收管理办法》（渝政〔2015〕253号）	—	74.99	150元/m²
11	工程保险费	建筑安装工程费用	合同约定	0.45	8.93	
12	监造费	设备购置费	《湖南省建设工程施工阶段监理服务费计费规则》（湘监协〔2016〕2号）	3.54	6.88	
13	招标费	建筑安装工程费用	《湖南省招标代理服务收费标准》（湘招协〔2015〕6号）	0.50	9.93	
14	工程造价咨询费	建筑安装工程费用	合同约定	0.09	1.79	
15	税费	—	《重庆市城乡建设委员会关于适用增值税新税率调整建设工程计价依据的通知》（渝建〔2018〕195号）	—	61.23	本项费用参考同类工程计取，具体数据需查询各子目地方取费标准
16	联合试运转费	建筑安装工程费用	合同约定	0.05	0.99	
	合计				409.23	

××综合大楼项目工程概算汇总表　　　　表 5-16

序号	工程或费用名称	概算金额（万元）					技术经济指标（元）			备注
		建筑工程	安装工程	设备费	其他	总价	单位	数量	单位价值	
一	建筑安装费用									
1	建筑工程									
1.1	主体结构工程	847.00				847.00	m²	4999	1694.34	类似工程
1.2	装饰装修工程	680.71				680.71	m²	4999	1361.69	类似工程
	建筑工程小计	1527.71				1527.71	m²	4999	3056.03	
2	安装工程									
2.1	给水排水工程		8.63			8.63	m²	4999	17.26	类似工程
2.2	消火栓工程		21.46			21.46	m²	4999	42.93	类似工程
2.3	自动喷淋系统		25.39			25.39	m²	4999	50.79	类似工程
2.4	电气照明及防雷工程		62.99	19.66		82.65	m²	4999	165.33	类似工程
2.5	火灾自动报警及消防联动系统		21.85	5.20		27.05	m²	4999	54.11	类似工程
2.6	空调工程		73.51	129.42		202.93	m²	4999	405.94	类似工程
2.7	电梯		5.00	40.00		45.00	部	2	225000.00	市场价
	安装工程小计		218.83	194.28		413.11			225736.36	
3	室外工程									
3.1	室外供电线路		50.00			50.00				类似工程
3.2	室外给水排水工程	10.00	10.00			20.00				类似工程
3.3	道路	12.00				12.00	m²	158	759.49	类似工程
3.4	绿化	13.50				13.50	m²	142	950.70	类似工程
	室外工程小计	35.50	60.00			95.50	m²		1710.19	
	建筑安装工程费用合计	1563.21	278.83	194.28		2036.32			230502.58	
二	工程建设其他费用				409.23	409.23				
三	预备费				99.25	99.25				根据合同约定，按照建筑安装工程费用的5%计取
	合计					2544.80				

5.3 设计概算的审查与调整

5.3.1 设计概算的审查

1. 设计概算审查的必要性

（1）确保项目资金分配的准确及合理

设计概算是设计阶段工程造价的计价形式，通过对设计概算的审查可以了解本阶段工程造价的构成及资金分配的合理性。设计概算偏高或偏低，不仅影响工程造价的控制，也会影响投资计划的真实性，影响投资资金的合理分配。因此对设计概算进行审查，有利于合理分配投资资金、加强投资计划管理，确定和有效控制工程造价，可以使建设项目总投资做到准确、完整，防止任意扩大投资规模或出现漏项，从而减少投资缺口、缩小概算与预算之间的差距，在设计阶段达到控制工程造价的显著成果。

（2）提高项目资金的使用效率

对设计概算进行评审是项目建设的重要环节之一，通过测算、审核等技术工作对项目概算进行编制和审核，针对不科学、不合理的方面提出改进意见，准确地把握初步设计方案的科学性、合理性，为工程造价设定相对合理的标准提供参考，防止概算出现偏高、偏低的问题，确保项目设计方案的合理、优化、经济，为控制项目预算投资，从源头上把好项目投资关，从而加强预算资金管理，提高资金使用效率。

（3）规范投资行为的需要

针对一些政府投资项目，通过对设计概算的评审，科学核定建设项目投资的实际需求，并使其与部门预算相配套，对建设资金进行合理分配并监督使用，控制施工规模，保证工程项目投资准确，确保工程资金落到实处，提高资金的利用率，可以有效地控制部门申报工程的随意性，为对工程的建设规模、质量标准、资金流动等环节进行详细考核奠定基础，从而有效规范政府投资行为。

2.设计概算审查的方法

（1）对比分析法

对比分析法主要是指通过建设规模、标准与立项批文对比，工程数量与设计图纸对比，综合范围、内容与编制方法、规定对比，各项取费与规定标准对比，材料、人工单价与统一信息对比，引进设备、技术投资与报价要求对比，经济指标与同类工程对比等。通过以上对比分析，容易发现设计概算存在的主要问题和偏差。

（2）查询核实法

查询核实法是对一些关键设备和设施、重要装置、引进设备图纸不全、难以核算的较大投资进行多方查询核对、逐项落实的方法。主要设备的市场价向设备供应部门或招标公司查询核实；重要生产装置、设施向同类企业（工程）查询了解；引进设备价格及有关税费向进出口公司调查落实，复杂的建筑安装工程向同类工程的建设、承包、施工单位征求意见；深度不够或不清楚的问题直接向原概算编制人员、设计者询问清楚。

（3）联合会审法

联合会审前，可先采取多种形式分头审查，包括设计单位自审，主管、建设单位初审，工程造价咨询公司评审，邀请同行专家预审，审批部门复审等，经层层审查把关后，由有关单位和专家进行联合会审。在会审大会上，由设计单位介绍概算编制情况及有关问题，各有关单位、专家汇报初审及预审意见。然后进行认真分析、讨论，结合对各专业技术方案的审查意见所产生的投资增减，逐一核实原概算出现的问题。经过充分协商，认真听取设计单位意见后，实事求是地处理、调整。

3. 设计概算审查的主要内容

设计概算应审查的主要内容包括设计概算编制依据的合法性、时效性、适用性及概算报告的完整性、准确性、全面性，最终审查完毕后将形成设计概算审查意见书。

（1）审查设计概算的编制依据

1）合法性审查。采用的各种编制依据必须经过国家或授权机关的批准，符合国家的编制规定。未经过批准的不得以任何借口采用，不得强调特殊理由擅自提高费用标准。

2）时效性审查。对定额、指标、价格、取费标准等各种依据，都应根据国家有关部门的现行规定执行。对颁发时间较长、已不能全部适用的应按有关部门做的调整系数执行。

3）适用范围审查。各主管部门、各地区规定的各种定额及其取费标准均有其各自的适用范围，特别是各地区的材料预算价格区域性差别较大，在审查时应给予高度重视。

【例 5-7】××综合大楼工程设计概算审查的编制依据主要是 ×× 市建筑工程概算定额、费用定额、×× 建设工程价格信息等计价依据，或者相关设计概算编审规程。主要资料如下：

①主体结构工程：《×× 市建设工程费用定额》（2018 年版）；

②装饰装修工程：《×× 市房屋建筑与装饰工程计价定额》（2018 年版）；

③安装工程：《×× 市通用安装工程计价定额》（2018 年版）；

④市政工程：《×× 市市政工程计价定额》（2018 年版）；

⑤费用定额：《×× 市建设工程费用定额》（2018 年版）；

⑥ ×× 市 ×× 区 2021 年第四季度主要建筑材料价格信息；

⑦ 2021 年四季度 ×× 市建设工程人工价格指数；

⑧ 2021 年全国定额人工工资及机械费指导价；

⑨《建设项目设计概算编审规程》CECA/GC 2—2015；

⑩《建筑工程设计文件编制深度规定》（2016 年版）。

（2）审查单位工程设计概算

1）工程量审查。根据初步设计图纸、概算定额、工程量计算规则的要求进行审查。

2）采用的定额或指标的审查。审查定额或指标的使用范围、定额基价、指标的调整、定额或指标缺项的补充等。其中，审查补充的定额或指标时，其项目划分、内容组成、编制原则等须与现行定额水平相一致。

3）材料预算价格、材料价差的审查。以耗用量最大的主要材料作为审查的重点，同时着重审查材料原价、运输费用及节约材料运输费用的措施。

4）各项费用的审查。审查各项费用所包含的具体内容是否重复计算或遗漏、取费标准是否符合国家有关部门或地方规定的标准。

5）设备及安装工程概算的审查。审查计算安装费时的各种单价是否合适、工程量计算是否符合规则要求、是否准确无误；审查当采用概算指标计算安装费时，采用的概算指标是否合理、计算结果是否达到精度要求；审查所需计算安装费的设备数量及种类是否符合设计要求，避免某些不需安装的设备安装费计入在内。

【例 5-8】本章案例引入部分引用的 ×× 综合大楼工程的单位工程设计概算的审查工作如下：

①审查工程量：经过对单位主体结构工程量的审查，一些子项的工程量有误。

②审查单位主体结构工程直接费：以土（石）方工程中的分项工程（人工挖满堂基础土方）为例：

经过对该分项工程的审查，审定其工程量为 10320m³，则审查结果为 = 工程量 × 单价 =10.32 × 512.76=5291.68（元）。材料价差与其他分项工程的计算方法相同。

③审查单位主体结构工程费用：经过审查，建筑安装工程费所包含的具体内容无重复、无遗漏，取费标准合理。经审查后的单位主体结构工程直接费汇总具体见表 5-17。

④审查设备及安装工程概算，过程与审查主体结构工程一致，经审查，安装工程费所包含的具体内容无重复、无遗漏，取费标准合理。

（3）审查单项工程综合概算及总概算

1）审查概算文件的组成。审查设计概算的文件是否完整，工程项目确定是否满足设计要求，设计文件内的项目是否遗漏，设计文件外的项目是否列入，有无将非生产性项目以生产性项目列入。

2）审查计价指标。审查建筑工程采用工程所在地区的计价定额、费用定额、价格指数和有关人工、材料、机械台班单价是否符合现行规定；审查安装工程所采用的专业部门或地区定额是否符合工程所在地区的市场价格水平，概算指标调整系数、主材价格、人工、机械台班和辅材调整系数是否按当地最新规定执行；审查引进设备安装费率或计取标准、部分行业专业设备安装费率是否按有关规定计算等。

3）审查项目的"三废"治理。拟建项目必须同时安排"三废"（废水、废气、废渣）的治理方案和投资，对于未作安排、漏项或多算、重算的项目，要按国家有关规定核实投资，以满足"三废"排放的国家标准。

4）审查技术经济指标。审查技术经济指标计算方法和程序是否正确，综合指标和单项指标与同类型工程指标相比，是偏高还是偏低，其原因是什么，并予纠正。

【例 5-9】本章案例引入部分引用的 ×× 综合大楼工程的审查单项工程综合概算和总概算：主要审查综合概算和总概算的成果文件组成是否齐全，工程建设其他费用的计算是否正确。

①审查综合概算：经过对单项建筑工程综合概算、单项安装工程综合概算和单项室外工程综合概算的审查，确定其组成是合理、齐全的。

单位主体结构工程直接费审查汇总对比表

表 5-17

序号	定额编号	子目名称	工程量		原编概算（元）		审查结果（元）		价差（元）	备注
			单位	数量	单价	合价	单价	合价		
	一	土石方工程								
1	GA01029	机械平整场地、填土夯实、原土夯实	1000m²	12.55	512.76	6435.14	512.76	5291.68	-1143.46	工程量为 10320 m³
	……	……				……		……	……	
		分部小计				85009.03		70698.44	-14310.59	
	二	根底工程								
2	GA02041 换	混凝土基础梁 商品混凝土 换为【商品混凝土 C30】	10m³	0.32	10914.96	3492.79	10914.96	3492.79	0	
3	GA02060	人工挖孔桩 桩径 1000 深度在 3m 以内	10m	8.59	9134.16	78462.43	11044.29	94870.45	16408.02	市场单价为 11044.29 元 /10m
	……	……				……		……	……	
		分部小计				679675.40		716502.23	36826.83	
	三	脚手架工程								
4	GA03009	多层建筑综合脚手架	100m²	125.46	546.60	68576.44	546.60	76605.99	8029.55	工程量为 14015m²
		分部小计				68576.44		76605.99	8029.55	
	四	墙壁工程								
5	GA04002 换	砖石及砌块墙 内外墙 砖墙 商品混凝土 换为【商品混凝土 C30】	10m³	9.48	4175.35	39582.32	4175.35	39582.32	0	
6	GA04008×1.25	砖石及砌块墙 框架间墙 空心砌块墙	10m³	97.69	3589.56	350664.12	3589.56	350664.12	0	
	……	……				……		……	……	
		分部小计				1056530.09		1056530.09	0	
	五	梁柱工程								
7	GA05004 换	砖石及混凝土柱 现浇混凝土矩形柱 商品混凝土 换为【商品混凝土 C30】	10m³	17.42	7465.06	130041.35	7465.06	120933.97	-9107.38	工程量为 162m³
	……	……				……		……	……	
		分部小计				450455.60		492113.48	41677.88	

续表

序号	定额编号	子目名称	工程量 单位	工程量 数量	原编概算（元）单价	原编概算（元）合价	审查结果（元）单价	审查结果（元）合价	价差（元）	备注
	六	门窗工程								
8	GA07021	成品门窗 安装 全板塑钢门	100m²	13.09	25175.40	329546.99	55175.40	329546.99	0	
9	B1补	建筑太阳能隔热膜	m²	100	1067.38	106738.00	1067.38	106738.00	0	
	……	……				……		……	……	
		分部小计				528992.57		528992.57	0	
	七	楼地面工程								
10	GA08006	垫层 混凝土	10000m³	161.39	3039	490464.21	3039	533059.44	42595.23	工程量为1754062m³
11	GA08008	找平层 水泥砂浆	1000m²	85.58	1238.30	105973.71	1238.30	105973.71	0	
	……	……				……		……	……	
		分部小计				922058.88		900174.26	-21884.62	
	八	屋面工程								
12	GA08008换	找平层 水泥砂浆 换为【水泥砂浆1：2.5】	100m²	106.56	1197.88	127646.09	1197.88	127646.09	0	
13	GA09008	柔性屋面 SBS改性沥青卷材防水屋面	100m²	6.13	4485.04	27493.30	4485.04	27493.30	0	
	……	……				……		……	……	
		分部小计				193142.55		193142.55	0	
	九	装饰工程								
14	GA10001	墙柱面装饰 水泥砂浆 砖墙面	100m²	14.08	1469.47	20690.14	1469.47	22071.44	1381.30	工程量为1502 m²
	……	……				……		……	……	
		分部小计				143837.12		142630.07	-1207.05	
	十	其他工程								
15	GA12005	常用大型机械每台安装和拆卸一次费用 表，履带式单斗挖掘机 1m³以内	台次	2	6316.20	12632.39	6316.20	12632.39	0	
	……	……				……		……	……	
		分部小计				91354.66		91354.66	0	
		合计				4219632.34		4268764.34	49132	

②审查总概算

A. 审查总概算成果文件：本案例综合楼工程是"三级概算"，包括总概算、单项工程综合概算（单项建筑工程综合概算、单项安装工程综合概算、单项室外工程综合概算）、单位工程概算（单位主体结构工程概算、单位空调工程概算）。

B. 审查工程建设其他费用：经过对工程建设其他费用的审查，确定了其所采用的费率或计取标准是按照国家、××省、行业的规定计算，且没有随意列项、多列或漏项等。

以单项建筑工程为例，单项建筑工程综合概算审查表和总概算审查表见表5-18、表5-19。

单项建筑工程综合概算审查表　　　　　　　　　　　表5-18

单项工程名称：建筑工程　　　　　　　　　　　　　　　　　　　　　　　单位：万元

序号	单位工程名称	原编概算	审查结果	增（减）投资	增（减）幅度（%）
一	主体结构工程	847.00	852.61	5.61	0.66
二	装饰装修工程	680.71	680.71	0.00	0.00
	单项工程费用合计	1527.71	1533.32	5.61	0.37

总概算审查表　　　　　　　　　　　表5-19

项目名称：××综合大楼工程　　　　　　　　　　　　　　　　　　　　　　单位：万元

序号	单项工程名称	原编概算	审查结果	增（减）投资	增（减）幅度（%）
一	建筑工程	1527.71	1533.32	5.61	0.37
二	安装工程	385.59	401.59	16.00	4.15
三	室外工程	95.50	95.50	0.00	0.00
四	工程建设其他费用	51.66	51.66	0.00	0.00
	合计	2060.46	2082.07	21.61	1.05

5.3.2　设计概算的调整

经批准的设计概算是工程项目的最高限额，在工程建设过程中，未经规定的程序批准，一般不能突破这一限额。但在项目实际建设过程中，由于种种原因经常造成项目总投资超过概算总投资，因此调整概算工作就显得尤为重要。

设计概算调整的意义在于合理地反映建设工程造价，加强工程初步设计概算的执行和管理，如实反映项目建设期间国家政策调整（包括工资、税收、利率、汇率和费用标准等）和市场价格（包括设备和建筑材料等）的变化对项目实际投资额度的影响。通过调整后的概算项目和投资数额与工程实际发生的财务和统计报表通过对比，准确性高于原来批准的设计概算，有利于竣工审计的开展，也为竣工决算提供可靠的依据。

1. 设计概算调整的必要性

（1）工程实际情况的需要

在工程建设期间，与初步设计报告相比，由于有诸多的因素发生了变化，原概算不能满足工程建设的需要，因此，对工程投资必然要进行完善和调整。

（2）国家相关部门投资管控的需要

初步设计概算是合理预测工程建设的项目投资的途径之一。然而，在社会主义市场经济条件下，受时间和空间的限制，设计概算并未起到静态控制、动态管理的目的，而调整概算才能较客观、真实地反映建设项目的实际投资。调整概算经相关上级主管部门审批后，即成为项目各投资方实际需要筹措建设资金的主要依据，为保证建设工程项目的顺利进行提供有力的资金保障，最终为项目顺利投产提供必要条件。

（3）编制竣工决算的前提

竣工决算是反映基本建设项目实际造价和投资效果的技术经济报告，是考核投资效果的依据，而编制竣工决算的主要依据就是初步设计概算及调整概算等资料。竣工决算编制完成后，须由审计部门组织竣工审计。审计是对投资项目真实性、合法性和效益性的审计，其中效益性即与工程建设的投入产出有着密切联系，而效益性与批准的调整概算紧密相关。我国对重点项目实行稽查特派员制度，其就建设过程中的招标投标、建设进度、工程质量、资金使用以及投资概算（含调整概算）的控制进行监督检查，是确保国家出资安全、可靠、有效使用的重要环节。

（4）项目后评价的需要

调整概算是进行项目投资后评价的对比依据。通过后评价，可以解决我国目前基本建设中的盲目投资、重复建设、资金使用效益低和损失浪费严重等问题；另外，通过对比和分析，项目管理者可以全面了解整个工程建设的得与失，从投资开发项目实践中吸取经验教训，并在未来的项目实践中不断提高项目决策水平和投资效果。

2. 设计概算调整的原因

根据《政府投资条例》中关于概算调整相关规定与要求，得到可调整设计概算情况如下：

（1）国家政策性调整

国家对工资、税收、利率、定额、编制办法和费用标准等政策性文件的调整，导致工程投资发生变化，此项调整包含在概算调整范围内。

（2）主要材料、设备价格的变化

一般来说，建设工程项目实际施工期往往比批复概算要晚，有的项目时间间隔可能会有 2~3 年或者更多，就市场情况来看，从初步设计概算编制后到项目正式施工这段时间材料设备价格有很大的浮动情况，因此主要材料及设备价格变化因素是调整概算的重要原因之一。

（3）发生不可抗力或地质条件的重大变化

在建设期间，由于地震、台风、暴风雨、洪水、滑坡、泥石流等自然灾害或不可抗力对工程造成损害，以及假设过程中发现的地质条件的重大变化，导致工程投资增加超出概算。

3. 设计概算调整的程序

经投资主管部门或者其他有关部门核定的投资概算是控制政府投资项目总投资的依据。初步设计提出的投资概算超过经批准的可行性研究报告提出的投资估算 10% 的，项目单位应当向投资主管部门或者其他有关部门报告，投资主管部门或者其他有关部门可以要求项目单位重新报送可行性研究报告。符合设计概算调整条件的，项目单位应当提出调整方案即资金来源，按照规定的程序报原初步设计审批部门或者投资概算核定部门核定。概算调增幅度超过原批复概算 10% 的，概算核定部门原则上先商请审计机关进行审计，并依据审计结论进行概算调整。一个工程只允许调整一次概算。

5.4   施工图预算概述

5.4.1   施工图预算的概念及作用

1. 施工图预算的概念

依据住房和城乡建设部 2013 年发布的《工程造价术语标准》GB/T 50875—2013，施工图预算是指以施工图设计文件为基础，按照规定的程序、方法和依据，计算建设项目工程费用的过程。施工图预算是在施工图设计完成之后，建设过程开工前根据已批准的施工图样、预算定额、地区人工、材料、设备与机械台班费等资源价格，在施工方案或施工组织设计已大致确定的前提下，按照规定程序确定工程造价的技术经济文件。

由于目前 EPC 总承包模式的推广，导致部分项目的施工图预算是在发承包阶段之后编制的，此时施工图预算的编制也可能是企业定额。

2. 施工图预算的作用

（1）施工图预算对投资方的作用

1）施工图预算是设计阶段控制工程造价的重要环节，是控制施工图设计不突破设计概算的重要措施。

2）施工图预算是控制造价及资金合理使用的依据。施工图预算确定的预算造价是工程的计划成本，投资方按施工图预算造价筹集建设资金，合理安排建设资金计划，确保建设资金的有效使用，保证项目建设顺利进行。

3）施工图预算是确定工程最高投标限价的依据。在设置最高投标限价的情况下，最高投标限价通常是在施工图预算的基础上考虑工程的特殊施工措施、工程质量要求、目标工期、招标工程范围以及自然条件等因素进行编制的。

4）施工图预算可以作为确定合同价款、拨付工程进度款及办理工程结算的基础。

（2）施工图预算对施工企业的作用

1）施工图预算是建筑施工企业投标报价的基础。在激烈的市场竞争中，施工企业在施工图预算的基础上，结合企业定额和采取的投标策略，确定投标报价。

2）施工图预算是建筑工程预算包干的依据和签订施工合同的主要内容。在采用总价合同的情况下，施工单位通过与建设单位协商，可在施工图预算的基础上，考虑设计或施工变更后可能发生的费用与其他风险因素，增加一定系数作为工程造价一次性包干价，施工单位与建设单位签订施工合同时，其中工程价款也以施工图预算为依据。

3）施工图预算是施工企业安排调配施工力量、组织材料供应的依据。施工企业在施工前可以根据施工图预算的人材机分析，编制资源计划，组织材料、机具、设备和劳动力供应，并编制进度计划，统计完成的工作量，进行经济核算并考核经营成果。

4）施工图预算是施工企业控制工程成本的依据。根据施工图预算确定的中标价格是施工企业收取工程款的依据，企业只有合理利用各项资源，采取先进技术和管理方法，将成本控制在施工图预算价格以内，才能获得良好的经济效益。

5）施工图预算是进行概算与结算对比的依据。

（3）施工图预算对其他方面的作用

1）对于工程咨询单位而言，客观、准确地为委托方做出施工图预算，不仅体现出其水平、素质和信誉，而且强化了投资方对工程造价的控制，有利于节省投资，提高建设项目的投资效益。

2）对于工程造价管理部门而言，施工图预算是编制工程造价指标指数、构建建设工程造价数据库的数据资源，也是合理确定工程造价、审定工程最高投标限价的依据。

3）在履行合同的过程中发生经济纠纷时，施工图预算还是有关仲裁、管理、司法机关按照法律程序处理、解决问题的依据。

5.4.2 施工图预算的编制依据

建筑工程一般都是由土建、采暖、给水排水、电气照明、燃气、通风等多专业单位工程所组成。因此，各单位工程预算编制要根据不同的预算定额及相应的费用定额等文件来进行。一般情况下，在进行施工图预算的编制之前应掌握以下几方面的文件资料，见表5-20。

施工图预算编制依据　　　　　　　　　　　　表5-20

依据	具体内容	作用
国家及行业等部门规划	国家经济发展部门的长远规划和部门、行业、地区规划、经济建设方针及产业政策	进行施工图预算的前提条件
行业标准及规定	行业部门、项目所在地工程造价管理机构或行业协会等编制的预算定额（或企业定额）、工程建设其他费用定额（规定）、综合单价、价格指数和有关造价文件等	
拟建项目的设计文件	经审批、会审后的设计施工图、设计说明书及设计选用的国标、市标和各种设备安装、构件、门窗图集、配件图集等	进行施工图预算费用确定和调整的基础依据

续表

依据	具体内容	作用
拟建项目已获得的批准文件	施工组织设计等确定单位工程具体施工方法、施工进度计划、施工现场总平面布置等的主要施工技术文件及相关标准图集和规范；经批准的初步设计概算	进行施工图预算费用确定和调整的基础依据
拟建项目所在地市场经济条件	工程所在地的人工、材料、设备、施工机具单价、工程造价指标指数、预算定额、地区单位估价表等	
拟建项目所在地政策环境	当地建筑工程取费标准，如规费、税金以及建设有关的其他费用标准等	
拟建项目所在地自然条件	项目所在地的地质、地貌、交通、气象、水文、土壤等	
其他文件资料	造价工作手册、工具书等辅助资料及确定项目管理模式、发包模式等的有关文件、合同、协议	

【例 5-10】××综合大楼工程的施工图预算编制依据如下：

（1）经过批准和审定后的砖混厂房设计说明及图纸；

（2）经过批准的设计概算；

（3）《××市建筑工程预算定额》（2017 年版）；

（4）《××市通用安装工程预算定额》（2017 年版）；

（5）《××市建设工程计价依据》补充定额（2021 年版）；

（6）《××市建设工程费用标准》（2017 年版）；

（7）《××市人工、材料、施工机械台班的预算价格及调价规定》；

（8）合理的施工组织设计或施工方案以及现场勘查等文件。

5.4.3 施工图预算编制的原则

施工图预算是施工企业与建设单位结算工程价款等经济活动的主要依据，是一项工作量大，政策性、技术性和时效性强的工作。编制时必须遵循以下原则：

（1）法规性原则。认真贯彻执行国家现行的各项政策法规及相关规范、标准和规程等。

（2）市场性原则。充分掌握工程建设市场人工、材料、机械等生产资料及金融贷款等市场行情。

（3）创新性原则。有效运用新材料、新技术、新工法、新工艺，坚持不断创新。

（4）面向工程实际的原则。坚持结合拟建工程的实际，反映工程所在地当时价格水平的原则。编制施工图预算时，要求实事求是地对工程所在地的建设条件，可能影响造价的各种因素进行认真的调查研究。按照现行造价构成，考虑建设期的价格变化因素，使施工图预算尽可能地反映设计内容、实际施工条件和实际价格。

（5）互利双赢原则。准确划分项目和计算工程量，有效合理地套用定额，既不多算、重算，又不漏算、少算，实事求是地确定工程造价。

5.4.4 施工图预算的编制内容

1. 施工图预算文件的组成

施工图预算由单位工程预算、单项工程综合预算、建设项目总预算组成。建设项目总预算由单项工程综合预算汇总而成，单项工程综合预算由组成本单项工程的各单位工程预算汇总而成，单位工程预算包括建筑工程预算和设备安装工程预算。

施工图预算根据建设项目实际情况可采用三级预算编制或二级预算编制形式。当建设项目有多个单项工程时，应采用三级预算编制形式，三级预算编制形式由建设项目总预算、单项工程综合预算、单位工程预算组成。当建设项目只有一个单项工程时，应采用二级预算编制形式，二级预算编制形式由建设项目总预算表和单位工程预算表组成。

2. 施工图预算的内容

按照预算文件的不同，施工图预算的内容有所不同。建设项目总预算是反映施工图设计阶段建设项目投资总额的造价文件，是施工图预算文件的主要组成部分，由组成该建设项目的各个单项工程综合预算和相关费用组成。具体包括：建筑安装工程费、设备及工器具购置费、工程建设其他费用、预备费、建设期利息及铺底流动资金。施工图总预算应控制在已批准的设计总概算投资范围内。

单项工程综合预算是反映施工图设计阶段一个单项工程（设计单元）造价的文件，是总预算的组成部分，由构成该单项工程的各个单位施工图预算组成。其编制的费用项目是各单项工程的建筑安装工程费和设备及工器具购置费总和。

单位工程预算是根据单位工程施工图设计文件、现行预算定额以及人工、材料、施工机具台班价格等，按照规定的计价方法编制的工程造价文件。以房屋建筑工程为例，包括单位建筑工程预算和单位设备及安装工程预算。单位建筑工程预算是建筑工程各专业单位工程施工图预算的总称，按其工程性质分为一般土建工程预算，给水排水工程预算，采暖通风工程预算，燃气工程预算，电气照明工程预算，弱电工程预算，特殊构筑物如烟囱、水塔等工程预算以及工业管道工程预算等。单位设备及安装工程预算是包括设备及工器具购置费预算以及各专业安装工程的单位工程预算的总称。

5.5 施工图预算的编制

5.5.1 施工图预算编制方法概述

1. 建筑安装工程费计算

以房屋建筑工程为例，单位工程施工图预算包括建筑工程费、安装工程费、设备及工器具购置费。建筑安装工程费常用计算方法有实物量法和单价法。

（1）实物量法

实物量法是指依据施工图计算的各分项工程量分别乘以预算定额（或企业定额）中人工、材料、施工机具台班的定额消耗量，分类汇总得出该单位工程所需的全部人工、材料、施工机具台班消耗数量，然后再乘以当时当地人工工日单价、各种材料单价、施工机械台班单价、施工仪器仪表班台单价，求出相应的直接费。在此基础上，通过取费的方式计算企业管理费、利润、规费和税金等费用。实物量法编制施工图预算的公式如下：

$$单位工程直接费 = 综合工日消耗量 \times 综合工日单价 + \Sigma（各种材料消耗量 \times 相应材料单价）+ \Sigma（各种施工机械消耗量 \times 相应施工机械台班单价）+ \Sigma（各施工仪器仪表消耗量 \times 相应施工仪器仪表台班单价）\quad (5\text{-}16)$$

$$单位工程预算造价 = 单位工程直接费 + 企业管理费 + 利润 + 规费 + 税金 \quad (5\text{-}17)$$

运用实物量法的预算编制程序如下（图5-8）：

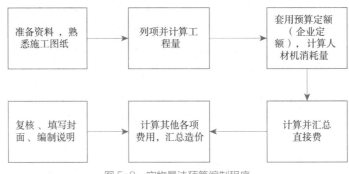

图5-8　实物量法预算编制程序

1）准备资料，熟悉施工图纸。

①收集编制施工图预算的编制依据。包括预算定额或企业定额，取费标准，当时当地人工、材料、施工机具市场价格等。

②熟悉施工图等基础资料。熟悉施工图纸、有关的通用标准图、图纸会审记录、设计变更通知等资料并检查施工图纸是否齐全、尺寸是否清楚，了解设计意图，掌握工程全貌。

③了解施工组织设计和施工现场情况。全面分析各分项工程，充分了解施工组织设计和施工方案，如工程进度、施工方法、人员使用、材料消耗、施工机械、技术措施等内容，注意影响费用的关键因素；核实施工现场情况，包括工程所在地地质、地形、地貌等情况，工程实地情况、当地气象资料、当地材料供应地点及运距等情况；了解工程布置、地形条件、施工条件、料场开采条件、场内外交通运输条件等。

2）列项并计算工程量。

按照预算定额子目（或企业定额）子目将单位工程划分为若干分项工程，按照施工图纸尺寸和定额规定的工程量计算规则进行工程量计算。一般借助工程计价软件，通过建模的方式由软件系统自动计算工程量，点选合适的定额，以确保软件系统对工程的计量是按预算定额中规定的工程量计算规则进行；计量单位应与定额中相应的分项工程的计量单位保持一致；输入系统的原始数据应以施工图纸上的设计尺寸及有关数据为准，注意分项子目不能重复列项计算，也不能漏项少算。

3）套用预算定额（或企业定额），计算人工、材料、机具台班消耗量。

根据预算定额（或企业定额）所列单位分项工程人工工日、材料、施工机具台班的消耗数量，分别乘以各类施工机具台班数量。此步骤也可通过计价软件进行统计计算。

4）计算并汇总直接费。

调用当时当地人工工资单价、材料预算单价、施工机械台班单价、施工仪器仪表台班单价，分别乘以人工、材料、施工机具台班的消耗数量汇总即得到单位工程直接费。

5）计算其他各项费用，汇总造价。

根据规定的税率、费率和相应的计取基础，分别计算企业管理费、利润、规费和税金。将上述所有费用汇总即可得到单位工程预算造价。与此同时，计算工程的技术经济指标，如单方造价等。费率标准可在计价软件上设定，上述过程由系统自动完成。

6）复核、填写封面、编制说明。

检查人工、材料、机具台班的消耗量计算是否准确，有无漏算、重算或多算；检查人工、材料、机具台班的实际价格是否合理。封面应写明工程编号、工程名称、预算总造价和单方造价等，撰写编制说明，将封面、编制说明、预算费用汇总表、人材机实物量汇总表、工程预算分析表等顺序编排并装订成册，便完成了单位施工图预算的编制工作。

（2）单价法

单价法分为工料单价法和全费用综合单价法。二者的区别主要在于确定单价的方式存在差异，前者采用定额计价模式，而后者为工程量清单计价模式。在定额计价模式下，先根据预算定额中的工程量计算规则计算工程量，再根据定额单价（单位估价表）计算出对应工程所需的人材机费用、企业管理费、利润、规费和税金等，最后汇总得到工程造价。在工程量清单计价模式下，投标人按照国家统一的工程量计算规则提供工程量清单及技术说明，并根据自身实力，按企业定额、市场资源单价以及市场供求及竞争情况确定工程造价。目前，在单价法中，使用较多的还是工料单价法。

工料单价法采用的分项工程单价为工料单价，将各项工程量乘以对应分项工程单价后的合计值汇总后，再计取企业管理费、利润、规费和税金，汇总各项费用得到单位工程的施工图预算造价。工料单价法中的单价一般采用单位估价表中的各分项工程的施工图预算造价。工料单价法计算公式如下：

$$单位工程预算造价 = \Sigma （分项工程量 × 分项工程单价）+$$
$$企业管理费 + 利润 + 规费 + 税金 \qquad （5-18）$$

运用工料单价法的编制程序如下（图5-9）：

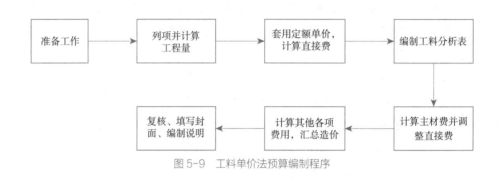

图5-9　工料单价法预算编制程序

1）准备工作。本步骤与实物量法基本相同，差别之处在于需要收集适用的单位估价表，定额中已含有定额基价的则无需单位估价表。

2）列项并计算工程量。本步骤与实物量法相同。

3）套用定额单价，计算直接费。核对工程量计算结果后，套用单位估价表中的工料单价时，用工料单价乘以工程量得出合价，汇总合价得到单位工程直接费。套用工料单价时，若分项工程的主要材料品种与单位估价表（或预算定额）中所列材料不一致，需要按实际使用材料价格换算工料单价后再套用，分项工程施工工艺条件与单位估价表（或预算定额）不一致而造成人工、机具的数量增减时，需要调整用量后再套用。上述工作同样可以通过计价软件进行套用和计算。

4）编制工料分析表。依据单位估价表（或定额）将各分项工程对应的定额项目表中每项材料和人工的定额消耗量分别乘以该分项工程工程量，得到该分项工程工料消耗量，将各分项工程工料消耗量按类别加以汇总，得到单位工程人工、材料的消耗量。借助计价软件可完成工料分析统计工作。

5）计算主材费并调整直接费。许多定额计价为不完全价格，即未包括主材价格在内。因此还应单独计算出主材费，计算完成后将主材费的价差并入人材机费用合计。主材费按当时当地的市场价格计取。由于工料单价法采用的是事先编制好的单位估价表，其价格水平不能代表编制预算时的价格水平。一般需要采用调价系数或指数进行调价，将价差并入直接费费用合计。

6）计算其他各项费用，汇总造价。本步骤与实物量法相同。

7）复核、填写封面、编制说明。本步骤与实物量法相同。

工料单价法与实物量法收尾部分的步骤基本相同，主要在中间两个步骤存在差异，即：①实物量法套用的是预算定额（或企业定额）人工工日、材料、施工机具台班消耗量，工料单价法套用的是单位估价表工料单价或定额基价。②实物量法采用的是当时当地的各类人工、材料、施工机具台班的实际单价，而工料单价法采用的是单位估价表或定额编制时期各类人工、材料、施工机具台班单价，需要用调整系数或指数进行调整。

2.设备及工器具购置费计算

设备购置费由设备原价和设备运杂费构成，未达到固定资产标准的工器具购置费一般以设备购置费为计算基数，按照规定的费率计算。设备及工器具购置费编制方法及内容可参照设计概算相关内容。

5.5.2　单位工程预算的编制

施工图预算根据建设项目实际情况可采用三级预算编制或二级预算编制形式。当建设项目有多个单项工程时，应采用三级预算编制形式，三级预算编制形式由单位工程预算、单项工程综合预算和建设项目总预算构成。当建设项目只有一个单项工程时，应采用二级预算编制形式，二级预算编制形式由建设项目总预算和单位工程预算组成。

单位工程预算的编制是编制各级预算的基础。单位工程预算包括建筑安装工程费和设备及工器具购置费构成，即：

$$单位工程预算 = 建筑安装工程预算 + 设备及工器具购置费 \qquad (5-19)$$

单位工程预算由单位建筑工程预算书和单位设备及安装工程预算书组成，具体情况如图5-10所示。单位建筑工程预算书主要由建筑工程预算表和建筑工程取费表组成，单位设备及安装工程预算书主要由设备及安装工程预算表和设备及安装工程取费表组成。具体表格形式见表5-21~表5-23。

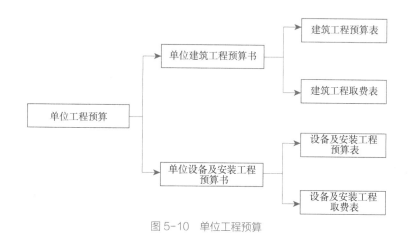

图5-10　单位工程预算

建筑工程预算表

表 5-21

单项工程预算编号：
工程名称（单位名称）：
共 页第 页

序号	定额号	工程项目或定额名称	单位	数量	单价	其中人工费	合价	其中人工费
1		土石方工程						
1.1		……						
1.2		……						
		……						
2		基础工程						
2.1		……						
2.2		……						
		……						
3		砌筑工程						
3.1		……						
3.2		……						
		……						
	定额人材机费合计							

编制人：
审核人：

建筑工程取费表

表 5-22

单项工程预算编号：
工程名称（单位工程）：
共 页第 页

序号	工程项目或费用名称	表达式	费率	合价
1	定额人材机费			
2	其中：人工费			
3	其中：材料费			
4	其中：机具费			
5	企业管理费			
6	利润			
7	规费			
8	税金			
9	单位建筑工程费用			

编制人：
审核人：

设备及安装工程预算表

表 5-23

单项工程预算编号：
工程名称（单位工程）：
共 页第 页

序号	定额号	工程项目或定额名称	单位	数量	单价	其中人工费	合价	其中人工费	其中设备费	其中主材费
1		设备安装								
1.1		……								

续表

序号	定额号	工程项目或定额名称	单位	数量	单价	其中人工费	合价	其中人工费	其中设备费	其中主材费
1.2		……								
		……								
2		管道安装								
2.1		……								
2.2		……								
		……								
3		防腐保温								
3.1		……								
3.2		……								
		……								
		定额人材机费合计								

编制人：　　　　　　　　　　　　　　　　　　　　审核人：

【例5-11】本案例以本章案例引入部分引用的××综合大楼工程的土建工程为例，计算过程如下：

第一步：计算工程量（表5-24）。

工程量计算汇总表　　　　　　　　表5-24

序号	计算部位	规格类别	单位	工程量
一	土石方工程			
1	机械平整场地		$1000m^2$	12.55
2	机械挖土		m^3	1707.65
3	人工挖土		m^3	189.74
	……			
二	基础工程			
4	预制混凝土桩		m^3	85.9
	……			
三	脚手架工程			
5	多层建筑综合脚手架		$100m^2$	125.46
四	砌筑工程			
6	架空层砌体		m^3	94.8

续表

序号	计算部位	规格类别	单位	工程量
7	楼梯风口女儿墙砌体		m³	138.51
	......			
五	混凝土及钢筋混凝土工程			
8	基础垫层	C15	m³	34.25
9	构造柱 GZ	C20 混凝土	m³	11.96
10	钢筋	φ6	kg	15509.48
	......			
六	模板工程			
11	屋面框架梁	C25 混凝土	m²	351.17
12	梁	C25 混凝土	m²	1554.19
	......			
七	门窗工程			
13	全板塑钢门		100m²	13.09
14	防盗户门		m²	48.30
	......			
八	楼地面工程			
15	1~9 层楼面找平		m²	4350.28
16	架空层找平		m²	425.89
	......			
九	屋面工程			
17	屋面找平层上人屋面		m²	
18	不上人屋面		m²	
	......			
十	装饰工程			
19	内墙抹灰		100m²	14.08
20	外墙抹灰	1~9 层柱部位	m²	970.58
	......			

第二步：将汇总的工程量进行整理，即合并同类项和按序排列，分别得到人工、材料、施工机具台班消耗量，将其进行汇总后并进一步套用定额。采用实物量法计算过程见表 5-25。

××综合大楼工程单位工程人工、材料、机具费用汇总表　　表 5-25

序号	工程名称	单位	工程量	价值	
				当时当地单价	合价
一	人工				
1	综合用工一类	工日	3846.61	58	223103.38
2	综合用工二类	工日	4343.01	52	225836.52
3	综合用工三类	工日	2988.72	39	116560.08
	……				……
	小计				575499.98
二	材料				
4	商品混凝土 C15	m³	29.01	286	8296.86
5	组合钢模板	kg	982.57	7.6	7467.53
6	水泥 42.5	t	2.86	355	1015.30
	……				……
	小计				2376445.53
三	施工机具				
7	机用汽油	kg	735.17	46	33817.82
8	载货汽车（综合）	台班	120.96	414.90	50186.30
9	混凝土振捣器 平板式 小	台班	122.09	13.46	1643.33
	……				……
	小计				12647.64
	合计				2964593.15

第三步：套用定额，计算并汇总直接费（表 5-26）。

5.5.3　单项工程综合预算的编制

单项工程综合预算造价由组成该单项工程的各个单位工程预算造价汇总而成。计算公式如下：

单项工程综合预算 =Σ 单位建筑工程费用 +Σ 单位设备及安装工程费用　　（5-20）

单项工程综合预算书主要由综合预算表构成，综合预算表格式见表 5-27。

5.5.4　建设项目总预算的编制

建设项目总预算的编制费用项目是各单项工程的费用汇总，以及经计算的工程量的工程建设其他费、预备费、建设期利息和铺底流动资金汇总而成。

采用三级编制形式的工程预算文件包括：

表 5-26

单位工程预算书

序号	编号	定额名称	单位	工程量	其中（元）			单价	其中（元）			合价
					人工费	材料费	机具费		人工费	材料费	机具费	
		土石方工程										80028.71
1	G1-281	平整场地	1000m²	12.55	51.00		461.76	512.76	640.05		5795.09	6435.14
2	G1-124 换	机械挖运土方、淤泥、流砂	1000m²	11.19	1254.45		1811.98	3066.43	14037.30		20276.06	34313.36
		……										
		基础工程										631582.94
3	G3-27	预制混凝土柱	10m	8.59	3063.15	6036.75	34.26	9134.16	26312.46	51855.68	294.29	78462.43
4	G3-68 换	混凝土基础梁 商品混凝土 换为【商品混凝土 C30】	10m³	0.32	4450.99	6296.99	166.98	10914.96	1424.32	2015.04	53.43	3492.79
		……										
		脚手架工程										68576.44
5	A1-5	多层建筑综合脚手架	100m²	125.46	353.61	167.04	25.95	546.60	44363.91	20956.84	3255.69	68576.44
		砌体工程										986046.80
6	A2-14 换	砖石及砌块墙 内外墙 砖墙 商品混凝土 换为【商品混凝土 C30】	10m³	9.48	1134.79	2976.96	63.60	4175.35	10757.81	28221.58	602.93	39582.32
7	A2-25×1.25	砖石及砌块墙 框架间墙 空心砌块墙	10m³	97.69	979.48	2552.83	57.25	3589.56	95685.40	249385.96	5592.76	350664.12
		……										
		梁柱工程										431170.29
8	A3-18 换	砖石及混凝土柱 现浇混凝土矩形柱 商品混凝土 换为【商品混凝土 C30】	10m³	17.42	2013.08	5292.84	159.14	7465.06	35067.85	92201.27	2772.23	130041.35
9	A3-74 换	矩形柱 C30 商品混凝土	10m³	14.84	758.88	3808.98		4567.86	11261.78	56525.26		67787.04
10	A3-85	过梁 C20 商品混凝土	10m³	9.858	1114.48	3584.44		4698.92	10986.54	35335.41		46321.95
		……										
		门窗工程										847525.04
11	A6-52	全板塑钢门	100m²	13.09	4428.23	20747.17		25175.4	57965.53	271580.46		329545.99
12	A6-66	塑钢窗安装 平开窗	100m²	5.203	4997.76	34296.10	855.48	40149.34	26003.35	178442.61	4451.06	208897.02

续表

序号	编号	定额名称	单位	工程量	其中（元）人工费	其中（元）材料费	其中（元）机具费	单价	人工费	材料费	机具费	合价
13	B1补	建筑太阳能隔热膜	m^2	100	22.88	1044.50		1067.38	2288.00	104450.00		106738.00
		楼地面工程			......							902584.12
14	A7-74	垫层混凝土	$10000m^3$	161.39	739.50	2136.15	163.35	3039	119347.91	344753.25	26363.05	490464.21
15	A7-99	找平层水泥砂浆	$100m^2$	85.58	486.08	711.10	41.12	1238.3	41598.73	60855.94	3519.04	105973.71
		屋面工程			......							194523.30
16	A8-27换	防水砂浆平面	$100m^2$	106.56	486.08	670.68	41.12	1197.88	51796.68	71467.66	4381.75	127646.09
17	A8-55	SBS改性沥青卷材防水屋面	$100m^2$	6.13	1145.45	3300.31	39.28	4485.04	7021.61	20230.90	240.79	27493.30
		装饰工程			......							178285.67
18	A9-34	墙柱面装饰 水泥砂浆 砖墙面	$100m^2$	14.08	851.26	577.77	40.44	1469.47	11985.74	8135.00	569.40	20690.14
19	A9-66	刮腻子、石灰砂浆墙面两遍	$100m^2$	182.29	403.28	227.33		630.61	73513.91	41439.99		114953.90
		混凝土及钢筋混凝土工程			......							276140.33
20	A10-181换	基础垫层【换为C15商品混凝土】	m^3	34.25	428.48	3269.03		3697.51	14675.44	111964.28		126639.72
21	A10-194	构造柱GZ	m^3	11.96								
22	A10-231	现浇构件圆钢筋（mm）φ6.5	t	17.42	943.52	3500.43		4443.95	16436.12	60977.49		77413.61
		模板工程			......							324544.36
23	A11-60	矩形柱胶合板模板 木支撑	$100m^2$	15.15	2583.28	1541.53	135.08	4259.89	39136.69	23354.18	2046.46	64537.33
24		有梁板胶合板模板 钢支撑	$100m^2$	48.12	2691.20	1942.09	233.58	4866.87	129500.54	93453.37	11239.87	234193.78
		合计										4921008

综合预算表　　　　　　　　　　表 5-27

综合预算编号：　　　　　　　　　工程名称：　　　　　　　　　　　　共　页第　页

序号	预算编号	工程项目或费用名称	设计规模或主要工程量	建筑工程费	设备及各工器具购置费	安装工程费	合计	其中：引进部分		占总投资比例（%）
								美元	折合人民币	
1		工程费用								
1.1		主要工程								
		……								
1.2		辅助工程								
		……								
1.3		配套工程								
		……								
2		其他费用								
2.1										
2.2										
3		预备费								
		……								
		各单项工程预算费用合计								

编制人：　　　　　　　　审核人：　　　　　　　　　　　　项目负责人：

1. 封面、签署页及目录（图 5-11、图 5-12）

××工程项目

工程预算

档案号

共　册　　第　册

设计（咨询）单位名称

证书号　（公章）

年　　月　　日

图 5-11　工程预算书封面

××工程项目

工程预算

档案号

共　册　　第　册

编制人：＿＿＿＿＿＿（职业或从业印章）

审核人：＿＿＿＿＿＿（职业或从业印章）

审定人：＿＿＿＿＿＿（职业或从业印章）

法定代表人或其授权人：＿＿＿＿＿＿

图 5-12　工程预算书签署页

2. 编制说明

（1）工程概况。简述建设项目性质、特点、生产规模、建设周期、建设地点、主要工程量、工艺设备等情况。引进项目要说明引进内容以及与国内配套工程等主要情况。

（2）编制依据包括国家和有关部门的规定、设计文件、现行预算定额或预算指标、设备材料的预算价格和费用指标等。

（3）编制方法。说明施工图预算是采用实物量法还是采用单价法。

（4）主要设备、材料的数量。

（5）主要技术经济指标主要包括项目概算总投资（有引进的给出所需外汇额度）及主要分项投资、主要技术经济指标等。

（6）工程费用计算表主要包括建筑工程预算表、建筑工程取费表、设备及安装工程预算表、设备及安装工程取费表以及其他涉及的工程费用计算表。

（7）引进设备材料有关费率取定及依据，主要是关于国际运输费、国际运输保险费、关税、增值税、国内运杂费、其他有关税费等。

（8）引进设备材料从属费用计算表。

（9）其他必要的说明。

3. 综合预算表（三级编制）

4. 总预算表（表 5-28）

总预算表　　　　　　　　　　　　　　　　　表 5-28

总预算编号：　　　　　　　工程名称：　　　　单位：　　　共　页第　页

序号	预算编号	工程项目或费用名称	建筑工程费	设备及工器具购置费	安装工程费	其他费用	合计	其中：引进部分		占总投资比例（%）
								美元	折合人民币	
1		工程费用								
1.1		主要工程								
		……								
1.2		辅助工程								
		……								
1.3		配套工程								
		……								
2		其他费用								
2.1										
2.2										
3		预备费								
		……								
4		专项费用								
4.1		……								
4.2		……								
		建设项目预算总投资								

5.5.5 施工图预算的审查

1. 施工图预算审查内容

施工图预算文件的审查，应当委托具有相应资质的工程造价咨询机构进行。

从事建设工程施工图预算审查的人员，应具备相应的职业（从业）资格，需要在施工图预算审查文件上加盖注册造价工程师职业资格专用章，并出具施工图预算审查意见报告，报告要加盖工程造价咨询企业的公章或资格专用章。

（1）审查施工图预算的编制是否符合现行国家、行业、地方政府有关法律、法规或规定要求。

（2）审查工程量计算的准确性、工程量计算规则与计价规范规则或定额规则的一致性。工程量是确定建筑安装工程造价的决定因素，是预算审查的重要内容。工程量审查中常见的问题有：多计工程量、计算尺寸以大代小、按规定应扣除的不扣除。

（3）审查在施工图预算的编制过程中，各种计价依据使用是否恰当，各项费率计取是否正确；审查依据主要有施工图设计资料、有关定额、施工组织设计、有关造价文件规定和技术规范、规程等。

（4）审查各种要素市场价格选用、应计取的费用是否合理。

预算单价是确定工程造价的关键因素之一，审查的主要内容包括单价的套用是否正确，换算是否符合规定，补充的定额是否按规定执行。

根据现行规定，除规费、措施费中的安全文明施工费和税金外，企业可以根据自身管理水平自主确定费率，因此，审查各项应计取费用的重点是费用的计算基础是否正确。

除建筑安装工程费用组成的各项费用外，还应列入调整某些建筑材料价格变动所发生的材料价差。

（5）审查施工图预算是否超过概算以及进行偏差分析。

2. 施工图预算审查程序

（1）审查取费表和人工、材料价差计算表

①审核工程取费表。对照着合同约定和费用定额的说明，检查取费费率是否正确，计算步骤是否准确，这里需要注意的是工程类别划分（尤其是建筑工程、大型土石方、钢结构和装饰工程的类别和各自费率）以及社会保障费费率和税金的费率取定是否符合要求。②审核价差表。根据合同商务计价的条款约定和定额规定，哪些材料允许调整价格，哪些不许调整，价格的确定依据是怎么规定的，都要进行一一核对，尤其是不同单位的材料单价，主要是钢材的公斤和吨的单价要注意。

（2）分部分项工程计量表的审核

1）分部工程量的计算原则应为先地下后地上，先主体后装饰，先内部后外部。检查工程量的前提是仔细阅读图纸，应遵循以下顺序：先看总说明—建筑图—结构图；

其次看施工图时依次看总平面图—平面图—立面图—剖面图—详图；再次是结构图—基础图—楼层屋顶层结构图—结构详图；最后看相应图集—设计详图。

2）因为分部分项工程量是一份施工图预算的基础，在审核时主要采用：全面审核法、重点审核法和对比分析审核法等审核。全面审核主要针对：图纸熟悉后对其施工图预算分部分项的全面审查，主要检查是否有漏算、漏计、重复计算和计量单位不统一等方面的误差。在平时的检查中，用到最多的还是重点审查法和对比审查法。

3. 施工图预算审查办法

（1）逐项审查法

逐项审查法又称全面审查法，即按照定额顺序或施工顺序，对各项工程细目逐项全面详细审查的一种方法。其优点是全面、细致，审查质量高、效果好。缺点是工作量大，时间较长。这种方法适用于一些工程量较小、工艺比较简单的工程。

（2）标准预算审查法

标准预算审查法就是对利用标准图纸或通用图纸施工的工程，先集中力量编制预算，以此为标准审查工程预算的一种方法。按标准设计图纸施工的工程，一般上部结构和做法相同，只是根据现场施工条件或地质情况不同，仅对基础部分做局部改变。凡是这样的工程，以标准预算为准，对局部修改部分单独审查即可，不需逐一详细审查。该方法的优点是时间短、效果好、易定案。其缺点是适用范围小，仅适用于采用标准图纸的工程。

（3）分组计算审查法

分组计算审查法是把预算中有关项目按类别划分为若干组，利用同组中的一组数据审查分项工程量的一种方法。这种方法首先将若干分部分项工程按相邻且有一定内在联系的项目进行编组，利用同组分项工程间具有相同或相近计算基数的关系，审查一个分项工程数，由此判断同组其他几个分项工程的准确程度。如一般的建筑工程中将底层建筑面积可编为一组。先计算底层建筑面积或楼（地）面面积，从而得知楼平面找平层、天棚抹灰的工程量等，以此类推。该方法的特点是审查速度快、工作量小。

（4）对比审查法

对比审查法是当工程条件相同时，用已完工程的预算或未完但已经过审查修正的工程预算对比审查拟建工程同类工程预算的一种方法。采用该方法一般须符合下列条件：

1）拟建工程与已完或在建工程预算采用同一施工图，但基础部分和现场施工条件不同，则部分可采用对比审查法。

2）工程设计相同，但建筑面积不同，两个工程的建筑面积之比与两个工程各分部分项工程量之比大致一致。此时可按分项工程量的比例，审查拟建工程各分部分项工程的工程量，或用两个工程每平方米建筑面积造价、每平方米建筑面积的各分部分项工程量对比进行审查。

3）两个工程面积相同，但设计图纸不完全相同，则相同的部分，如厂房中的柱子、屋架、屋面、砖墙等，可进行工程量的对照审查。对不能对比分部分项工程可按图纸计算。

（5）"筛选"审查法

"筛选"是能较快发现问题的一种方法。建筑工程虽高度和面积不同，但其各分部分项工程的单位建筑面积指标变化却不大。将这样的分部分项工程进行汇集、优选，找出其单位建筑面积工程量、单价、用工的基本数值，归纳为工程量、价格、用工3个单方基本指标，并注明基本指标的适用范围。这些基本指标用来筛选各分部分项工程，对不符合条件的应进行详细审查，若审查对象的预算标准与基本指标的标准不符，就应对其进行调整。

"筛选"审查法的优点是简单易懂，便于掌握、审查速度快、便于发现问题。但问题出现的原因尚需继续审查。该方法适用于审查住宅工程或不具备全面审查条件的工程。

（6）重点审查法

重点审查法是指抓住施工图预算中的重点进行审核的方法。审查的重点一般是工程量大或造价较高的各种工程、补充定额、计取的各种费用（计费基础、取费标准）等。重点审查法的优点是突出重点，审查时间短、效果好。

（7）利用手册审查法

利用手册审查法是指将工程常用的构配件事先整理成预算手册，按手册对照审查。

（8）分解对比审查法

分解对比审查法是将一个单位工程按直接费和间接费进行分解，然后再将直接费按工种和分部工程进行分解，分别与审定的标准预结算进行对比分析。

应当注意的是，除了重点审查法，其他各种方法应注意综合应用，单一使用某种方法可能会导致审查不全面或漏项。

习题与思考题

1. 设计概算的概念与作用是什么？

2. 简述利用概算定额法编制设计概算的步骤。

3. 概算定额法、概算指标法、类似工程法的适用范围有何区别？

4. 简述设计概算的审查内容。

5. 简述施工图三级预算体系的费用组成。

6. 简述预算单价法编制施工图预算的步骤。

7. 简述预算单价法与实物法的区别。

8. 某市拟建一座 6000m² 住宅楼，请按给出的土建工程量和扩大单价表（表5-29）编制该住宅楼土建工程设计概算造价和每平方米造价。各项费率分别为：企业管理费和规费费率为5%，利润率为7%（以人工费、施工机具使用费为计算基础）。

分项工程名称	单位	工程量	扩大单价（元）
基础工程	10m³	160	2500
混凝土及钢筋混凝土	10m³	150	6800
砌筑工程	10m³	280	3300
地面工程	100m²	40	1100
楼面工程	100 m²	90	1800
卷材屋面	100 m²	40	4500
门窗工程	100 m²	35	5600
脚手架工程	100 m²	180	600

某住宅楼土建工程量和扩大单价　　　　表 5-29

9. 某施工项目包括 10m³ 砌筑工程，砌筑工程定额消耗量：劳动定额为 0.45m³/工日，1m³ 一砖半砖墙消耗量为 527 块，砂浆消耗量为 0.256m³，水用量为 0.8m³；1m³ 一砖半墙机械台班消耗量为 0.009 台班。人工日工资单价为 21 元/工日，水泥砂浆单价为 120 元/m³，砖块单价为 190 元/千块，水为 0.6 元/m³，400L 砂浆搅拌机台班单价为 100 元/台班，企业管理费和规费之和的取费基数为人工费、施工机具使用费之和，费率为 5%，利润以人工费、施工机具使用费之和为计取基数，利润率为 7%，适用单价法编制 10m³ 砌筑工程的施工图预算。

6

建设项目发承包阶段合同价款的约定

【教学要求】

1. 了解招标文件的组成内容及编制要求，掌握招标工程量清单的编制；

2. 了解招标控制价的编制程序以及编制内容；

3. 了解投标报价的编制内容，了解招标报价的报价策略；

4. 了解中标价的确定过程，了解合同价款的约定以及 EPC 模式下合同价款的约定；

5. 了解发承包阶段 BIM 在招标投标阶段的应用。

【导读】

本章介绍了建设项目发承包阶段合同价款的约定形成过程，通过对招标工程量清单、招标控制价、投标报价的编制方法和内容以及中标价及合同价款的形成进行了详细的介绍、使读者对整个招标投标过程能有清晰的认知，并进一步结合 BIM 技术的应用，了解计量计价软件在建设项目发承包阶段的应用。

6.1　招标工程量清单的编制

6.1.1　招标文件的组成内容及其编制要求

招标文件是指导整个招标投标工作全过程的纲领性文件。按照《中华人民共和国招标投标法》和《中华人民共和国招标投标法实施条例》等法律法规的规定，招标文件应当包括招标项目的技术要求，对投标人资格审查的标准、投标报价要求和评标标准等所有实质性要求和条件以及拟签合同的主要条款。建设项目招标文件由招标人（或其委托的咨询机构）编制，由招标人发布，它是投标单位编制投标文件的依据，也是招标人与中标人签订工程承包合同的基础。招标文件中提出的各项要求，对整个招标工作乃至发承包双方都具有约束力，因此招标文件的编制及其内容必须符合有关法律法规的规定。建设工程招标文件的编制内容，根据招标范围不同略有所不同，本节重点介绍施工招标文件的内容。

1. 施工招标文件的编制内容

根据《中华人民共和国标准施工招标文件》等文件规定，施工招标文件包括以下内容：

（1）招标公告（投标邀请书）。

当未进行资格预审时，招标文件中应包括招标公告。当进行资格预审时，招标文件中应包括投标邀请书，该邀请书可代替资格预审通过通知书，以明确投标人已具备了在某具体项目某具体标段的投标资格，其他内容包括招标文件的获取、投标文件的递交等。

（2）投标人须知。

投标人须知主要包括对于项目概况的介绍和招标过程的各种具体要求，在正文中的未尽事宜可以通过"投标人须知前附表"进行进一步明确，由招标人根据招标项目具体特点和实际需要编制和填写，但务必与招标文件的其他章节相衔接，并不得与投标人须知正文的内容相抵触，否则抵触内容无效。投标人须知包括如下 10 个方面的内容：

1）总则。主要包括项目概况、资金来源和落实情况、招标范围、计划工期和质量要求的描述，对投标人资格要求的规定，对费用承担、保密、语言文字、计量单位等内容的约定，对踏勘现场、投标预备会的要求，以及对分包和偏离问题的处理。项目概况中主要包括项目名称、建设地点以及招标人和招标代理机构的情况等。

2）招标文件。主要包括招标文件的构成以及澄清和修改的规定。

3）投标文件。主要包括投标文件的组成，投标报价编制的要求，投标有效期和投标保证金的规定，需要提交的资格审查资料，是否允许提交备选投标方案，以及投标文件编制所应遵循的标准格式要求。

4）投标。主要规定投标文件的密封和标识、递交、修改及撤回的各项要求。在此部分中应当确定投标人编制投标文件所需要的合理时间，即投标准备时间，是指自招标文件开始发出之日起至投标人提交投标文件之日止的期限。最短不得少于20d。

5）开标。规定开标的时间、地点和程序。

6）评标。说明评标委员会的组建方法、评标原则和采取的评标办法。

7）合同授予、说明拟采用的定标方式，中标通知书的发出时间，要求承包人报交的履约担保和合同的签订时限。

8）重新招标和不再招标。规定重新招标和不再招标的条件。

9）纪律和监督。主要包括对招标过程各参与方的纪律要求。

10）需要补充的其他内容。

（3）评标办法。

评标办法可选择经评审的最低投标价法和综合评估法。

（4）合同条款及格式。

合同条款及格式包括本工程拟采用的通用合同条款、专用合同条款以及各种合同附件的格式。

（5）工程量清单（招标控制价）。

工程量清单（招标控制价）即表现拟建工程分部分项工程、措施项目和其他项目名称和相应数量的明细清单，以满足工程项目具体量化和计量支付的需要；工程量清单（招标控制价）是招标人编制招标控制价和投标人编制投标报价的重要依据。

如按照规定应编制招标控制价的项目，其招标控制价应在发布招标文件时一并发布。

（6）图纸。

图纸指应由招标人提供的用于计算招标控制价和投标人计算投标报价所必需的各种详细程度的图纸。

（7）技术标准和要求。

招标文件规定的各项技术标准应符合国家强制性规定。招标文件中规定的各项技术标准均不得要求或标明某一特定的专利、商标、名称、设计、原产地或生产供应者，不得含有倾向或者排斥潜在投标人的其他内容。如果引用某一生产供应商的技术标准才能准确或清楚地说明拟招标项目的技术标准时，则应当在参照后面加上"或相当于"的字样。

（8）投标文件格式要提供各种投标文件编制所依据的参考格式。

（9）投标人须知前附表规定的其他材料。

2.招标文件的澄清和修改

（1）招标文件的澄清

投标人应仔细阅读和检查招标文件的全部内容。如发现缺页或附件不全，应及时向招标人提出，以便补齐。如有疑问，应在规定的时间前以书面形式（包括信函、电报、传真等可以有形地表现所载内容的形式），要求招标人对招标文件予以澄清。

招标文件的澄清将在规定的投标截止时间15d前以书面形式发给所有获取招标文件的投标人，但不指明澄清问题的来源。如果澄清发出的时间距投标截止时间不足15d，相应推迟投标截止时间。

投标人在收到澄清后，应在规定的时间内以书面形式通知招标人，确认已收到该澄清。招标人要求投标人收到澄清后的确认时间，可以采用一个相对的时间，如招标文件澄清发出后12h以内；也可以采用一个绝对的时间，如2022年5月26日中午12：00以前。

（2）招标文件的修改

招标人若对已发出的招标文件进行必要的修改，应当在投标截止时间15d前，招标人可以书面形式修改招标文件，并通知所有已获取招标文件的投标人。如果修改招标文件的时间距投标截止时间不足15d，相应推后投标截止时间。投标人收到修改内容后，应在规定的时间内以书面形式通知招标人，确认已收到该修改文件。

6.1.2　招标工程量清单的编制及准备工作

招标工程量清单是招标人依据国家标准、招标文件、设计文件以及施工现场实际情况编制的，随招标文件发布、供投标报价的工程量清单，包括说明和表格。编制招标工程量清单，应充分体现"实体净量""量价分离"和"风险分担"的原则。招标阶段，由招标人或其委托的工程造价咨询人根据工程项目设计文件，编制出招标工程项目的工程量清单，并将其作为招标文件的组成部分。招标人对工程量清单中各分部分项工程或适合以分部分项工程项目清单设置的措施项目的工程量的准确性和完整性负责；投标人应结合企业自身实际、参考市场有关价格信息完成清单项目工程的组合报价，并对其承担风险。

1. 招标工程量清单编制依据

招标工程量清单的编制依据如下：

（1）《建设工程工程量清单计价规范》GB 50500—2013以及各专业工程量计算规范等；

（2）国家或省级、行业建设主管部门颁发的计价方法；

（3）建设工程设计文件及相关资料；

（4）与建设工程相有关的标准、规范、技术资料；

（5）拟定的招标文件；

（6）施工现场情况、地勘水文资料、工程特点及常规施工方案；

（7）其他相关资料。

2. 招标工程量清单编制的准备工作

招标工程量清单编制的相关工作在收集资料包括编制依据的基础上，需进行如下工作：

（1）初步研究

对各种资料进行认真研究，为工程量清单的编制做准备。主要包括：

1）熟悉《建设工程工程量清单计价规范》GB 50500—2013、各专业工程量计算规范、当地计价规定及相关文件；熟悉设计文件，掌握工程全貌，便于清单项目列项的完整、工程量的准确计算及清单项目的准确描述，对设计文件中出现的问题要及时提出。

2）熟悉招标文件、招标图纸，确定工程量清单编审的范围及需要设定的暂估价；收集相关市场价格信息，为暂估价的确定提供依据。

3）对《建设工程工程量清单计价规范》GB 50500—2013 缺项的新材料、新技术、新工艺，收集足够的基础资料，为补充项目的制定提供依据。

（2）现场踏勘

为了选用合理的施工组织设计和施工技术方案，需进行现场踏勘，以充分了解施工现场情况及工程特点，主要对以下两方面进行调查：

1）自然地理条件。工程所在地的地理位置、地形、地貌、用地范围等；气象、水文情况，包括气温、湿度、降雨量等；地质情况，包括地质构造及特征、承载能力等；地震、洪水及其他自然灾害情况。

2）施工条件。工程现场周围的道路、进出场条件、交通限制情况；工程现场施工临时设施、大型施工机具、材料堆放场地安排情况；工程现场邻近建筑物与招标工程的间距、结构形式、基础埋深、新旧程度、高度；市政给水排水管线位置、管径、压力，废水、污水处理方式，市政、消防供水管道管径、压力、位置等；现场供电方式、方位、距离、电压等；工程现场通信线路的连接和铺设；当地政府有关部门对施工现场管理的一般要求、特殊要求及规定等。

（3）拟订常规施工组织设计

施工组织设计是指导拟建工程项目的施工准备和施工的技术经济文件。根据项目的具体情况编制施工组织设计，报定工程的施工方案、施工顺序、施工方法等，便于工程量清单的编制及准确计算特别是工程量清单中的措施项目。施工组织设计编制的主要依据：招标文件中的相关要求，设计文件中的图纸及相关说明，现场踏勘资料，有关定额，现行有关技术标准、施工规范或规则等。作为招标人，仅需拟订常规的施工组织设计即可。

在拟定常规的施工组织设计时需注意以下问题：

1）估算整体工程量。根据概算指标或类似工程进行估算，且仅对主要项目加以估算即可，如土石方、混凝土等。

2）报定施工总方案。施工总方案只需对重大问题和关键工艺做原则性的规定，不需要考虑施工步骤。主要包括：施工方法，施工机械设备的选择，科学的施工组织，合理的施工进度，现场的平面布置及各种技术措施。制定总方案要满足以下原则：从实际出发，符合现场的实际情况，在切实可行的范围内尽量求其先进和快速；满足工期需求；确保工程质量和施工安全；尽量降低施工成本，使方案更加经济合理。

3）确定施工程序。合理确定施工顺序需要考虑以下几点：各分部分项工程之间的关系；施工方法和施工机械的要求；当时的气候条件和水文要求；施工顺序对工期的影响。

4）编制施工进度计划。施工进度计划要满足合同对工期的要求，在不增加资源的前提下尽量提前。编制施工进度计划时要处理好工程中各分部、分项、单位工程之间的关系，避免出现施工顺序的颠倒或工种相互冲突。

5）计算人、材、机资源需要量。人工工日数量根据估算的工程量、选用的定额、拟定的施工总方案、施工方法及要求的工期来确定，并考虑节假日、气候等因素的影响。材料需要量主要根据估算的工程量和选用的材料消耗定额进行计算。机具台班数量则根据施工方案确定选择机械设备及仪器仪表方案和种类的匹配要求，再根据估算的工程量和机械时间定额进行计算。

6）施工平面的布置。施工平面布置需根据施工方案、施工进度要求，对施工现场的道路交通、材料仓库、临时设施等作出合理的规划布置，主要包括：建设项目施工总平面图上的一切地上、地下已有和拟建的建筑物、构筑物以及其他设施的位置和尺寸；所有为施工服务的临时设施的布置位置，如施工用地范围，施工用道路，材料仓库，取土与弃土位置，水源、电源位置，安全、消防设施位置；永久性测量放线标桩位置等。

6.1.3 招标工程量清单的编制内容

1. 分部分项工程项目清单编制

分部分项工程项目清单是指完成拟建工程的工程项目数量的明细清单。分部分项工程项目清单须载明项目编码、项目名称、项目特征、计量单位和工程量，这五个部分在分部分项工程项目清单组成中缺一不可。招标人必须根据相关工程现行国家计量规范规定的项目编码、项目名称、项目特征、计量单位和工程量计算规则进行编制。

（1）项目编码

分部分项工程项目清单的项目编码，应根据拟建工程的工程项目清单项目名称设置，同一招标工程的项目编码不得有重码。

在清单编制中，应特别注意个别特征不同而多数特征相同的项目，必须慎重考虑第五级编码并项问题，否则会影响投标人的报价质量，或给工程变更带来麻烦。

（2）项目名称

分部分项工程项目清单的项目名称应按专业工程量计算规范附录的项目名称结合拟建工程的实际确定。

在分部分项工程项目清单中所列出的项目，应是在单位工程的施工过程中以其本身构成该单位工程实体的分项工程，但应注意：

1）当在拟建工程的施工图纸中有体现，并且在专业工程量计算规范附录中也有相对应的项目时，则根据附录中的规定直接列项，计算工程量，确定其项目编码。

2）当在拟建工程的施工图纸中有体现，但在专业工程量计算规范附录中没有相对应的项目，并且在附录项目的"项目特征"或"工程内容"中也没有提示时，则必须编制针对这些分项工程的补充项目，在清单中单独列项并在清单的编制说明中注明。

《建设工程工程量清单计价规范》GB 50500—2013规定"项目名称"应以工程实体命名。这里所指的工程实体，有些项目是可用适当的计量单位计算的简单完整的施工过程的分部分项工程，也有些项目是分部分项工程的组合。无论是哪种，项目名称命名应规范、准确、通俗，以避免报价人报价失误。

（3）项目特征

工程量清单的项目特征是确定一个清单项目综合单价不可缺少的重要依据，在编制工程量清单时，必须对项目特征进行准确和全面的描述。当有些项目特征用文字往往又难以准确和全面地描述时，为达到规范、简洁、准确、全面描述项目特征的要求，应按以下原则进行：

1）项目特征描述的内容应按附录中的规定，结合拟建工程的实际，满足确定综合单价的需要。

2）若采用标准图集或施工图纸能够全部或部分满足项目特征描述要求，项目特征的描述可直接采用"详见××图集"或"××图号"对不能满足项目特征描述要求的部分，仍用文字描述。

项目特征描述是确定综合单价的重要依据，在编制工程量清单时必须对其项目特征进行全面准确地描述，其描述原则是根据计量规范规定的项目特征结合拟建工程项目的实际予以描述，这是进行工程量清单计价的重要一环。清单项目特征描述的重要意义在于：①它是用来表述分部分项工程项目清单实质内容的，没有项目特征的准确描述，就无从区分相同或相近的清单项目。②它的描述决定了工程实体的实质内容，就必然直接决定了工程实体的自身价值，所以其描述得准确与否将直接关系到工程量清单项目综合单价的准确程度。③它还是履行合同义务的基础，如果由于项目特征描述不准确、不到位，甚至出现漏项和错误，就必然导致工程施工过程中的变更，从而有可能引起工程结算时的分歧或纷争，使合同义务不能得到顺利履行。因此，准确描述项目特征对工程量清单项目的综合单价具有决定性的作用。

项目特征描述应该做到投标人在进行项目综合单价的组价时，不用再仔细分析图纸就能顺利完成清单组价工作。要做到这一点，清单编制者就必须吃透、理解图纸设计要求，才有可能编制出项目特征描述完整的工程量清单。如果由于项目特征描述不完整、不到位而引起造价纷争，其责任就应该由招标人承担。

项目特征与工作内容是两个不同的概念，不能以工作内容来取代项目特征。许多工程造价人员往往以工作内容来对清单项目进行特征描述，这是不对也不合理的。项目特征讲的是工程项目的实质内容，即采用什么材料、工艺，而工作内容讲的是操作程序，即施工的过程。相同的工程项目因为采用材料的不同，进行施工的工艺不同，就会产生不同的价值。但工作内容是施工单位施工的一个过程，对工程价值是没有影响的，即便相同的项目会有不同的施工过程，那也是由所采用的施工工艺不同而决定的。

综上，项目特征描述是否清晰完整，是否合理到位，是否会在工程结算时引起歧义与纷争，是招标人应该引起高度重视的问题。项目特征描述是体现工程量清单编制质量的一个重要指标，对工程项目结算中歧义与纷争的减少，起着决定性的作用。

（4）计量单位

分部分项工程项目清单的计量单位与有效位数应遵守清单计价规范规定。当附录中有两个或两个以上计量单位的，应结合拟建工程项目的实际选择其中一个确定。

（5）工程量计算规则

分部分项工程项目清单中所列工程量应按专业工程量计算规范规定的工程量计算规则计算。另外，对补充项的工程量计算规则必须符合下述原则：一是其计算规则要具有可计算性，二是计算结果要具有唯一性。

工程量的计算是一项繁杂而细致的工作，为了计算得快速准确并尽量避免漏算或重算，必须依据一定的计算原则及方法：

1）计算口径一致。根据施工图列出的工程量清单项目，必须与专业工程工程量计算规范中相应清单项目的口径相一致。

2）按工程量计算规则计算。工程量计算规则是综合确定各项消耗指标的基本依据，也是具体工程测算和分析资料的基准。

3）按图纸计算。工程量按每一分项工程，根据设计图纸进行计算，计算时采用的原数据必须以施工图纸所表示的尺寸或施工图纸能读出的尺寸为准进行计算，不得任意增减。

4）按一定顺序计算。计算分部分项工程量时，可以按照定额编目顺序或按照施工图专业顺序依次进行计算。对于计算同一张图纸的分项工程量时，一般可采用以下几种顺序：按顺时针或逆时针顺序计算；按先横后纵顺序计算；按轴线编号顺序计算；按施工先后顺序计算；按定额分部分项顺序计算。

工程量清单所提供的工程量是投标单位投标报价的基本依据，在工程量计算中，要做到不重不漏，更不能发生计算错误，否则会带来下列问题：

1）工程量的错误被承包商发现和利用，采用不平衡单价报价，会给业主带来损失。

2）工程量的错误会引发其他施工索赔。

3）工程量的错误还会增加变更工程的处理难度。由于承包商采用了不平衡报价，所以当工程发生设计变更而引起工程量清单中工程量的增减时，会使得工程师不得不和业主及承包商协商确定新的单价，对变更工程进行计价。

4）工程量的错误会造成投资控制和预算控制的困难。

总之，合理的清单项目设置和准确的工程数量，是清单计价的前提和基础。对于招标人来讲，工程量清单是进行投资控制的前提和基础，工程量清单编制的质量直接关系和影响到工程建设的最终结果。

2. 措施项目清单的编制

措施项目清单是指为完成工程项目施工，发生于该工程施工准备和施工过程中的技术、生活、安全、环境保护等方面项目的清单。

计量规范中将措施项目划分为两类：一类是总价措施项目，另一类是单价措施项目。总价措施项目是指其费用的发生和金额的大小与使用时间、施工方法或者两个以上工序相关，与实际完成的实体工程量的多少关系不大，典型的是安全文明施工费、夜间施工增加费和冬雨季施工增加费、二次搬运费等，以"项"计价。单价措施项目是指可以计算工程量的项目，典型的是脚手架工程，以"量"计价。这些可以计算工程量的措施项目可采用与分部分项工程项目清单相同的编制方式，编制"分部分项工程和单价措施项目清单与计价表"。

计量规范附录当中列出了总价措施项目的内容，作为措施项目列项的参考。计量规范中的总价措施项目见表6-1。

总价措施项目　　　　　　　　　　　　　　　　　　　　表6-1

序号	项目名称
1	安全文明施工费（含环境保护、文明施工、安全施工、临时设施）
2	夜间施工增加费
3	冬雨季施工增加费
4	二次搬运费
5	已完工程及设备保护费

（1）单价措施项目清单的编制

单价措施项目清单的编制与分部分项工程清单的编制完全相同，必须列明项目编码、项目名称、项目特征、计量单位、工程量，并按照计量规范的有关规定执行。某房屋建筑工程综合脚手架的分部分项工程和单价措施项目清单与计价表见表6-2。

分部分项工程和单价措施项目清单与计价表　　　　表 6-2

序号	项目编码	项目名称	项目特征	计量单位	工程量	金额（元）		
						综合单价	合价	其中
								暂估价
1	011701001001	综合脚手架	1. 建筑结构形式：框剪； 2. 檐口高度：60m	m³	16000			

（2）总价措施项目清单的编制

编制总价措施项目清单，必须按计量规范规定的项目编码、项目名称确定清单项目，不必描述项目特征和确定计量单位。某房屋建筑工程的安全文明施工总价措施项目清单与计价表见表 6-3。

总价措施项目清单与计价表　　　　表 6-3

序号	项目编码	项目名称	计算基础	费率（%）	金额（元）	调整费率（%）	调整后金额	备注
1	011707001001	安全文明施工	定额基价					
2	011707002001	夜间施工	定额人工费					

（3）房屋建筑工程中常用的措施项目的适用范围

总价措施项目费主要包括安全文明施工费、夜间施工增加费、非夜间施工照明费、二次搬运费、冬雨季施工增加费、地上、地下设施、建筑物的临时保护设施费、已完工程及设备保护费等；单价措施项目费主要包括脚手架费、混凝土模板及支架（撑）费、垂直运输费、超高施工增加费、大型机械设备进出场及安拆费、施工排水、降水费等。

1）一般来说，总价措施项目费当中的安全文明施工费，地上、地下设施、建筑物的临时保护设施费、已完工程及设备保护费以及单价措施项目费中的脚手架费、混凝土模板及支架（撑）费、垂直运输费、大型机械设备进出场及安拆费，在所有项目当中都应该包含在内。

2）夜间施工增加费主要适用于工期比较紧张、因工程结构及施工工艺需要在夜间施工的工程项目或者易受到交通不便影响的项目。

①项目工期紧张。为了加快进度，要进行流水作业，所以需要将一些工序安排在白天，一些工序安排在夜间。

②施工工艺要求的特殊性。有些工序是需要连续施工的，比如钻孔灌注桩，成孔之后最多两三个小时就需要浇筑，否则就会有沉渣过多甚至有塌孔可能，所以什么时候成孔什么时候就得灌，不分白天黑夜。

③交通不便。有些工程需要在主干道路上或人流量较大的市区施工，道路不允许断交，施工易引起交通拥堵，形成安全隐患，因此必须夜间施工，或者因白天交通拥

挤，不利于部分施工材料的运输，如商品混凝土从搅拌站送到工地的时间和温度有要求，为保证混凝土的质量，部分工序只能在夜间完成。

3）非夜间施工照明费主要适用于在坑、洞、井内作业以及地下室等自然采光条件差的工程项目。

4）二次搬运费主要适用于施工场地狭小，或因交通道路条件较差使得运输车辆难以直接到达指定地点，而需要通过小车或人力进行第二次或多次转运的工程项目。

5）原则上凡施工组织设计安排在冬雨季施工的工程量，不论采用何种冬雨季施工措施，均应计算冬季施工增加费。

6）超高施工增加费主要适用于建筑物超高（单层建筑物檐口高度超过 20m，多层建筑物超过 6 层）引起的人工工效降低以及由于人工工效降低引起的机械降效、高层施工用水加压水泵的安装、拆除和工作台班及通信联络设备使用及摊销的项目。

7）施工排水、降水费主要适用于正常施工条件下冬雨季和建筑养护时需要排水的项目或者地下水位较高必须采取有效降水的项目。

措施项目清单的编制需考虑多种因素，除工程本身的因素以外，还涉及水文、气象、环境、安全等因素。一般情况下，措施项目清单的编制依据主要有现场情况，地勘水文资料，工程特点，常规施工方案，与建设工程有关的标准、规范、技术资料，拟定的招标文件，建设工程设计文件及相关资料等。

由于影响措施项目设置的因素太多，计量规范不可能将施工中可能出现的措施项目一一列出。在编制措施项目清单时，因工程情况不同，出现计量规范附录中未列的措施项目，清单编制人或投标人可根据工程的具体情况对措施项目清单作补充。

3. 其他项目清单的编制

其他项目清单是指分部分项工程量清单、措施项目清单所包含的内容以外，因招标人的特殊要求而发生的与拟建工程有关的其他费用项目和相应数量的清单。工程建设标准的高低、工程的复杂程度、工程的工期长短、工程的组成内容、发包人对工程管理的要求等都直接影响其他项目清单的具体内容。在编制清单过程中，编制人一般按照暂列金额、暂估价（包括材料暂估价、工程设备暂估价、专业工程暂估价）、计日工、总承包服务费等进行编制，对于其不足部分，编制人可根据工程的具体情况进行补充。其他项目清单与计价汇总表见表 6-4。

其他项目清单与计价汇总表 表 6-4

序号	项目名称	金额	结算金额	备注
1	暂列金额			
2	暂估价			
2.1	材料（工程设备）暂估价 / 结算价	—		
2.2	专业工程暂估价 / 结算价			

序号	项目名称	金额	结算金额	备注
3	计日工			
4	总承包服务费	—		
合计			—	

（1）暂列金额

暂列金额是招标人暂定并包括在合同中的一笔款项，用于施工合同签订时尚未确定或者不可预见的所需材料、设备、服务的采购，施工中可能发生的工程变更，合同约定调整因素出现的工程价款调整以及发生的索赔、现场签证确认等的费用。

（2）暂估价

暂估价是指招标人在工程量清单中提供的用于支付必然发生但暂时不能确定价格的材料价款、工程设备价款以及专业工程金额。暂估价是在招标阶段预见肯定要发生，但是由于标准尚不明确或者需要由专业承包人来完成，暂时无法确定具体价格时所采用的一种价格形式。

（3）计日工

计日工是为了解决现场发生的零星工作的计价而设立的。计日工以完成零星工作所消耗的人工工时、材料数量、机械台班进行计量，并按照计日工表中填报的适用项目的单价进行计价支付。计日工适用的所谓零星工作一般是指合同约定之外的或者因变更而产生的、工程量清单中没有相应项目的额外工作，尤其是那些不允许事先商定价格的额外工作。

编制工程量清单时，计日工表中的人工应按工种，材料和机械应按规格、型号详细列项。其中，人工、材料、机械应由招标人根据工程的复杂程度，工程设计质量的优劣及设计深度等因素，按照经验来估算一个比较贴近实际的数量，并作为暂定量写到计日工表中，纳入有效投标竞争，以期获得合理的计日工单价。

（4）总承包服务费

总承包服务费是为了解决招标人在法律法规允许的条件下进行专业工程发包以及自行采购供应材料、设备时，要求总承包人对发包的专业工程提供协调和配合服务（如分包人使用总包人的脚手架、水电接驳等）；对供应的材料、设备提供收、发和保管服务以及对施工现场进行统一管理；对竣工资料进行统一汇总整理等发生并向总承包人支付的费用。招标人应当预计该项费用并按投标人的投标报价向投标人支付该项费用。

4.规费和税金项目清单的编制

规费项目清单应按照下列内容列项：社会保险费，包括养老保险费、失业保险金、医疗保险费、工伤保险费、生育保险费、住房公积金。出现未包含在上述规范中的项目，应根据省级政府或省级有关部门的规定列项。

税金项目清单应包括增值税。如国家税法发生变化，税务部门依据职权增加了税种，应对税金项目清单进行补充。规费、税金项目清单与计价表见表6-5。

规费、税金项目清单与计价表　　　　　　　　　　表6-5

工程名称：　　　　　　　　　　标段：　　　　　　　　　　　　　第　页　共　页

序号	项目名称	计算基础	计算基数	费率（%）	金额（元）
1	规费	定额人工费			
1.1	社会保险费	定额人工费			
（1）	养老保险费	定额人工费			
（2）	失业保险金	定额人工费			
（3）	医疗保险费	定额人工费			
（4）	工伤保险费	定额人工费			
（5）	生育保险费	定额人工费			
1.2	住房公积金	定额人工费			
……					
2	税金（增值税）	分部分项工程费 + 措施项目费 + 其他项目费 + 规费 – 按规定不计税的工程设备金额			
合计					

编制人（造价人员）：　　　　　　　　　　　复核人（造价工程师）：

5. 工程量清单总说明的编制

工程量清单总说明包括以下内容：

（1）工程概况。

工程概况中要对建设规模、工程特征、计划工期、施工现场实际情况、自然地理条件、环境保护要求等作出描述。其中，建设规模是指建筑面积；工程特征应说明基础及结构类型、建筑层数、高度、门窗类型及各部位装饰、装修做法；计划工期是指按工期定额计算的施工天数；施工现场实际情况是指施工场地的地表状况；自然地理条件是指建筑场地所处地理位置的气候及交通运输条件；环境保护要求是针对施工噪声及材料运输可能对周围环境造成的影响和污染所提出的防护要求。

（2）工程招标及分包范围。

招标范围是指单位工程的招标范围，如建筑工程招标范围为"全部建筑工程"，装饰装修工程招标范围为"全部装饰装修工程"，或招标范围不含桩基础、幕墙、门窗等。工程分包是指特殊工程项目的分包，如招标人自行采购安装"铝合金门窗"等。

（3）工程量清单编制依据。

工程量清单编制依据包括《建设工程工程量清单计价规范》GB 50500—2013、设计文件、招标文件、施工现场情况、工程特点及常规施工方案等。

（4）工程质量、材料、施工等的特殊要求。

工程质量要求是指招标人要求拟建工程的质量应达到合格或优良标准；材料要求是指招标人根据工程的重要性、使用功能及装饰装修标准提出，诸如对水泥的品牌、钢材的生产厂家、花岗石的出产地、品牌等的要求；施工要求一般是指建设项目中对单项工程的施工顺序等的要求。

（5）其他需要说明的事项。

6. 招标工程量清单汇总

在分部分项工程量清单、措施项目清单、其他项目清单、规费和税金项目清单编制完成以后，经审查复核，与工程量清单封面及总说明汇总并装订，由相关责任人签字和盖章，形成完整的招标工程量清单文件。

6.1.4 招标工程量清单编制示例

【例6-1】某多层砖混住宅土方工程分部分项工程量的计算与列表。

根据《房屋建筑与装饰工程工程量计算规范》GB 50854—2013，对挖沟槽土方、垫层、脚手架等工程量进行计算并列表。

1. 挖沟槽土方工程量

根据附录A.1土方工程工程量计算规则，挖沟槽土方的工程量按设计图示尺寸以基础垫层底面积乘以挖土深度计算。项目特征：①土壤类别；②挖土深度；③弃土运距。工作内容：①排地表水；②土方开挖；③围护（挡土板）及拆除；④基地钎探；⑤运输。

2. 垫层工程量

"垫层"的工程量计算根据附录D.4砌筑工程中的"垫层"的工程量计算规则，按设计图示以立方米计算。项目特征：垫层材料种类、配合比、厚度。工作内容：①垫层材料的拌制；②垫层铺设；③材料运输。

3. 脚手架工程量

脚手架工程属单价措施项目，其工程量计算根据附录S.1脚手架工程中综合脚手架工程量计算规则，按建筑面积以 m^2 计算。项目特征：①建筑结构形式；②檐口高度。工作内容：①场内、场外材料搬运；②搭、拆脚手架、斜道、上料平台；③安全网的铺设；④选择附墙点与主体连接；⑤测试电动装置、安全锁等；⑥拆除脚手架后材料的堆放。计算脚手架工程应注意：①使用综合脚手架时，不再使用外脚手架、里脚手架等单项脚手架；综合脚手架适用于能够按"建筑面积计算规则"计算建筑面积的建筑工程脚手架，不适用于房屋加层、构筑物及附属工程脚手架；②同一建筑物有不同檐高时，按建筑物竖向切面分别按不同檐高编列清单项目；③整体提升架已包括2m高的防护架体设施；④脚手架材质可以不描述，但应注明由投标人根据工程实际情况按国家现行标准规范自行确定。

4. 分部分项工程项目清单列表

填列工程量清单的表格见表 6-6。需要说明的是，表中带括号的数据属于随招标文件公布的招标控制价的内容即招标人提供招标工程量清单时，表中带括号数据的单元格内容为空白。

分部分项工程和单价措施项目清单与计价表（招标工程量清单）　　　　表 6-6

工程名称：某多层砖混住宅土方工程　　　　　　　　　　　标段：　　　　　　　第　页共　页

序号	项目编码	项目名称	项目特征描述	计量单位	工程量	综合单价	合价	其中：暂估价
						金额（元）		
1	010101003001	挖沟槽土方	1. 土壤类别：三类土； 2. 挖土深度：1.8m； 3. 弃土距离：4km	m³	2634.034	（48.26）	（127118.48）	
			……					
5	010401001001	垫层	垫层材料种类、厚度：3：7 灰土、500mm 厚	m³	16.15	（193.56）	（3125.99）	
			……					
		分部小计					（2496270）	
			……					
16	011701001001	综合脚手架	砖混、檐高 22m	m²	10940	（20.85）	（228099）	
			……					
		分部小计					（829480）	
		合计					（6709337）	

注：表中括号中的金额是在编制招标控制价或投标报价时填列的。

6.2　招标控制价的编制方法

6.2.1　招标控制价的概念

招标控制价是指招标人根据国家或省级、行业建设主管部门颁发的有关计价依据和办法，依据拟定的招标文件和招标工程量清单，结合工程具体情况发布的招标工程的最高投标限价。此外《中华人民共和国招标投标法实施条例》中规定的最高投标限价基本等于《建设工程工程量清单计价规范》GB 50500—2013 中规定的招标控制价，因此招标控制价的编制要求和方法也同样适用于最高投标限价，本教材主要根据《建设工程工程量清单计价规范》GB 50500—2013 编制，因此在本教材中，只讲解招标控制价的相关内容。

编制招标控制价时应遵循的规定：

（1）国有资金投资的建设工程招标，招标人必须编制招标控制价。根据《建设工程工程量清单计价规范》GB 50500—2013 的规定，国有资金投资的工程实行工程量清单招标，为了客观、合理地评审投标报价和避免哄抬标价，避免造成国有资产流失，招标人必须编制招标控制价，规定最高投标限价。当投标人的投标报价高于招标控制价时，其投标应予以拒绝。

（2）招标控制价超过批准的概算时，招标人应将其报原概算审批部门审核。由于我国对国有资金投资项目的投资控制实行的是投资概算审批制度，国有资金投资的工程原则上不能超过批准的投资概算。

（3）招标控制价应由具有编制能力的招标人或受其委托具有相应资质的工程造价咨询人编制和审核。

（4）根据《建设工程招标控制价编审规程》（中价协〔2011〕013号）的规定，工程造价咨询企业接受招标人的委托编制或审查招标控制价，必须严格执行国家相关法律、法规和有关制度，认真恪守职业道德、执业准则，依据有关执业标准，公正、独立地开展工程造价咨询服务工作。

（5）招标控制价应在招标文件中公布，不应上调或下浮。在公布招标控制价时，应公布招标控制总价，以及各单位工程的分部分项工程费、措施项目费、其他项目费、规费和税金。

（6）招标控制价的作用决定了招标控制价不同于标底，无需保密。为体现招标的公平、公正性，防止招标人有意抬高或压低工程造价，招标人应在招标文件中如实公布招标控制价，同时，招标人应将招标控制价报工程所在地或有该工程管辖权的行业管理部门的工程造价管理机构备查。

6.2.2　招标控制价的编制程序

招标控制价编制应经历编制准备、文件编制和成果文件出具三个阶段的工作程序。

1. 编制准备阶段的主要工作包括：

（1）收集与本项目招标控制价相关的编制依据；

（2）熟悉招标文件、相关合同、会议纪要、施工图纸和施工方案相关资料；

（3）了解应采用的计价标准、费用指标、材料价格信息等情况；

（4）了解本项目招标控制价的编制要求和范围；

（5）对本项目招标控制价的编制依据进行分类、归纳和整理；

（6）成立编制小组，就招标控制价编制的内容进行技术交底，做好编制前期的准备工作。

2. 文件编制阶段的主要工作包括：

（1）按招标文件、相关计价规则进行分部分项工程工程量清单项目计价，并汇总分部分项工程费；

（2）按招标文件、相关计价规则进行措施项目计价，并汇总措施项目费；

（3）按招标文件、相关计价规则进行其他项目计价，并汇总其他项目费；

（4）进行规费项目、税金项目清单计价；

（5）对工程造价进行汇总，初步确定招标控制价。

3. 成果文件出具阶段的主要工作包括：

（1）审核人对编制人编制的初步成果文件进行审核。招标控制价的编制应符合现行国家标准《建设工程工程量清单计价规范》GB 50500—2013的有关规定；

（2）审定人对审核后的初步成果文件进行审定；

（3）编制人、审核人、审定人分别在相应成果文件上署名，并应签署造价工程师或造价员执业或从业印章；

（4）成果文件经编制、审核和审定后，工程造价咨询企业的法定表人或其授权人在成果文件上签字或盖章；

（5）工程造价咨询企业需在正式的成果文件上签署本企业的执业印章。

6.2.3　招标控制价的编制依据与编制内容

1. 招标控制价的编制依据

招标控制价的编制依据是指在编制招标控制价时需要进行工程量计量、价格确认、工程计价的有关参数、率值的确定等工作时所需的基础性资料。招标控制价编制的主要依据包括：

（1）国家、行业和地方政府的法律、法规及有关规定；

（2）现行国家标准《建设工程工程量清单计价规范》GB 50500—2013；

（3）国家、行业和地方建设主管部门颁发的计价办法、价格信息及其相关配套计价文件；

（4）国家、行业和地方有关技术标准和质量验收规范等；

（5）工程项目地质勘察报告以及相关设计文件；

（6）工程项目拟定的招标文件、工程量清单和设备清单；

（7）答疑文件，澄清和补充文件以及有关会议纪要；

（8）常规或类似工程的施工组织设计；

（9）本工程涉及的人工、材料、机械台班的价格信息；

（10）施工期间的风险因素；

（11）其他相关资料。

2. 招标控制价的编制内容

招标控制价的编制内容包括分部分项工程费、措施项目费、其他项目费用、规费和税金，各个部分有不同的计价要求：

（1）分部分项工程费的编制

分部分项工程费应由招标文件中分部分项工程量清单提供的工程量乘以相应的综合单价汇总而成。综合单价应根据招标文件中的分部分项工程量清单的特征描述及有关要求、行业建设主管部门颁发的计价方法等编制依据进行编制。

为使招标控制价与投标报价所包含的内容一致，综合单价中应包括招标文件中招标人要求投标人承担的风险内容及其范围（幅度）产生的风险费用，可以以风险费率的形式进行计算。招标文件提供了暂估单价的材料，应按暂估单价计入综合单价。

（2）措施项目费的编制

措施项目费应依据招标文件中提供的措施项目清单确定。措施项目费分为以"量"计算和以"项"计算两种。可以计算工程量的措施项目，应按分部分项工程量清单的方式采用综合单价计价；对于不可精确计量的措施项目，则以"项"为单位，采用费率法按规定综合取定，结果应包括除规费、税金外的全部费用。措施项目费中的安全文明施工费应当按照国家或省级、行业建设主管部门的规定计价，该部分不得作为竞争性费用。

（3）其他项目费用的编制

1）暂列金额。暂列金额由招标人根据工程的复杂性度、设计深度、工程环境条件等，按有关计价规定进行估算确定。一般可按分部分项工程费的 10%~15% 为参考。

暂列金额与投资构成里预备费的异同点比较：

①相同点：都具有调整可能因不同阶段设计深度不足存在的造价偏差的功能。

②不同点：暂列金额是为"不能预见、不能确定的因素"而设立，该费用可能发生也可能不发生。基本预备费又称不可预见费，是为"可能发生难以预料的支出"而设立。

A. 调整范围不同。预备费调整的是建筑安装工程费和工程建设其他费用两个内容，而暂列金额仅调整建筑安装工程费。

B. 调整阶段不同。预备费调整的是初步设计与施工图设计之间可能存在的造价偏差，而暂列金额是调整施工图与竣工图之间可能存在的造价偏差。

C. 调整的内容不同。基本预备费不调整由于物价波动引起的价差，而暂列金额则涵盖了变更和物价波动的价差。

2）暂估价。暂估价中的材料单价应按照工程造价管理机构发布的工程造价信息中的材料单价计算，工程造价信息未发布的材料单价，其单价参考市场价格估算；暂估价中的专业工程暂估价应分不同专业，按有关计价规定估算。

①暂估价设置目的：因适用暂估价的主动权和决定权在发包人，发包人可以利用有关暂估价的规定，在合同中将必然发生但暂时不能确定价格的材料、工程设备和专业工程以暂估价的形式确定下来，并在实际履行合同过程中及时根据合同中所约定的程序和方式确定适用暂估价的实际价格，以此避免出现一些不必要的争议和纠纷。因此，暂估价主要针对建筑市场上长期价格幅度变化比较大的材料、工程设备和专业工程。

②暂估价设置原则：对于设计图纸和招标文件未明确材料品牌、规格及型号或同等质量、规格及型号，但品种多、市场价格悬殊以及对功能或成本产生重要影响的材料应设置暂估价。

【例6-2】以某个房屋建筑工程为例，工程采用施工总承包发包。招标人在招标时考虑到瓷砖中的地砖用量较大，单一用量达到近400万元，同时对工程的美观很重要，所以编制招标文件的暂估价项目时指定了地砖的品牌及型号，并在总包合同中明确施工中由甲乙双方共同采购。

对于在施工发承包阶段，部分工程只完成初步设计，施工图纸不完善，工程量暂时无法确定或某些专业性较强、总承包单位无法自行完成的分包工程应设置专业工程暂估价。

【例6-3】天津市某高校实验楼工程，施工总承包单位招标时，因部分内容建设单位需求不明确、图纸深化设计不到位，幕墙工程、光伏电工程、二次精装修、智能化、工艺排风系统等按专业工程暂估价计入，施工总承包合同金额为12000万元，其中3000万元为专业工程暂估价。

③暂列金额与暂估价的区别：

A. 在使用方式上，暂列金额属于工程量清单计价中其他项目费的组成部分，包括在合同价之内，但并不直接属于承包人所有，而是由发包人暂定并掌握使用的一笔款项，如有剩余应归发包人所有；暂估价作为标准不明确或者需要由专业承包人完成，暂时又无法确定具体价格时采用的一种价格表现形式。

B. 在发生的可能性上，暂列金额是包含在合同价里面的一笔费用，用来支付在施工过程中可能产生的、也可能不会产生的项目，具有不可预见性，即可发生也可不发生；暂估价是包含在合同中必然发生的，即必然发生但价格不确定。

3）计日工。计日工中的人工单价和施工机械台班单价应按省级、行业建设主管部门或其授权的工程造价管理机构公布的单价计算；材料应按工程造价管理机构发布的工程造价信息中的材料单价计算，工程造价信息未发布材料单价的材料，其价格应按市场调查确定的单价计算。

4）总承包服务费。编制招标控制价时，总承包服务费应按照省级或行业建设主管部门的规定，并根据招标文件列出的内容和要求估算。在计算时可参考以下标准：

①招标人仅要求总包人对其发包的专业工程进行施工现场协调和统一管理、对竣工材料进行统一汇总整理等服务时，总承包服务费按发包的专业工程估算造价的1.5%左右计算；

②招标人要求总包人对其发包的专业工程既进行总承包管理和协调，又要求提供相应配合服务时，总承包服务费应根据招标文件列出的配合服务内容，按发包的专业工程估算造价的3%~5%计算；

③招标人自行供应材料、设备的，按招标人供应材料、设备价值的1%计算。

（4）规费和税金的编制

规费和税金必须按国家或省级、行业建设主管部门规定的标准计算，不得作为竞争性费用。

6.3　投标报价的编制方法

6.3.1　投标报价概述和编制原则

1. 投标报价

投标报价是投标单位根据招标文件中提供的工程量清单和有关要求，结合施工现场实际情况及拟定的施工方案，根据企业自身所掌握的各种价格信息、资料，结合企业定额编制得出的。投标价是投标人投标时为响应招标文件要求所报出的对已标价工程量清单汇总后得出的总价。

承包商的投标报价是确定中标单位的主要标准，也是业主和承包商进行合同谈判的基础，直接关系着承包商投标的成败，因此投标报价是工程投标的核心。投标报价过高会使承包商失去中标的机会，而过低的投标报价虽然会增加中标机会，但中标后会给承包商增加亏损的风险。因此编制合理的投标报价，是承包商能否中标并顺利完成工程的关键问题。

2. 投标报价的编制原则

（1）投标报价由投标人自主确定，但必须执行国家标准《建设工程工程量清单计价规范》GB 50500—2013 的强制性规定。投标价应由投标人或受其委托具有相应资格的工程造价咨询人员编制。

（2）投标人的投标报价不得低于成本。《中华人民共和国招标投标法》第四十一条规定："能够满足招标文件的实质性要求，并且经评审的投标价格最低，但是投标价格低于成本的除外"。其他有关招标投标的部门规章、文件中，对此也有明确规定，因此投标人的投标报价不得低于成本。

（3）投标人必须按照招标工程量清单填报价格。实行工程量清单招标，招标人在招标文件中提供工程量清单，其目的是使各投标人在投标报价中具有共同的竞争平台。因此，为避免出现差错，要求投标人必须按招标人提供的招标工程量清单填报投标价格，填写的项目编码、项目名称、项目特征、计量单位、工程量必须与招标工程量清单一致。

（4）投标报价应以招标文件中设定的发承包双方责任划分，作为考虑投标报价费用项目和费用计算的基础，发承包双方的责任划分不同，会导致合同风险不同的分摊，从而导致投标人选择不同的报价。

（5）投标报价应以施工方案、技术措施等作为计算的基本条件；以反映企业技术和管理水平的企业定额作为计算人工、材料和机械台班消耗量的基本依据；充分利用现场考察、调研成果、市场价格信息和行情资料，编制投标报价。

6.3.2 投标报价的编制及准备工作

1.投标报价编制依据

（1）《建设工程工程量清单计价规范》GB 50500—2013；

（2）国家或省级、行业建设主管部门颁发的计价办法；

（3）企业定额；

（4）招标文件、招标工程量清单及其补充通知、答疑纪要；

（5）建设工程设计文件及相关资料；

（6）施工现场情况、工程特点及投标时拟定的施工组织设计或施工方案；

（7）与建设项目相关的标准、规范等技术资料；

（8）市场价格信息或工程造价管理机构发布的工程造价信息；

（9）其他的相关资料。

2.投标报价编制的基本程序

投标报价编制程序根据工作内容可分为两个阶段：准备阶段和编制阶段。准备阶段工作主要包括初步研究，现场踏勘，复核工程量，编制施工组织设计，生产要素、分包询价等；编制阶段主要包括投标报价策略的选择及投标报价的确定等，具体编制的程序如图6-1所示。

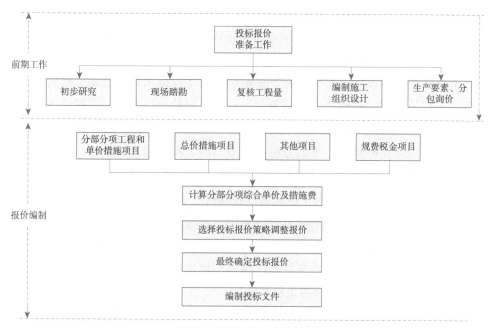

图 6-1　投标报价编制流程图

3.投标报价的准备工作

投标人通过资格审查取得招标文件后，应认真研究招标文件，制定最佳投标方案及策略，避免由于误解招标文件的内容而造成不必要的损失。

（1）初步研究

1）收集资料。在决定投标之后，首先要收集相关资料，作为报价的工具，投标人需要收集《建设工程工程量清单计价规范》GB 50500—2013 中所规定投标报价编制依据的相关资料，除此之外还应掌握：合同条件，尤其是有关工期、支付条件、外汇比例的规定；当地生活物资价格水平以及其他的相关资料。

2）熟悉招标的基本要求。研究招标文件首先应熟悉招标范围、工程基本情况以及招标人对投标报价及投标文件的编制、递交的基本要求，避免由于失误而造成不必要的损失。特别是对招标文件规定的工期、投标书的格式、签署方式、密封方法和投标的截止日期等要熟悉，并形成备忘录。

3）技术标准和要求分析。工程技术标准是按工程类型来描述工程技术和工艺内容特点，对设备、材料、施工和安装方法等所规定的技术要求，有的是对工程质量检验、试验和验收所规定的方法和要求。它们与工程量清单中各子项工作密不可分，报价人员应在准确理解招标人要求的基础上对有关工程内容进行报价。任何忽视技术标准的报价都是不完整、不可靠的，有时可能导致工程承包重大失误和亏损。

4）图样分析。图样是确定工程范围、内容和技术要求的重要文件，也是投标者确定施工方法等施工计划的主要依据。图样的详细程度取决于招标人提供的施工图设计所达到的深度和所采用的合同形式。详细的设计图样可使投标人比较准确地估价，而不够详细的图样则需要估价人员采用综合估价方法，其结果一般不是很精确。

5）合同条款分析。研究合同条款，主要应从以下几方面进行分析：

①工程量风险责任的承担。一般来说，清单计价是招标人提供拟建工程的工程量清单，工程量在招标投标中不参与竞争；定额计价是投标人计算拟建工程的分部分项工程量，工程量在招标投标中参与竞争。无论采用何种计价方式，工程变更导致的工程量增减一般均由招标人承担。

②价格风险责任的承担。主要分析招标范围内工程单价能否调整、如何调整以及工程变更和索赔价格如何确定。特别是要认真分析主要建筑材料和设备供应方式及价格风险责任的承担对报价的影响，以采取合理的报价策略。

③预付款比例及工程价款结算方式。充足、及时到位的资金是投标人保质保量按期完工的条件，也是投标人及时收回工程价款，保证企业正常运营、发展的前提。投标人应认真分析招标文件拟定的预付款比例及工程价款结算方式对投标人现金流量的影响和潜在的风险，以采取合理的报价对策。

④工期、质量要求及违约责任。投标人应根据招标文件要求的工期和质量编制施工方案或施工组织设计，同时分析按期完工和保证质量的可能性及潜在的风险，分析工期延误和出现质量问题时可能承担的违约责任，为正确处理工期、成本和质量三者关系以及合理报价提供依据。

6）收集同类工程成本指标，为最后投标报价的确定提供决策依据。

（2）现场踏勘

招标人在招标文件中一般会明确是否组织工程现场踏勘以及组织进行工程现场踏勘的时间和地点。投标人对一般区域调查重点注意以下几个方面：

1）自然条件调查。自然条件调查主要包括对气象资料，水文资料，地震、洪水及其他自然灾害情况，地质情况等的调查。

2）施工条件调查。施工条件调查的内容主要包括：工程现场的用地范围、地形、地貌、地物、高程，地上或地下障碍物，现场的三通一平情况；工程现场周围的道路、进出场条件、有无特殊交通限制；工程现场施工临时设施、大型施工机具、材料堆放场地安排的可能性，是否需要二次搬运；工程现场邻近建筑物与招标工程的间距、结构形式、基础埋深、新旧程度、高度；市政给水及污水、雨水排放管线位置、高程、管径、压力、废水、污水处理方式，市政、消防供水管道管径、压力、位置等；当地供电方式、方位、距离、电压等；当地燃气供应能力，管线位置、高程等；工程现场通信线路的连接和铺设；当地政府有关部门对施工现场管理的一般要求、特殊要求及规定，是否允许节假日和夜间施工等。

3）其他条件调查。其他条件调查主要包括各种构件、半成品及商品混凝土的供应能力和价格，以及现场附近的生活设施、治安环境等情况的调查。

（3）复核工程量

工程量清单作为招标文件的组成部分，是由招标人提供的。工程量的大小是投标报价最直接的依据，复核工程量的准确程度，将影响承包商的经营行为：一是根据复核后的工程量与招标文件提供的工程量之间的差距，考虑相应的投标策略，决定报价裕度；二是根据工程量的大小采取合适的施工方法，选择适用、经济的施工机具设备、投入使用相应的劳动力数量等。复核工程量应注意以下几方面：

1）投标人应认真根据招标说明、图纸、地质资料等招标文件资料，计算主要清单工程量，复核工程量清单。其中特别注意，按一定顺序进行，避免漏算或重算；正确划分分部分项工程项目，与"清单计价规范"保持一致。

2）复核工程量的目的不是修改工程量清单，即使有误，投标人也不能修改招标工程量清单中的工程量，因为修改了清单将导致在评标时认为投标文件未响应招标文件而被否决。

3）针对招标工程量清单中工程量的遗漏或错误，是否向招标人提出修改意见取决于投标策略。投标人可以向招标人提出，由招标人统一修改并把修改情况通知所有投标人；也可以运用一些报价的技巧提高报价的质量，争取在中标后能获得更大的收益。

4）通过工程量计算复核还能准确地确定订货及采购物资的数量，防止由于超量或少购等带来的浪费、积压或停工待料。

在核算完全部招标工程量清单中的细目后，投标人应按大项分类汇总主要工程总量，以便把握整个工程的施工规模，并据此研究采用合适的施工方法，选择适用的施工设备等，进而准确地确定订货及采购物资的数量，防止由于超量或少购等带来的浪费、积压或停工待料。

（4）编制施工组织设计

施工组织设计编制的主要依据：招标文件中的相关要求，设计文件中的图样及相关说明，现场踏勘资料，有关定额，现行有关技术标准、施工规范或规则等。

工程施工组织设计的编制程序如下：

1）计算工程量。根据概算指标或类似工程计算，不需要很高的精确度，对主要项目加以计算即可，如土石方、混凝土等。

2）拟定施工总方案。施工方案仅对重大问题作出原则规定即可，不需考虑施工步骤，主要包括：施工方法，施工机械设备的选择，科学的施工组织，合理的施工进度，现场的平面布置及各种技术措施。

3）确定施工顺序。合理确定施工顺序需要考虑以下几点：各分部分项工程之间的关系；施工方法和施工机械的要求；当地的气候条件和水文要求；施工顺序对工期的影响。

4）编制施工进度计划。施工进度计划的编制要满足合同对工期的要求，在不增加资源的前提下尽量提前。在编制进度计划的过程中要全面了解工程情况，掌握工程中各分部、分项、单位工程之间的关系，避免出现施工顺序的颠倒；对现场踏勘得到的资料进行综合分析与研究，在施工计划中正确反映水文地质、气候等的影响。

5）计算人工、材料、施工机具的需要量。根据工程量、相关定额、施工方案等计算人工、材料、施工机具的需要量。

6）施工平面的布置。根据施工方案、施工进度要求，对施工现场的道路交通、材料仓库、临时设施等作出合理的规划布置。

（5）投标报价的询价

询价是投标报价的一个非常重要的环节。工程投标活动中，施工单位不仅要考虑投标报价能否中标，还应考虑中标后所承担的风险。因此，必须通过各种渠道，采用各种方式对所需的人工、材料、施工机械等要素进行系统的调查，掌握各要素的价格、质量、供应时间、供应数量等数据，这个过程称为询价。询价除需要了解生产要素价格外，还应了解影响价格的各种因素，这样才能够为估价提供可靠的依据。

1）生产要素询价

①材料询价。材料询价的内容包括调整对比材料价格、供应数量、运输方式、保险和有效期、不同买卖条件下的支付方式等。询价人员在施工方案初步确定后，立即发出材料询价单，并催促材料供应商及时报价。收到询价单后，询价人员应将从各种渠道所询得的材料报价及其他有关资料汇总整理。对同种材料从不同经销部门所得到的所有资料进行比较分析，选择合适、可靠的材料供应商的报价，提供给工程报价人员使用。

②施工机具询价。在外地施工需用的施工机具，有时在当地租赁或采购可能更为有利，因此，事前有必要进行施工机具的询价。必须采购的施工机具，可向供应厂商询价。对于租赁的施工机具，可向专门从事租赁业务的机构询价，并应详细了解其计价方法。例如，各种施工机具每台班的租赁费、最低计费起点、施工机具停滞时租赁费及进出场费的计算，燃料费及机上人员工资是否在台班租赁费之内，如需另行计算，这些费用项目的具体数额为多少等。

③劳务询价。如果承包商准备在工程所在地招募工人，则劳务询价是必不可少的。劳务询价主要有两种情况：一种是成建制的劳务公司，相当于劳务分包，一般费用较高，但素质较可靠，工效较高，承包商的管理工作较轻松；另一种是劳务市场招募零散劳动力，这种方式虽然劳务价格低廉，但有时素质达不到要求或工效较低，且承包商的管理工作较繁重。投标人应在对劳务市场充分了解的基础上决定采用哪种方式，并以此为依据进行收标报价。

2）分包询价

承包商可以确定拟分包的项目范围，将拟分包的专业工程施工图纸和技术说明送交预先选定的分包单位，请他们在约定的时间内报价，以便进行比较选择，最终选择合适的分包人。对分包人询价应注意以下几点：分包标函是否完整；分包工程单价所包含的内容；分包人的工程质量、信誉及可信赖程度；质量保证措施；分包报价。

6.3.3　投标报价的编制内容及报价策略

1.分部分项工程和措施项目的编制

（1）分部分项工程和单价措施项目清单编制

承包人投标报价中的分部分项工程费和以单价计算的措施项目费应按招标文件中分部分项工程和单价措施项目清单与计价表的特征描述确定综合单价计算，因此确定综合单价是分部分项工程和单价措施项目清单与计价表编制过程中最主要的内容。综合单价包括完成一个规定清单项目所需的人工费、材料和工程设备费、施工机具使用费、企业管理费、利润，并考虑风险费用的分摊。确定综合单价时的注意事项包括：

1）以项目特征描述为依据。项目特征是确定综合单价的重要依据之一，投标人投标报价时应依据招标文件中清单项目的特征描述确定综合单价。在招标投标过程中，当出现招标工程量清单特征描述与设计图纸不符时，投标人应以招标工程量清单的项目特征描述为准，确定投标报价的综合单价。当施工中施工图纸或设计变更与招标工程量清单项目特征描述不一致时，发承包双方应按实际施工的项目特征，依据合同约定重新确定综合单价。

2）材料、工程设备暂估价的处理。招标文件中在其他项目清单中提供了暂估单价的材料和工程设备，其中的材料应按其暂估的单价计入清单项目的综合单价中。

3）考虑合理的风险。招标文件中要求投标人承担的风险费用，投标人应考虑计入综合单价。在施工过程中，当出现的风险内容及其范围（幅度）在招标文件规定的范围（幅度）内时，综合单价不得变动，合同价款不作调整。根据国际惯例并结合我国工程建设的特点，发承包双方对工程施工阶段的风险采用如下分摊原则：

①对于主要由市场价格波动导致的价格风险，如工程造价中的建筑材料、燃料等价格风险，发承包双方应当在招标文件中或在合同中对此类风险的范围和幅度予以明确约定，进行合理分摊。根据工程特点和工期要求，一般采取的方式是承包人承担 5% 以内的材料、工程设备价格风险，10% 以内的施工机具使用费风险。

②对于法律、法规、规章或有关政策出台导致工程税金、规费、人工费发出变化，并且由省级住房城乡建设主管部门或其授权的工程造价管理机构根据上述变化发布的政策性调整，以及由政府定价或政府指导价管理的原材料等价格进行了调整，承包人不应承担相此类风险，应按照有关调整规定执行。

③对于承包人根据自身技术水平、管理、经营状况能够自主控制的风险，如承包人的管理费、利润的风险，承包人应结合市场情况，根据企业自身的实际合理确定，自主报价，该部分风险由承包人全部承担。

（2）综合单价的编制

《建设工程工程量清单计价规范》GB 50500—2013（简称《计价规范》）中的工程量清单综合单价是指完成一个规定清单项目所需的人工费、材料和工程设备费、施工机具使用费和企业管理费、利润以及一定范围内的风险费用。该定义并不是真正意义上的全费用综合单价，而是一种狭义上的综合单价，规费和税金等不可竞争的费用并不包括在项目单价中。

综合单价的计算通常采用定额组价的方法，即以计价定额为基础进行组合计算。由于《计价规范》与所选用定额中的工程量计算规则、计量单位、工程内容不尽相同，综合单价的计算不是简单地将其所含的各项费用进行汇总，而是要通过具体计算后综合而成。综合单价的计算可以概括为以下步骤。

1）确定组合定额子目。清单项目一般以一个"综合实体"考虑，包括了较多的工程内容，计价时，可能出现一个清单项目对应多个定额子目的情况。因此，计算综合单价的第一步就是将清单项目的工程内容与定额项目的工程内容进行比较，结合清单项目的特征描述，确定拟组价清单项目应该由哪几个定额子目来组合。如"预制预应力 C20 混凝土空心板"项目。《计价规范》规定此项目包括制作、运输、吊装及接头灌浆，若定额分别列有制作、安装、吊装及接头灌浆，则应用这四个定额子目来组合综合单价；又如"M5 水泥砂浆砌砖基础"项目，按《计价规范》不仅包括主项"砖基础"子目，还包括附项"混凝土基础垫层"子目。

2）计算定额子目工程量。由于一个清单项目可能对应几个定额子目，而清单工程量计算的是主项工程量，与各定额子目的工程量可能并不一致；即便一个清单项目对应一个定额子目，也可能由于清单工程量计算规则与所采用的定额工程量计算规则之间的差异，而导致二者的计价单位和计算出来的工程量不一致。因此，清单工程量不能直接用于计价，在计价时必须考虑施工方案等各种影响因素，根据所采用的计价定额及相应的工程量计算规则重新计算各定额子目的施工工程量。定额子目工程量的具体计算方法，应严格按照与所采用的定额相对应的工程量计算规则计算。

3）测算人、料、机消耗量。人、料、机的消耗量一般参照定额进行确定。在编制招标控制价时一般参照政府颁发的消耗量定额，编制投标报价时一般采用反映企业水平的企业定额，投标企业没有企业定额时可参照消耗量定额进行调整。

4）确定人、料、机单价。人工单价、材料价格和施工机械台班单价，应根据工程项目的具体情况及市场资源的供求状况进行确定，采用市场价格作为参考，并考虑一定的调价系数。

5）计算清单项目的人、料、机总费用。按确定的分项工程人工、材料和机械的消耗量及询价获得的人工单价、材料单价、施工机械台班单价，与相应的计价工程量相乘得到各定额子目的人、料、机总费用，将各定额子目的人、料、机总费用汇总后算出清单项目的人、料、机总费用。

$$人、料、机总费用 = \sum 计价工程量 \times (\sum 人工消耗量 \times 人工单价$$
$$+ \sum 材料消耗量 \times 材料单价 + \sum 台班消耗量 \times 台班单价) \qquad (6-1)$$

6）计算清单项目的管理费和利润。企业管理费及利润通常根据各地区规定的费率乘以规定的计价基础得出。通常情况下，计算公式如下：

$$管理费 = 人、料、机总费用 \times 管理费费率 \qquad (6-2)$$

$$利润 = 人、料、机总费用 \times 利润率 \qquad (6-3)$$

7）计算清单项目的综合单价。将清单项目的人、料、机总费用、管理费及利润汇总得到该清单项目合价，将该清单项目合价除以清单项目的工程量即可得到该清单项目的综合单价。

$$综合单价 = (人、料、机总费用 + 管理费 + 利润) / 清单工程量 \qquad (6-4)$$

如果采用全费用综合单价计价，则还需计算清单项目的规费和税金。

【例6-4】某多层砖混住宅土方工程，土壤类别为三类土；沟槽为砖大放脚带形基础；沟槽宽度为920mm，挖土深度为1.8m，沟槽为正方形，总长度为1590.6m。根据施工方案，土方开挖的工作面宽度各边0.25m，放坡系数为0.2。除沟边堆土1000m³外，现场堆土2170.5m³，运距60m，采用人工运输。其余土方需装载机装，自卸汽车运，运距4km。已知人工挖土单价为8.4元/m³，人工运土单价为7.38元/m³，装载机装、自卸汽车运土需使用的机械有装载机（280元/台班，0.00398台班/m³）、自卸汽车（340元/台班，0.04925台班/m³）、推土机（500元/台班，0.00296台班/m³）和洒水车（300元/台班，0.0006台班/m³）。另外，装载机装、自卸汽车运土需用工（25元/工日，0.012

工日 /m³）、用水（1.8 元 /m³，每 1m³ 土方需耗水 0.012m³）。试根据建筑工程量清单计算规则计算土方工程的综合单价（不含措施费、规费和税金），其中管理费取人、料、机总费用的 14%，利润取人、料、机总费用与管理费之和的 8%。试计算该工程挖沟槽土方的工程量清单综合单价，并进行综合单价分析。

【解】①招标人根据清单规则计算的挖方量为：

$$0.92 \times 1.8 \times 1590.6 = 2634.034（m^3）$$

②投标人根据地质资料和施工方案计算挖土方量和运土方量

A. 需挖土方量

工作面宽度各边 0.25m，放坡系数为 0.2，则基础挖土方总量为：

$$（0.92 + 2 \times 0.25 + 0.2 \times 1.8）\times 1.8 \times 1590.6 = 5096.282（m^3）$$

B. 需运土方量

沟边堆土 1000m³；现场堆土 2170.5m³，运距 60m，采用人工运输；装载机装，自卸汽车运，运距 4km，运土方量为：

$$5096.282 - 1000 - 2170.5 = 1925.782（m^3）$$

③人工挖土人、料、机费用

人工费：$5096.282 \times 8.4 = 42808.77$（元）

④人工运土（60m 内）人、料、机费用

人工费：$2170.5 \times 7.38 = 16018.29$（元）

⑤装载机装、自卸汽车运土（4km）人、料、机费用

人工费：$25 \times 0.012 \times 1925.782 = 0.3 \times 1925.782 = 577.73$（元）

材料费：$1.8 \times 0.012 \times 1925.782 = 0.022 \times 1925.782 = 41.60$（元）

机械费：

装载机：$280 \times 0.00398 \times 1925.782 = 2146.09$（元）

自卸汽车：$340 \times 0.04925 \times 1925.782 = 32247.22$（元）

推土机：$500 \times 0.00296 \times 1925.782 = 2850.16$（元）

洒水车：$300 \times 0.0006 \times 1925.782 = 346.64$（元）

机械费小计：$2146.09 + 32247.22 + 2850.16 + 346.64 = 37590.11$（元）

机械费单价 $= 280 \times 0.00398 + 340 \times 0.04925 + 500 \times 0.00296 + 300 \times 0.0006 = 19.519$（元 /m³）

机械运土人、料、机费用合计：38209.44 元。

⑥综合单价计算

人、料、机费用合计 =42808.7+16018.29+38209.44=97036.50（元）

管理费 = 人、料、机总费用 ×14%=97036.50×14%=13585.11（元）

利润 =（人、料、机总费用 + 管理费）×8%=（97036.50+13585.11）×8%=8849.73（元）

总计：97036.50+13585.11+8849.73=119471.34（元）

按招标人提供的土方挖方总量折算为工程量清单综合单价：

$$119471.34/2634.034=45.36（元 /m^3）$$

⑦综合单价分析

人工挖土方：

$$单位清单工程量 =5096.282/2634.034=1.9348（m^3）$$

$$管理费 =8.40×14\%=1.176（元 /m^3）$$

$$利润 =（8.40+1.176）×8\%=0.766（元 /m^3）$$

$$管理费及利润 =1.176+0.766=1.942（元 /m^3）$$

人工运土方：

$$单位清单工程量 =2170.5/2634.034=0.8240（m^3）$$

$$管理费 =7.38×14\%=1.033（元 /m^3）$$

$$利润 =（7.38+1.033）×8\%=0.673（元 /m^3）$$

$$管理费及利润 =1.033+0.673=1.706（元 /m^3）$$

装载机自卸汽车运土方：

$$单位清单工程量 =1925.782/2634.034=0.7311（m^3）$$

$$人、料、机费用 =0.30+0.022+19.519=19.841（元 /m^3）$$

$$管理费 =19.841×14\%=2.778（元 /m^3）$$

$$利润 =（19.841+2.778）×8\%=1.8095（元 /m^3）$$

$$管理费及利润 =2.778+1.8095=4.588（元 /m^3）$$

表 6-7 为分部分项工程量清单与计价表，表 6-8 为工程量清单综合单价分析表。

分部分项工程量清单与计价表

表 6-7

工程名称：某多层砖混住宅工程　　　　　　　　　　标段：　　　　　　　　　　第　页共　页

序号	项目编码	项目名称	项目特征描述	计量单位	工程量	金额（元）		
						综合单价	合价	其中：暂估价
	010101003001	挖沟槽土方	1. 土壤类别：三类土； 2. 挖土深度：1.8m； 3. 弃土距离：4km	m³	2634.034	45.36	119471.34	
			本页小计					
			合计					

工程量清单综合单价分析表

表 6-8

工程名称：某多层砖混住宅工程　　　　　　　　　　标段：　　　　　　　　　　第　页共　页

项目编码	010101003001		项目名称	挖沟槽土方		计量单位	m³

清单综合单价组成明细

定额编号	定额名称	定额单位	数量	单价（元）				合价（元）			
				人工费	材料费	机械费	管理费和利润	人工费	材料费	机械费	管理费和利润
	人工挖土	m³	1.9348	8.40			1.942	16.25			3.76
	人工运土	m³	0.8240	7.38			1.706	6.08			1.41
	装载机装、自卸汽车运土方	m³	0.7311	0.30	0.022	19.519	4.588	0.22	0.02	14.27	3.35
	人工单价		小计					22.55	0.02	14.27	8.52
	元/工日		未计价材料费								
	清单综合单价							45.36			

材料费明细	主要材料名称、规格、型号	单位	数量	单价（元）	合价（元）	暂估合价（元）	暂估合价（元）
	水	m³	0.012	1.8	0.022	暂估合价（元）	
	其他材料费			—		—	
	材料费小计			—	0.022	—	

（3）总价措施项目清单的编制

对于不能精确计量的措施项目，应编制总价措施项目清单。投标人对措施项目中的总价项目投标报价应遵循以下原则：

1）措施项目的内容应依据招标人提供的措施项目清单和投标人投标时拟定的施工组织设计或施工方案确定。

2）措施项目费由投标人自主确定，但其中安全文明施工费必须按照国家或省级、行业建设主管部门的规定计价，不得作为竞争性费用。招标人不得要求投标人对该项费用进行优惠，投标人也不得将该项费用参与市场竞争。

2. 其他项目清单的编制

（1）暂列金额应按照招标工程量清单中列出的金额填写，不得变动。

（2）暂估价不得变动和更改。暂估价中的材料、工程设备必须按照暂估单价计入综合单价；专业工程暂估价必须按照招标工程量清单中列出的金额填写。

（3）计日工应按照招标工程量清单列出的项目和估算的数量，自主确定各项综合单价并计算费用。

（4）总承包服务费应根据招标工程量列出的专业工程暂估价内容和供应材料、设备情况，按照招标人提出的协调、配合与服务要求和施工现场管理需要自主确定。

3. 规费和税金

规费和税金必须按国家或省级、行业建设主管部门规定的标准计算，不得作为竞争性费用。

4. 投标总价

投标人的投标总价应当与组成招标工程最清单的分部分项工程费、措施项目费、其他项目费和规费、税金的合计金额相一致，即投标人在进行工程项目工程量清单招标的投标报价时，不能进行投标总价优惠（或降价、让利），投标人对投标报价的任何优惠（或降价、让利）均应反映在相应清单项目的综合单价中。

【例 6-5】某住宅工程，其基础工程的招标工程量见表 6-9，投标人根据自主报价原则，管理费按人、料、机三项费用之和的 10% 计取，利润按人、料、机三项费用之和的 5% 计取，不考虑措施项目费、其他项目费和规费、税金和风险时，其投标报价见表 6-10。

分部分项工程和单价措施项目清单与计价表（一）　　　　　表 6-9

工程名称：某多层砖混某住宅工程　　　　　　　　　　　　　　　第　页共　页

序号	项目编码	项目名称	项目特征描述	计量单位	工程量	金额（元）		
						综合单价	合价	其中：暂估价
1	010101003001	挖沟槽土方	土类别：三类土；挖土深度：1.8m；弃土距离：4km	m^3	2634.034			
2	010103001001	回填方	密度要求：夯实	m^3	47.06			
3	010103002001	余方弃置	运距：4km	m^3	49.85			
4	010401001001	砖基础	砖品种、强度等级、页岩标砖、MU10；基础类型：带形基础；砂浆强度等级：M5 水泥砂浆	m^3	37.60			
5	010401001001	垫层	垫层材料种类、厚度：3:7灰土、500mm 厚		16.15			
......	......							

分部分项工程和单价措施项目清单与计价表（二）　　　　　表 6-10

工程名称：某多层砖混某住宅工程　　　　　　　　　　　　　　　　第　页共　页

序号	项目编码	项目名称	项目特征描述	计量单位	工程量	金额（元）		
						综合单价	合价	其中：暂估价
1	010101003001	挖沟槽土方	土类别：三类土； 挖土深度：3m； 运距：60m	m³	2634.034	45.36	119471.34	
2	010103001001	回填方	密度要求：夯实	m³	47.06	82.77	3895.16	
3	010103002001	余方弃置	运距：4km	m³	49.85	36.36	1812.55	
4	010401001001	砖基础	砖品种、强度等级、页岩标砖、MU10； 基础类型：带形基础； 砂浆强度等级：M5 水泥砂浆	m³	37.60	459.16	17264.42	
5	010401001001	垫层	垫层材料种类、厚度：3：7 灰土、500mm 厚	m³	16.15	191.42	3091.43	
			本页小计				145543.34	
			合计					

5. 投标报价策略

投标报价策略是指投标单位在投标竞争中的系统工作部署及参与投标竞争的方式和手段对投标单位而言，投标报价策略是投标获胜的重要方式、手段和艺术。投标报价策略可分为基本策略和报价技巧两个层面。

（1）基本策略

投标报价的基本策略主要是指投标单位应根据招标项目的不同特点，并考虑自身的优势和劣势，选择不同的报价。

1）可选择报高价的情形。投标单位遇下列情形时，其报价可高一些：施工条件差的工程（如条件艰苦、场地狭小或地处交通要道等）；专业要求高的技术密集型工程且投标单位在这方面有专长，声望也较高；总价低的小工程，以及投标单位不愿做而被邀请投标，又不便不投标的工程；特殊工程，如港口码头、地下开挖工程等；投标对手少的工程；工期要求紧的工程；支付条件不理想的工程。

2）可选择报低价的情形。投标单位遇下列情形时，其报价可低一些：施工条件好的工程，工作简单、工程量大且其他投标人都可以做的工程（如大量土方工程、一般房屋建筑工程等）；投标单位急于打入某一市场、某一地区，或虽已在某一地区经营多年，但即将面临没有工程的情况，机械设备无工地转移时；附近有工程而本项目可利用该工程的机械设备、劳务或有条件短期内突击完成的工程；投标对手多，竞争激烈的工程；非急需工程；支付条件好的工程。

（2）报价技巧

报价技巧是指投标中具体采用的对策和方法，常用的报价技巧有不平衡报价法、多方案报价法、保本竞标法和突然降价法等。

1）不平衡报价法。不平衡报价法是指在不影响工程总报价的前提下，通过调整内部各个项目的报价，以达到既不提高总报价、不影响中标，又能在结算时得到更理想收益的报价方法。不平衡报价法适用于以下几种情况：

①能够早日结算的项目（如前期措施费、基础工程、土石方工程等）可以适当提高报价，以利资金周转，提高资金时间价值。后期工程项目（如设备安装、装饰工程等）的报价可适当降低。

②经过工程量核算，预计今后工程量会增加的项目，适当提高单价，这样在最终结算时可多盈利；而对于将来工程量有可能减少的项目，适当降低单价，这样在工程结算时不会有太大损失。

③设计图纸不明确、估计修改后工程量要增加的，可以提高单价；而工程内容说明不清楚的，则可降低一些单价，在工程实施阶段通过索赔再寻求提高单价的机会。

④对暂定项目要做具体分析。因这一类项目要在开工后由建设单位研究决定是否实施，以及由哪一家承包单位实施。如果工程不分标，不会另由一家承包单位施工，则其中肯定要施工的单价可报高些，不一定要施工的则应报低些。如果工程分标，该暂定项目也可能由其他承包单位施工时，则不宜报高价，以免抬高总报价。

⑤单价与包干混合制合同中，招标人要求有些项目采用包干报价时，宜报高价。一则这类项目多半有风险，二则这类项目在完成后可全部按报价结算。对于其余单价项目，则可适当降低报价。

⑥有时招标文件要求投标人对工程量大的项目报"综合单价分析表"，投标时可将单价分析表中的人工费及机械使用费报得高一些，而材料费报得低一些。这主要是为了在今后补充项目报价时，可以参考选用"综合单价分析表"中较高的人工费和机械使用费，而材料则往往采用市场价，因而可获得较高收益。

【例6-6】某电厂"上大压小"扩建工程实施过程中，该电厂发电机组属凝汽式燃煤发电机组，在冷却水系统的选择上由于毗邻丰富的水源长江，因此设计为直流式水冷却系统，即从长江直接引水进入凝汽器，在与汽轮机做功排除的蒸汽进行对流换热（使其冷却成为液态水）后，排入长江，完成一个循环，循环水管示意图如图6-2所示。

该项目为EPC总承包模式，EPC总承包商为某电力咨询公司与某电力设计院组成的联合体，建设方为某电力建设公司。如图6-2所示，循环水管道及排水沟与厂区道路有几处交叉的地方，称为"过马路段"，即图中黑色虚线管道与黑色实线厂区道路的交叉处。其中循环水管道总长523m，过马路段总长81m。循环水管道及排水沟（包括循环水管的过马路段）在施工过程中需回填土，但循环水管及过马路段回填的要求不一致。业主在招标时提供的招标文件中规定循环水管道使用原小电厂报废拆除时挖出的土块进行回填，而由于过马路段管道需承受较大的荷载因此全部采用中粗砂回填，从长江取河砂。

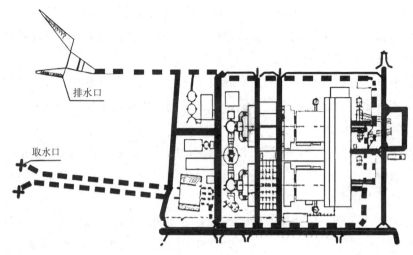

图 6-2　循环水管示意图

在实际施工过程中，承包商预计的变更确实发生，EPC 总承包商最终决定所有管道回填材料均采用中粗砂。而根据《建设工程工程量清单计价规范》GB 50500—2013 第 9.3.1 款规定工程变更引起已标价工程量清单项目或其工程数量发生变化，应按照下列规定调整：

已标价工程量清单中有适用于变更工程项目的，采用该项目的单价。最终所有循环水管道回填土均采用与"过马路段"相同的回填材料，且按照合同中原有的中粗砂回填土综合单价确定变更综合单价。由于投标报价时承包商已在此处设计了高单价，从而获得了高价结算，实现创收。

【例 6-7】时间型不平衡报价：某办公楼施工招标文件的合同条款中规定，预付款数额为合同价的 10%，开工日支付，基础工程完工时扣回 30%，上部结构工程完成一半时扣回 70%，工程款根据所完工程量按季度支付。

承包商 B 对该项目进行投标，经造价工程师估算：总价为 900 万元，总工期为 24 个月。其中，基础工程估价为 1200 万元，工期为 6 个月；上部结构工程估价为 4800 万元，工期为 12 个月；安装与装饰工程估价为 3000 万元，工期为 6 个月。假定贷款月利率为 1%，为简化计算，季利率取 3%，各分部工程每月完成的工作量相同且能按规定及时收到工程款，不考虑工程款结算所需的时间。承包商考虑到该工程虽然有预付款，但平时工程款按季度支付不利于资金周转，所以除按上述数额报价外，另外建议将付款条件改为：预付款为合同价的 5%，工程款按月度支付，其余条款不变。

方案一：计算按原付款条件所得工程款的终值

预付款 A_0=9000 × 10%=900（万元）

基础工程每季工程款 A_1=1200/2=600（万元）

上部结构工程每季工程款 A_2=4800/4=1200（万元）

装饰和安装工程每季工程款 A_3=3000/2=1500（万元）

按原付款条件所得工程款的终值：$FV_0=A_0(F/P,3\%,8)+A_1(F/A,3\%,2)(F/P,3\%,6)-0.3A_0(F/P,3\%,6)-0.7A_0(F/P,3\%,4)+A_2(F/A,3\%,4)(F/P,3\%,2)+A_3(F/A,3\%,2)$=900×1.267+600×2.030×1.194−0.3×900×1.194−0.7×900×1.126+1200×4.184×1.061+1500×2.030=9934.90（万元）

方案二：计算按建议的付款条件所得工程款的终值

预付款 A_0'=9000×5%=450（万元）

基础工程每月工程款 A_1'=1200/6=200（万元）

上部结构工程每月工程款 A_2'=4800/12=400（万元）

装饰和安装结构工程每月工程款 A_3'=3000/6=500（万元）

按建议的付款条件所得工程款的终值 $FV_0'=A_0'(F/P,1\%,24)+A_1'(F/A,1\%,6)(F/P,1\%,18)-0.3A_0'(F/P,1\%,18)-0.7A_0'(F/P,1\%,12)+A_2'(F/A,1\%,12)(F/P,1\%,6)+A_3'(F/A,1\%,6)$=450×1.270+200×6.15×1.196−0.3×450×1.196−0.7×450×1.127+400×12.683×1.062+500×6.152=9990.33（万元）

两者的差异 $FV_0'-FV_0$=9990.33−9934.90=55.43（万元）

比较条款改变前后所得工程款的终值，承包商 B 按建议的付款条件比原付款条件可多得 55.43 万元。

2）多方案报价法。多方案报价法是指在投标文件中报两个价格：一个是按招标文件的条件报一个价；另一个是加注解的报价，即：如果某条款做某些改动，报价可降低多少。这样，可降低总报价，以此吸引招标人。

多方案报价法适用于招标文件中的工程范围不是很明确，条款不是很清楚或很不公正，或技术规范要求过于苛刻的工程。采用多方案报价法，可降低投标风险，但投标工作量较大。

3）保本竞标法。对于缺乏竞争优势的承包单位，在不得已时可采用根本不考虑利润的报价方法，以获得中标机会。保本竞标法通常在下列情形时采用：

①有可能在中标后，将大部分工程分包给报价较低的一些分包商。

②对于分期建设的工程项目，先以低价获得首期工程，而后赢得机会创造第二期工程中的竞争优势，并在以后的工程实施中获得盈利。

③较长时期内，投标单位没有在建工程项目，如果再不中标，就难以维持生存。因此，虽然本工程无利可图，但只要能有一定的管理费维持公司的日常运转，就可设法渡过暂时困难，以图将来东山再起。

4）突然降价法。突然降价法是指先按一般情况报价或表现出自己对该工程兴趣不大，等快到投标截止时，再突然降价。采用突然降价法，可以迷惑对手，提高中标概率。但对投标单位的分析判断和决策能力要求很高，要求投标单位能全面掌握和分析信息，作出正确判断。

6.4　中标价及合同价款的约定

6.4.1　中标价的确定过程

评标程序及评审标准：

（1）清标

《建设工程造价咨询规范》GB/T 51095—2015 规定，清标是指招标人或工程造价咨询人在开标后且评标前，对投标人的投标报价是否响应招标文件、违反国家有关规定，以及报价的合理性、算术性错误等进行审查并出具意见的活动。清标工作主要包含下列内容：

1）对招标文件的实质性响应；

2）错漏项分析；

3）分部分项工程量清单项目综合单价的合理性分析；

4）措施项目清单的完整性和合理性分析，以及其中不可竞争性费用的正确分析；

5）其他项目清单项目完整性和合理性分析；

6）不平衡报价分析；

7）暂列金额、暂估价正确性复核；

8）总价与合价的算术性复核及修正建议；

9）其他应分析和澄清的问题。

（2）建设工程评标程序及评审标准

《评标委员会和评标方法暂行规定》（国家发展计划委员会、国家经济贸易委员会、建设部、铁道部、交通部、信息产业部、水利部令第 12 号）（2013 年修订）规定，建设工程评标依次需要经过评标准备工作、初步评审、详细评审、推荐中标候选人和编制及提交评标报告等流程。

1）准备工作。

①组建评标委员会。工程评标在专家评委的专业划分和抽取上进行认真策划，根据各标段工程性质特点、投标单位情况，有针对性地设定专家评委的行业和专业，尽量符合项目的特点，使专家评委的组成达到最科学组合，保证评标活动有序地进行。

②研究招标文件评标委员会组长应组织评标委员会成员认真研究招标文件，了解和熟悉招标目的、招标范围、主要合同条件、技术标准和要求、质量标准和工期要求等，掌握评标标准和方法，熟悉相关评标表格的使用，如果表格不能满足评标需要时，评标委员会应补充编制评标所需的表格，尤其是用于详细分析计算的表格。未在招标文件中规定的标准和方法不得作为评标的依据。

2）初步评审。只有通过初步评审被判定为合格的投标，方可进入后续的投标文件的评审；实行资格后审的，还应当包括投标人资格审查工作。根据《评标委员会和评标方法暂行规定》和 2007 年版《中华人民共和国标准施工招标文件》的规定，我国目前评标中主要采用的方法包括经评审的最低投标价法和综合评审法，两种评标方法在初步评审的内容和标准上基本是一致的。

3）详细评审。经初步评审合格的投标文件，评标委员会应当根据招标文件确定的评标标准和方法，对其技术部分和商务部分做进一步评审、比较。评标方法包括经评审的最低投标价法、综合评审法或者法律、行政法规允许的其他评标方法。经评审的最低投标价法一般适用于具有通用技术、性能标准或者招标人对其技术、性能没有特殊要求的招标项目。不宜采用经评审的最低投标价法的招标项目，一般应当采取综合评审法进行评审。

4）推荐中标候选人。专家依据招标文件中列明的评标办法和计分细则、投标文件，结合澄清材料对各投标人标书进行定性分析和定量打分，并根据评标办法中约定的定标原则和方法推荐中标候选人或根据授权直接确定中标人。

5）编制及提交评标报告。评标委员会成员共同整理好投标文件评审结果，履行签字确认手续后，递交给招标人，同时将一份副本递交给招标投标监管机构。

（3）经评审的最低投标价法

经评审的最低投标价法是指评标委员会对满足招标文件实质要求的投标文件，根据详细评审标准的量化因素及量化标准进行价格折算，按照经评审的投标价由低到高的顺序推荐中标人，或根据招标人授权直接确定中标人，但投标报价低于成本的除外。经评审的投标价相等时，投标报价低的优先，投标报价也相等的，由招标人自行确定。

1）经评审的最低投标价法的适用范围。按照《评标委员会和评标方法暂行规定》的规定，经评审最低投标价法一般适用于具有通用技术、性能标准或者招标人对其技术、性能没有特殊要求的招标项目。

2）经评审的最低投标价法的评审标准及规定。采用经评审的最低投标价法的，评标委员会应当根据招标文件中规定的量化因素和标准进行价格折算，对所有投标人的投标报价以及投标文件的商务部分作必要的价格调整。根据2007年版《中华人民共和国标准施工招标文件》的规定，招标人可以根据项目具体特点和实际需要，进一步删减、补充或细化量化因素和标准。另外，世界银行贷款项目采用此种评标方法时，通常考虑的量化因素和标准包括：一定条件下的优惠（借款国内投标人有7.5%的评标优惠）；工期提前的效益对报价的修正；同时投多个标段的评标修正，一般做法是，如果投标人的某一个标段已被确定中标，则在其他标段的评标中按照招标文件规定的百分比（通常为4%）乘以报价金额后，在评标价中扣减此值。

根据经评审的最低投标价法完成详细评审后，评标委员会应当拟定一份"价格比较一览表"，连同书面评标报告提交招标人。"价格比较一览表"应当载明投标人的投标报价、对商务偏差的价格调整和说明以及已评审的最终投标价。

3）经评审的最低投标价法的优缺点。经评审的最低投标价法在运用中所体现出的优点是：①评标程序简单，容易操作；②有利于节省投资，保证投资效益的实现；

③减少了投标人在投标过程中违规现象发生的概率；④可以防止评标专家串通投标人投标的风险。

该方法在具体的实施过程中也出现了诸多问题，具体表现：①投标人在招标投标阶段可能会采用不合理的低价中标，中标后在实施过程中，又通过索赔等方式要求提高合同费用，最终导致工程结算价高于中标价格；②评标的标准难以掌握，所以评标专家使用此方法评标时需要花费较多时间审查投标文件；③因为是低价中标，容易使投标人忽视工程质量导致出现安全问题。

（4）综合评估法

不宜采用经评审的最低投标价法的招标项目，一般应当采取综合评估法进行评审。综合评估法是指评标委员会对满足招标文件实质性要求的投标文件，按照规定的评分标准进行打分，并按得分由高到低顺序推荐中标候选人，或根据招标人授权直接确定中标人，但投标报价低于其成本的除外。综合评分相等时，以投标报价低的优先；投标报价也相等的，优先条件由招标人事先在招标文件中确定。

1）详细评审中的分值构成与评分标准。综合评估法下评标分值构成分为四个方面，即施工组织设计，项目管理机构，投标报价，其他因素，总计分值为100分。各方面所占的比例和具体分值由招标人自行确定，并在招标文件中明确载明。上述的四个方面标准具体评分因素见表6-11。

综合评估法下的评分因素和评分标准　　　　　　　表6-11

分值构成	评分因素	评分标准
施工组织设计评分标准	内容完整性和编制水平	……
	施工方案和技术措施	……
	质量管理体系与措施	……
	安全管理	……
	环境保护	……
	工程进度计划与措施	……
	资源配备计划	……
项目管理机构评分标准	项目经理任职资格与业绩	……
	技术负责人任职资格与业绩	……
	其他主要人员	……
投标报价评分标准	偏差率	……
	……	……
其他因素评分标准	业绩与信誉	……
	……	……

2）投标报价偏差率的计算。在评标过程中，可以对各个投标文件按下式计算投标报价偏差率：

$$偏差率 = \frac{投标人报价 - 评标基准价}{评标基准价} \times 100\% \qquad (6-5)$$

评标基准价的计算方法应在投标人须知附表中予以明确，招标人可依据招标项目的特点、行业管理规定给出评分基准价的计算方法，确定时也可适当考虑投标人的投标报价。

3）详细评审过程。评标委员会按分值构成与评分标准规定的量化因素和分值进行打分，并计算出各标书综合评审法得分。详细步骤如下：

①按规定的评标因素和标准对施工组织设计计算出得分 A；②按规定的评标因素和标准对项目管理机构计算出得分 B；③按规定的评标因素和标准对投标报价计算出得分 C；④按规定的评标因素和标准对其他因素计算出得分 D。

评分分值计算保留小数点后两位，小数点后第三位"四舍五入"。投标人得分计算公式是：投标人得分 =A+B+C+D。由评委对各投标人的表述进行评分后加以比较，最后以总分最高的投标人为中标候选人。

根据《中华人民共和国招标投标法》的相关规定，中标人确定后，招标人应当向中标人发出中标通知书，并同时将中标结果通知所有未中标投标人。随着中标通知书的发出，在中标通知书中载明的标的物的价格就是中标价，至此中标价最终确定。

【例 6-8】某工程施工项目采用资格预审方式招标，并采用综合评估法进行评标，其中投标报价权重为 60 分、技术评审权重为 40 分。共有 5 个投标人进行投标，所有 5 个投标人均通过了初步评审，评标委员会按照招标文件规定的评标办法对施工组织设计、项目管理机构、设备配置、财务能力、业绩与信誉进行详细评审打分。其中：施工组织设计 10 分；项目管理机构 10 分；设备配置 5 分；财务能力 5 分；业绩与信誉 10 分。

①投标报价的评审。除开标现场被宣布为废标的投标报价之外，所有投标人的投标价去掉一个最高值和一个最低值的算术平均值即为投标价平均值（如果参与投标价平均值计算的有效投标人少于 5 个时，则计算投标价平均值时不去掉最高值和最低值，投标价平均值直接作为评标基准价）。

评标委员会将首先按下述原则计算各投标文件的投标价得分：当投标人的投标价等于评标基准价 D 时得 60 分，每高于 D 一个百分点扣 2 分，每低于 D 一个百分点扣 1 分，中间值按比例内插（得分精确到小数点后 2 位，四舍五入）。

投标报价得分表见表 6-12。

②技术管理能力的评审。技术管理能力的评审内容主要包括施工组织设计的评审以及项目管理机构的评审两部分。

A. 施工组织设计：10 分。施工总平面布置基本合理，组织机构图较清晰，施工方案基本合理，施工方法基本可行，有安全措施及雨季施工措施，并具有一定的操作性和针对性，施工重点难点分析较突出、较清晰，得基本分 6 分；施工总平面布置合理，组织机构图清晰，施工方案合理，施工方法可行，安全措施及雨季施工措施齐全，并具有较强的操作性和针对性，施工重点难点分析突出、清晰，得 7~8 分；施工总平面布置合理且周密细致，组织机构图很清晰，施工方案具体、详细、科学，施工方法先进，施工工序安排合理，安全措施及雨季施工措施齐全，操作性和针对性强，施工重点难点分析突出、清晰，对项目有很好的针对性和指导作用，得 9~10 分。

B. 项目管理机构：10 分。项目管理机构设置基本合理，项目经理、技术负责人、其他主要技术人员的任职资格与业绩满足招标文件的最低要求，得 6 分；项目管理机构设置合理，项目经理、技术负责人、其他主要技术人员的任职资格与业绩高于招标文件的最低要求，评标委员会酌情加 1~4 分。

③其他评标因素包括设备配置、财务能力、业绩与信誉。

A. 设备配置：5 分。设备满足招标文件最低要求，得 3 分；设备超出标文件最低要求，评标委员会酌情考虑加 1~2 分。

B. 财务能力：5 分。财务能力满足招标文件最低要求得 3 分；财务能力超出招标文件最低要求，评标委员会酌情考虑加 1~2 分。

C. 业绩与信誉：10 分。业绩与信誉满足招标文件最低要求，得 6 分；业绩与信誉超出招标文件最低要求，评标委员会酌情考虑加 1~4 分。

技术评审得分计算表见表 6-13。

投标报价得分表   表 6-12

投标人	投标报价（万元）	投标报价平均值（万元）	投标报价得分
投标人 A	1000		=60-0=60
投标人 B	950		=60-5×1=55
投标人 C	980	1000	=60-2×1=58
投标人 D	1050		=60-5×2=50
投标人 E	1020		=60-2×2=56

技术评审得分计算表   表 6-13

序号	评标因素	满分	投标人 A	投标人 B	投标人 C	投标人 D	投标人 E
1	施工组织设计	10	8	9	8	7	8
2	项目管理机构	10	7	9	6	8	8
3	设备配置	5	4	4	3	3	4
4	财务能力	5	3	4	4	5	3
5	业绩与信誉	10	7	10	9	6	8
	合计	40	29	36	30	29	31

综合评分及排序表见表 6-14。

综合评分及排序表　　　　　　　　　表 6-14

投标人	报价得分	技术评审得分	总分	排序
投标人 A	60	29	89	2
投标人 B	55	36	91	1
投标人 C	58	30	88	3
投标人 D	50	29	79	5
投标人 E	56	31	87	4

因此，按照综合评分排序，评标委员会依次推荐投标人 B、A、C 为中标候选人。

4）综合评估法优缺点。综合评估法的优点概括起来有三个方面：①适用范围广，程序较简单容易操作；②在制定评审指标时可以将难以用金额表示的某些要素量化后加以比较评价；③有利于发挥评标专家的作用。

综合评估法在实施过程中也暴露了一些明显的问题：①该方法在使用过程中要求评标专家进行独立打分，所以要求评标专家的专业水平高，知识面广；②对评标专家给予的权利较大，容易引起评标专家违规操作；③人为影响因素较大，为防止出现违规行为，在制定评分标准时需要花费更多的时间进行细化。

（5）中标候选人的确定

经过评标后，就可确定中标候选人（或中标单位）。评标委员会推荐的中标候选人应当限定为 1~3 人，并标明排列顺序。

中标人的投标应当符合下列条件之一：

1）能够最大限度满足招标文件中规定的各项综合评价标准。

2）能够满足招标文件的实质性要求，并且经评审的投标价格最低；但是投标价格低于成本的除外。

对使用国有资金投资或者国家融资的项目，招标应当确定排名第一的中标候选人为中标人。排名第一的中标候选人放弃中标，因不可抗力提出不能履行合同，或者招标文件规定应当提交履约保证金而在规定的期限内未能提交的，招标人可以确定排名第二的中标候选人为中标人。排名第二的中标候选人因前款规定的同样原因不能签订合同的，招标人可以确定排名第三的中标候选人为中标人。招标人可以授权评标委员会直接确定中标人。

最后要注意，在确定中标人之前，招标人不得与投标人就投标价格、投标方案等实质性内容进行谈判。住房和城乡建设部还规定，有下列情形之一的，评标委员会可以要求投标人做出书面说明并提供相关材料：设有标底的，投标报价低于标底合理幅度的；不设标底的，投标报价明显低于其他投标报价，有可能低于其企业成本的。

（6）中标价的最终确定

中标人确定后，招标人应当向中标人发出中标通知书，并同时将中标结果通知所有未中标的投标人。中标通知书对招标人和中标人具有法律效力。中标通知书发出后，招标人改变中标结果，或者中标人放弃中标项目的，应当依法承担法律责任。中标通知书的发出标志着中标价的最终形成。

6.4.2 合同价款的约定

1. 合同类型的选择

发包人和承包人应在合同协议书中选择下列种合同价格形式。

（1）单价合同

单价合同是指合同当事人约定以工程量清单及其综合单价进行合同价格计算、调整和确认的建设工程施工合同，在约定的范围内合同单价不作调整。合同当事人应在专用合同条款中约定综合单价包含的风险范围和风险费用的计算方法，并约定风险范围以外的合同价格的调整方法，其中因市场价格波动引起的调整应按合同中"市场价格波动引起的调整"条款约定执行。对于实行工程量清单计价的建筑工程，鼓励发承包双方采用单价方式确定合同价款。

（2）总价合同

总价合同是指合同当事人约定以施工图、已标价工程量清单或预算书及有关条件进行合同价格计算、调整和确认的建设工程施工合同，在约定的范围内合同总价不作调整。合同当事人应在专用合同条款中约定总价包含的风险范围和风险费用的计算方法，并约定风险范围以外的合同价格的调整方法，其中因市场价格波动引起的调整、因法律变化引起的调整按合同约定执行。对于建设规模较小，技术难度较低，工期较短的建设工程，发承包双方可以采用总价方式确定合同价款。

（3）成本加酬金合同

成本加酬金合同也称为成本补偿合同，工程施工的最终合同价格将按照工程实际成本再加上一定的酬金进行计算。在合同签订时，工程实际成本往往不能确定，只能确定酬金的取值比例或者计算原则。由业主向承包单位支付工程项目的实际成本，并按事先约定的某一种方式支付酬金的合同类型。对于紧急抢险、救灾以及施工技术特别复杂的建设工程，发承包双方可以采用成本加酬金方式确定合同价款。

2. 合同价款的约定内容

合同价款的约定是建设工程合同的主要内容。实行招标的工程合同价款应在中标通知书发出之日起 30d 内，由发承包双方依据招标文件和中标人的投标文件在书面合同中约定。合同约定不得违背招标、投标文件中关于工期、造价、质量等方面的实质性内容。招标文件与中标人投标文件不一致的地方应以投标文件为准。不实行招标的工程合同价款，应在发承包双方认可的工程价款基础上，由发承包双方在合同中约定。发承包双方认可的工程价款的形式可以是承包人或设计人编制的施工图预算，也可以是承发包双方认可的其他形式。

承发包双方应在合同条款中，对下列事项进行约定。

（1）预付工程款的数额、支付时间及抵扣方式

预付工程款是发包人为解决承包人在施工准备阶段资金周转问题提供的协助。如使用的水泥、钢材等大宗材料，可根据工程具体情况设置工程材料预付款。双方应在合同中约定预付款数额：可以是绝对数，如50万元、100万元，也可以是额度，如合同金额的10%、15%等；约定支付时间：如合同签订后一个月支付、开工日前7d支付等；约定抵扣方式：如在工程进度款中按比例抵扣；约定违约责任：如不按合同约定支付预付款的利息计算等。

（2）安全文明施工费

双方应在合同中约定支付计划、使用要求等。

（3）工程计量与支付工程进度款的方式、数额及时间

双方应在合同中约定计量时间和方式：可按月计量，如每月28日；可按工程形象部位（目标）划分分段计量，主体结构1~3层、4~6层等。进度款支付周期与计量周期保持一致，约定支付时间：如计量后7d以内、10d以内支付；约定支付数额：如已完工作量的70%、80%等；约定违约责任：如不按合同约定支付进度款的利率、违约责任等。

（4）工程价款的调整因素、方法、程序、支付及时间

双方应在合同中约定调整因素：如工程变更后综合单价调整，钢材价格上涨超过投标报价时的3%，工程造价管理机构发布的人工费调整等；约定调整方法：如结算时一次调整，材料采购时报发包人调整等；约定调整程序：承包人将调整报告交发包人，由发包人现场代表审核签字等；约定支付时间：如与工程进度款支付同时进行等。

（5）施工索赔与现场签证的程序、金额确定与支付时间

双方应在合同中约定索赔与现场签证的程序：如由承包人提出、发包人现场代表或授权的监理工程师核对等；约定索赔提出时间：如知道索赔事件发生后的28d内等；约定核对时间：收到索赔报告后7d以内、10d以内等；约定支付时间：原则上与工程进度款同期支付等。

（6）承担计价风险的内容、范围以及超出约定内容、范围的调整办法

双方应在合同中约定风险的内容范围：如全部材料、主要材料等；约定物价变化调整幅度：如钢材、水泥价格涨幅超过投标报价的5%等。

（7）工程竣工价款结算编制与核对、支付及时间

双方应在合同中约定承包人在什么时间提交竣工结算书。发包人或其委托的工程造价咨询企业在什么时间内核对完毕。核对完毕后，什么时间内支付等。

（8）工程质量保证金的数额、预留方式及时间

双方应在合同中约定数额：如合同价款的3%等；约定支付方式：竣工结算一次扣清等；约定归还时间：如质量缺陷期满退还等。

（9）违约责任以及发生合同价款争议的解决方法及时间

双方应在合同中约定解决价款争议的办法是协商、调解、仲裁还是诉讼，约定解决方式的优先顺序、处理程序等。如采用调解方式，应约定好调解人员；如采用仲裁方式，应约定双方都认可的仲裁机构；如采用诉讼方式，应约定有管辖权的法院。

（10）与履行合同、支付价款有关的其他事项等

合同中涉及工程价款的事项较多，能够详细约定的事项应尽可能具体约定，约定的用词尽可能唯一，如有几种解释，最好对用词进行定义，尽量避免因理解上的歧义造成合同纠纷。

6.4.3　EPC 模式下合同价款的约定

EPC（Engineering Procurement Construction）是指公司受业主委托，按照合同约定对建设工程项目的设计、采购、施工、试运行等实行全过程或若干阶段的承包。通常公司在总价合同条件下，对其所承包工程的质量、安全、费用和进度进行负责。在EPC 模式中，Engineering 不仅包括具体的设计工作，而且可能包括整个建设工程内容的总体策划以及整个建设工程实施组织管理的策划和具体工作；Procurement 也不是一般意义上的建筑设备材料采购，需要进一步囊括专业设备、材料的采购；Construction应译为"建设"，其内容包括施工、安装、试测、技术培训等。

根据国内工程总承包招标实践及国际 EPC 通常做法，EPC 模式计价方式主要有模拟工程量清单计价、费率下浮计价、固定总价计价。计价模式是确定合同标的和项目管理成败的关键，在选择 EPC 计价模式时，应遵循以下原则：

（1）计价模式与项目的招采时点相适应，适配招采时点的设计深度的资料完整程度。

（2）计价模式要便于招标及合同履行时的计量及计价，有效进行成本控制及变更签证、结算的处理。

（3）计价模式要与合同范本及合同模式匹配，EPC 合同模式一般有总价包干、单价包干、成本加酬金合同三种，合同模式的不同会直接影响计价模式的选择。

（4）计价模式选择要与合同双方管理能力及项目所在地的政策法规匹配，且双方都能接受，以便于项目管理。

1. 模拟工程量清单计价

（1）模拟工程量清单计价的概念

模拟工程量清单实质上是在工程初步设计图没有或不完备情况下工程量清单的替代方式。其最大的不同点就是编制基础不同。工程量清单的编制基础是构成工程实体的各部分实物工程量，而模拟工程量清单则是依据业主的概念设计，参照类似工程的清单项目和技术指标进行编制的暂估工程量清单。结合现有政策要求，模拟工程量清单计价模式即是基于初步设计相关成果文件，参照类似已有房屋建筑工程而进行"提

前"计价的预算编制模式。

（2）模拟工程量清单计价的适用对象

模拟工程量清单是从传统的工程量清单招标计价方法衍生出来的一种招标方式，主要适用于施工设计图纸没有完成，工程处于初步设计阶段，而建设单位又急于动工的情况，既可以节约工程进度，又有利于工程成本控制和管理，因而在许多建设项目过程中逐渐流行。

从模拟工程量清单计价模式的概念不难看出，该种模式的成功与否，与先期选定的类似工程密切相关。采用模拟工程量清单有前提，即设计比较标准，建筑结构常见，并且有大量类似工程的数据可以作为清单编制的依据。因此，技术方案成熟的住宅项目或相类似的宿舍、教学楼等可复制性强的房屋建筑工程，因其建筑功能及造型规则，故而十分适合采用模拟工程量清单计价模式。而商业建筑等具有单体规模大、内外部构造复杂特点的房屋建筑工程，则不一定适宜采用模拟工程量清单计价模式。

（3）模拟工程量清单计价的优势与劣势

1）采用模拟工程量清单计价的优势：

①对已模拟的清单子目，可锁定其综合单价，有效避免后期相同或同类清单子目的综合单价变动。

②大量预算编制工作前置，可压缩施工图确定后的预算编制时间。

③配合标后计价，双向控制，精准核算，可减少后期预算编制错误，降低标后不必要的造价变动风险，有利于总体造价控制。

2）采用模拟工程量清单计价的劣势：

①初步设计需要达到一定的设计深度，如需确定各种建筑材料设备的规格型号尺寸及品牌要求等。

②对造价人员的工作要求非常高，造价人员既要有相应的造价经验，也要有类似项目的数据积累。

③标前模拟、标后计价虽能大大提高造价的准确性，但需要匹配相应的报价模式及合同计价约定，尽可能避免投标时的不平衡报价和标后的合同履约风险。

（4）模拟工程量清单计价的编制流程

模拟工程量清单计价具体的编制步骤大致可分为三步：

1）确定模拟工程量清单编制范围。根据建设单位的合约规划，确定承包单位的施工范围，即哪些项目或专业工程在本次招标范围内（施工图设计完成后再进行分包的专业工程只要不影响工程进展，可不放入模拟工程量清单中）。

2）选取与待建工程相类似的工程作为编制的依据。选一个与本工程在各方面都相似的已完成或已设计完的工程作为模型，以它的工程量清单为模板，在此基础上根据本工程的承包施工范围、初步设计图纸、项目特点及功能要求、建设单位的要求、地质条件、质量标准、工期要求，进行工程量清单项目的删减与添加。并依据工程体量的大小、建筑结构形式、装修档次、人防级别、抗震等级等进行清单工程量的调整与完善。

3）根据对比类似工程，确定待建工程的工程量清单子目。模拟其相应的子目名称、项目特征描述、单位及工程量，继而通过模拟确定相应子目的综合单价。值得注意的是，在实现工程量模拟时有两条可供参考的路径。一条路径是根据类似工程经验，估计待建工程的具体工程量，起到有量可循的目的，但待施工图编制完成后，相应的工程量也会有较大变动，不利于整体造价的控制。另一条路径则是将重点放在项目特征描述和模拟综合单价上，将待建工程的工程量全部假定设为1，即在仅考虑单位工程量的前提下通过计算其定额消耗量而确定其综合单价，这样有利于工程量后期调整和对综合单价的重点控制。

4）二次核对和审核调整。模拟工程量清单编制完成后，可依据当地市场平均水平填入清单综合单价，从而得出招标控制价，判断是否与建设单位本部分的投资成本目标相符，可以进一步验证模拟工程量清单的合理性。需要强调的是，编制模拟工程量清单时清单项目的设置、项目特征、工程量三项至关重要，应确保招标前后预算编制的连贯性和准确性。

2. 固定总价计价

（1）固定总价计价的概念

总价合同是指发承包双方以承包人根据发包人要求以及发包时的设计文件在投标函中标明的总价并在合同中约定，依据合同约定对总价进行调整、确认的建设工程合同。若合同约定总价包干，则为固定总价合同，即除发包人要求有变更以及合同中其他相关增减金额的约定进行调整外，合同价格不做调整。

工程总承包模式下项目的费用一般由勘察设计费、工程设备费、必备的备品备件、建筑安装工程费用、技术服务费、暂估价和其他费用组成。房屋建筑工程因其不含生产设备和工艺设备，在进行工程总承包招标时，以项目投资估算或者以初步设计概算为基础确定招标控制价，以中标价为固定合同总价，除工程总承包合同中约定的由发包人承担的风险、发包人引起的变更、不可抗力、政策性风险引起的价格调整外，总承包合同价格不予调整。

（2）固定总价计价的适用对象

对于地质条件比较简单，结构形式明确，层高、柱距、承重都已确定且有同类工程造价可作为参考时，在可研批复完成后可采用固定总价计价方式；对于初步设计完成后进行招标的项目，如果项目的规模、方案和标准发生变更的可能性很小也可以初步设计概算为经济控制指标进行招标，采用固定总价计价方式。

（3）固定总价计价的优势与劣势

1）固定总价计价的优势。

①发包人建设投资在招标投标结束后便可相对固定，总承包合同允许合同价调整

的情况相对较少，最终结算金额变动相对较少，工程结算审计较简单，发包人的成本管控压力小。

②固定总价模式下，承包人在符合约定的质量技术标准、功能需要及发包人要求下进行设计优化后节约的投资由承包人享有或者与发包人共同享有，承包人设计优化和改进施工技术的积极性高。

③发包人风险小，管理工作相对简单。固定总价合同模式下除政策调整和不可抗力外，项目中的可调价内容少，业主不需要花大量精力处理和总承包商之间的签证联系单，大大减少过程中的管理工作。

2）固定总价计价的劣势。固定总价包干模式下总承包人承担的风险较大，因此在报价时需考虑较多的风险费用，故合同总价相对较高。

3. 费率下浮计价

（1）费率下浮计价的概念

费率下浮计价是总价合同的一种变形模式，项目招标时，以项目立项批准的投资估算或方案设计对应的项目投资估算中的建筑安装工程费及设计费等为基础确定招标控制价，要求投标人以下浮率报价，最终以招标控制价 ×（1 - 中标下浮率）确定签约合同价（暂定价）。总承包人完成施工图设计后，以通过审查的施工图为依据，采用合同约定的计价定额、费率、信息价、签证价编制施工图预算，经发包人审核后的施工图预算结合中标下浮率确定合同总价。设计费、技术服务费、总承包管理费等可以按总价包干、费率包干、综合单价包干。

（2）费率下浮计价的适用对象

费率下浮模式适用于工期紧急在项目建议书或可研完成后即进行招标，后期项目功能需求发生变化的可能性较大、地质情况比较复杂、建设方有较强的设计和投资控制能力且希望更多更深入地参与项目管理工作的情况较适合采用费率下浮模式招标。

（3）费率下浮计价的优势与劣势

1）费率下浮计价的优势：

①招标时资料简单，投标报价通常仅为下浮费率或控制价 × 费率后的金额，招标省去了最为繁杂的计算工程造价（标底价或投标报价）的过程。

②投标人的投标和评标便捷，可快速推进招标工作，有利于项目迅速启动且计量原则清晰，便于项目预算编制、费用审核、结算编制。

2）费率下浮计价的劣势：

①费率下浮模式在项目实施过程中存在大量的认质认价的工作，价格纠纷较多，成本控制难度大，管理不到位容易造成投资失控。

②在确认施工图过程中，量、价需要分别核算，工作繁琐且漫长，而措施清单又主要依据施工组织设计或专项方案编制，而部分专项方案需要结合施工中现场实际情况编制，所以无法在前期准确核算，因此这种模式会存在大量的核对与谈判工作。

6.5　发承包阶段 BIM 的应用

6.5.1　传统工程招标投标过程普遍存在的问题

（1）在传统招标文件中，一般提供的都是二维 CAD 图纸，依靠手工计算二维 CAD 图纸工程量，准确率较低。建设工程项目招标投标时间安排紧凑，任务繁多，仅依靠人工复核，工程量清单的编制质量难以得到保障。随着我国建筑行业高速发展，大型复杂项目越来越多，建筑的功能性、外观都日益复杂，再加上受人员、技术水平等因素制约，一些细微的错误很有可能导致巨大的偏差。招标文件中的工程量清单作为工程款支付和结算的重要依据，如果工程量清单误差很大，将降低招标控制价和投标报价的准确性，将直接导致施工过程中设计变更和工程签证的增加，工程结算价款超合同金额。

（2）在招标投标阶段存在串标、围标等恶劣问题，不仅造成工程成本难以控制在合理的价格内，工程的质量安全、施工安全及工程周期也难以得到可靠的保证。同时，建设工程涉及的参与方数量较多，同一阶段的各方部门难以实现信息的实时共享，使得工程信息在传递过程中易脱节或失真，进而导致招标投标阶段的投标文件信息与实际工程情况存在一定的偏差。

6.5.2　BIM 在招标投标过程中的作用

BIM 技术最初引入建筑工程项目，是因为其可以通过 3D 技术将拟建项目的建筑模型立体展现给建设单位和施工单位，并且还可以利用虚拟模型手段直观展现建筑信息。目前，在 BIM 技术支持下，招标单位提升工程量清单的编制质量，实现对清单工程量的管控，减少了施工过程中因工程量问题而引起的不必要纠纷。投标单位为确保报价科学合理，提高中标率，根据 BIM 模型可实现信息共享，制定出相应的投标策略。因此，随着 BIM 技术在招标投标过程中的推广与应用，招标投标工作的精细化程度和管理水平有了明显提高。

1. 降低招标控制价编制的误差

BIM 模式不仅能够提供三维效果，还能够一模多用，对模型数据进行提取算量、渲染出图等。在建设工程招标工作中，全面准确地编制招标工程量清单和招标控制价是招标工作的核心任务。工程量计算需要耗费大量的时间和精力。BIM 模型包含丰富工程信息数据库，包括构建的数量、面积、体积等物理信息。利用 BIM 技术，可以快速统计模型内的所有构件的计量信息，从而减少手工计算清单工程量的繁琐工作，以及人为因素带来的误差，在工作效率和计算结果的准确性上有了质的提高。

2. 提升数据共享和计价效率

BIM 模型是一个可以共享信息的资源平台，不仅包括构建的物理信息，还包括成本信息。除了利用 BIM 模型可以精确计算出工程量，在 BIM 模型中通过数据共享交互模式进行信息的交换，同时还可以减少模型信息的丢失，保证信息的完整性和准确性，通过 BIM 计价软件自动生成招标控制价，使招标控制价编制更加高效、准确。

3. 增强数据的时效性

随着我国建筑行业的快速发展，新技术、新工艺层出不穷，各种新型材料也呈现良好的发展势头，材料价格的波动及无法及时对价格进行更新调整，导致招标控制价编制的难度加大。而 BIM 技术作为一种信息化建筑模型，它可以直接与相应的数据库和建材信息网站进行实时对接，从而保证价格的准确性和时效性。

BIM 技术在建设工程项目招标投标阶段，更好地推进项目管理的开展，保证了招标投标工作的质量，提高了建设项目招标投标工作的效率，确保了招标工程量清单项目的全面和精确，促进了招标控制价的科学性和合理性，BIM 作为辅助项目管理的重要技术手段，将成为招标投标阶段的主要竞争方向。

6.5.3　基于 BIM 技术的招标控制价编制程序

1. BIM 模型的建立

BIM 模型的建立是编制招标控制价的第一步，一般情况下为了建设项目的整体考虑，可以根据实际情况选择合适的软件进行建筑信息模型的建立，此模型可以通过 IFC 插件导入算量软件中，保证几何信息和属性信息的完整性。建模的方式主要是根据二维的 CAD 图纸对照进行，主要包括土建、钢结构、机电以及钢筋等模型的建立，比如土建模型的建立一般使用 Autodesk 或者广联达，机电方面主要使用 MagiCAD，钢结构主要使用 Tekla。

2. 工程量的计算

通过 BIM 的相关软件进行模型的建立，在后期可以通过相应的插件来实现模型的跨平台导入，以此来保证数据共享的完整性和有效性。传统的计价一般是建立模型、定义构件属性、计算工程量、套用定额等，而基于 BIM 技术的计价过程中，将计价软件和建模软件分开，专业的建模软件的相关信息更加准确、完整。应用 BIM 技术进行分部分项工程量的提取时，可以自动根据各个构件的关系进行工程量计算过程中的数据信息的增减，得到较完整的信息模型。

3. 招标控制价的编制

利用建立好的 BIM 模型，根据招标范围，软件自动计算出建设项目的相应工程量。将 BIM 工程量模型导入 BIM 计价软件，可直接导出参数化编码后自动生成的工程量清单。

在 BIM 工具的辅助下，招标阶段造价管理人员着眼于分析工程量清单项的完整性，即是否反映出招标范围内的全部内容，避免工程量清单缺项漏项，并结合设计文件对工程量清单各项目的项目特征进行细致描述，防止项目特征错误引起的不平衡报价现象。在此基础上，利用 BIM 计价软件编制招标控制价。在 BIM 计价数据库中集成相关计价定额内容，只需将 BIM 模型文件导出为计量文件，再导入计价软件中，利用 BIM 云端价格数据库，直接调取当期材料信息价、人工费调整信息，以及相关规费、税金的取费信息。

6.5.4　发承包阶段 BIM 的应用示例

招标文件造价管理工作主要是招标控制价的编制，根据《房屋建筑与装饰工程工程量计算规范》GB 50854—2013 中的清单项目去列项并计算工程量，根据《建设工程工程量清单计价规范》GB 50500—2013 的规定计算综合单价，最后编制招标控制价。这一阶段招标人编制造价文件需要使用 BIM 模型快速计算工程量，使用计价平台内置的清单项目和定额的消耗量标准、费用标准等进行工程量清单单价与工程造价计算。

案例工程位于贵州省，是一个特色旅游景区的仿古群体建筑，总建筑面积为 33263.97m²。选取其中一号楼进行案例分析与演示，该单项工程含一层半地下室，地面三层，建筑面积 1710m²。结构形式为钢筋混凝土异形柱 - 框架结构，二层局部托梁转化，抗震等级四级，基础及主体使用等级为 C30 现浇混凝土。

1. 使用算量软件计算出工程量

（1）建立算量模型

使用建模软件计算工程量时，需要根据计算清单定额的计算规则来计算。建立算量模型时可以手动建模，也可以通过建模软件自带的识别 CAD 图纸功能来快速建立模型。下面以识别 CAD 图纸的方式来建立算量模型。

1）新建工程后选择相应的计算规则，建立楼层来进行竖向空间划分（图 6-3）。

2）识别轴网，进行水平定位（图 6-4）。

建立轴网可以手动建立，也可以通过识别 CAD 图快速建立。建立轴网是建立算量模型的第一步，起到水平定位的作用。轴网只用在其中一个楼层建立，在其他的楼层都可见、可使用、可修改，极大地减少建模的工作量。

首层	编码	楼层名称	层高(m)	底标高(m)	相同层数	板厚(m
☐	4	第4层	3	8.95	1	120
☐	3	第3层	3	5.95	1	120
☐	2	第2层	3	2.95	1	120
☑	1	首层	3	-0.05	1	120
☐	-1	第-1层	3.4	-3.45	1	120
☐	-2	第-2层	3.6	-7.05	1	120
☐	-3	第-3层	3.95	-11	1	120
☐	0	基础层	3	-14	1	500

楼层信息可以手动新建，也可以识别CAD图纸来新建

图 6-3　建立完成的楼层信息

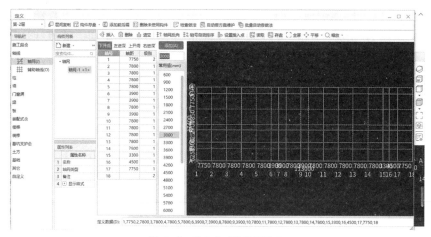

图 6-4　建立完成的轴网信息

3）识别柱、梁、板、墙、门窗洞等，计算混凝土量、模板量、钢筋量等，以识别柱为例（图 6-5）。

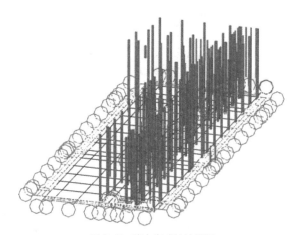

图 6-5　建立完成的柱模型

常见的结构设计中，高层的商住建筑物竖向承重构件一般包括框架柱和剪力墙，其中剪力墙中会设暗柱，计算柱的工程量需要输入柱的尺寸信息、钢筋信息和高度、混凝土强度等级等信息，算量软件可以将钢筋信息和尺寸信息同时输入或同时识别，一次建模就可以计算所有需要的工程量，比如混凝土的体积、钢筋的重量、模板的面积、脚手架的面积等。

4）识别房间，计算装修工程量。使用软件的房间功能绘制室内装修，可以通过一次绘制将所有室内装修附着在一个房间内，根据计算规则扣减分部计算工程量。发生装修变更时可以直接刷新房间属性来更改装修材料的附着，无论设计如何更改都可以快速准确计算工程量。

5）识别基础、自动生成垫层、土方。基础构件可以通过识别 CAD 绘制模型，而基础以下的垫层及开挖土方可以根据基础的尺寸和属性自动生成，非常快捷方便，建立完成的模型快速汇总即可出量。

（2）查看、使用工程量结果

软件提供多种方案量的代码，可按需求自由使用或组合。查看工程量可以查看单个图元的计算公式，查看随意多个构件工程量，查看楼层工程量，也可以通过报表查看整栋楼工程量，报表查看时可以根据设定的楼层、构件范围查看工程量，也可以根据不同的工程量代码组合使用工程量。使用工程量的方式多种多样，可以满足造价人员不同的工作需求（图 6-6）。

图 6-6 建立的算量模型

2. 使用计价软件计算工程量清单单价，取费、汇总计算招标控制价（图 6-7、图 6-8）

插入 · 添加 · 补充 · 查询 · 存档 · 整理清单 · 单价构成 · 批量换算 其他 · 展开到 · 重用组价 · 锁定清单 · A · 提取图形

	编码	类别	名称	项目特征	单位	工程量表达式	含量	工程量	综合单价	综合
	−		整个项目							276
1	010101003001	项	挖沟槽、沟槽土方	1. 土壤类别：包括任何土质，包含但不限于土方、石渣、淤泥等 2. 开挖电梯基抗、集水井坑、独立柱基坑及收边检底、沟槽、软弱地基等的土方 3. 将开挖土方外运至合法堆放处 4. 弃土运距：投标人自行考虑 5. 综合考虑机械及人工作业 6. 工程量计算方式按照 2013 清单计价规范执行	m3	153.9982		153.9982	0	
2	010302005001	项	人工挖孔灌注桩	1. 桩芯长度：综合考虑 2. 桩芯混凝土强度等级：C25 泵送商品混凝土，泵送方式综合考虑 3. 桩芯钢筋笼已包含于钢筋笼项目中，此项目综合单价中不予计取 4. 包含但不限于截桩、充盈系数等完成该项工作的所有费用及完成该工作面必须之工程内容	m3	1		1	0	
3	− 010502001001	项	矩形柱	1. 混凝土类型：泵送商品混凝土，泵送方式综合考虑 2. 混凝土强度：C30 3. 柱面拆模后需达到无需抹灰，直接刮腻子	m3	61.8186		61.8186	446.9	27
	A5-13	定	现浇混凝土 矩形柱		10m3	QDL	0.1	6.18186	4468.99	27

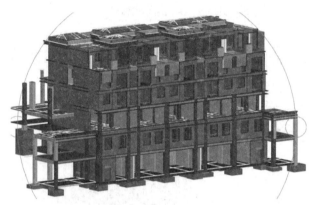

图 6-7 使用计价软件编制清单并计算综合单价

	A	分部分项工程费合计	FBFXHJ	分部分项合计		27,626.73
	B	措施项目费	CSXMHJ	措施项目合计		
	B1	其中：安全文明施工费	AQWMSGF	安全文明施工费		
	C	其他项目费	QTXMHJ	其他项目费		
	C1	暂列金额	ZLJE	暂列金额		
	C2	专业工程暂估价	ZYGCZGJ	专业工程暂估价		
	C3	计日工	JRG	计日工		
	C4	总承包服务费	ZCBFWF	总承包服务费		
	D	规费	D1+D2+D3	社会保障费+住房公积金+工…		
	D1	社会保障费	D1_1+D1_2+D1_3+D1_4+D1_5	养老保险费+失业保险费+医疗保险费+工伤保险费+生育保险费		
1	D1_1	养老保险费	RGF_YSJ+RGF_YSJ_DJCS	分部分项人工预算价+单价…预算价		
2	D1_2	失业保险费	RGF_YSJ+RGF_YSJ_DJCS	分部分项人工预算价+单价…预算价		
3	D1_3	医疗保险费	RGF_YSJ+RGF_YSJ_DJCS	分部分项人工预算价+单价…预算价		
4	D1_4	工伤保险费	RGF_YSJ+RGF_YSJ_DJCS	分部分项人工预算价+单价…预算价	1.03	58.17
5	D1_5	生育保险费	RGF_YSJ+RGF_YSJ_DJCS	分部分项人工预算价+单价措施人工预算价	0.58	31.03
	D2	住房公积金	RGF_YSJ+RGF_YSJ_DJCS	分部分项人工预算价+单价措施人工预算价	5.82	311.33
	D3	工程排污费				
	E	税前工程造价	A+B+C+D	分部分项工程费合计+措施项目费+其他项目费+规费		30,656.57

费用查看
设置　上移　下移

工程造价	33722.23
分部分项合计	27626.73
安全文明施工费	768.16
措施项目合计	918.47
政策性调整	0.00
其他项目合计	0.00
管理费合计	1201.75
利润合计	1216.59
规费合计	2111.37
税金合计	3065.66
人工费	5349.29
材料费	19779.42
机械费	79.99
设备费	0.00
主材费	0.00

图 6-8　招标控制价报表输出

3. 投标报价的编制

留给投标人报价的时间往往很短，但是投标报价不仅是能否中标的重要依据，更是签订合同价格的基础，也就是施工单位利润的来源。对工程量清单项目单价计算要结合施工单位的施工和管理水平，为了中标，施工单位往往会使用到不平衡报价等一些报价策略。这就需要对每一条清单的项目特征、质量要求进行斟酌；对招标文件里面每一条清单的工程量重新核算以便得出准确的工程量来编制投标报价，这也是中标后进行施工准备的基础。

施工单位想要快速地计量，需要使用建设单位就是招标人提供的三维模型更快地去计算工程量，如图 6-9、图 6-10 所示，使用计价软件进行投标报价的编制。

图 6-9　计价软件导入 BIM 模型

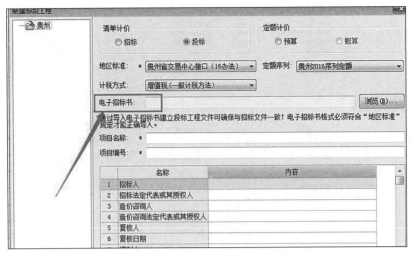

图 6-10　计价软件导入招标工程量清单

投标人建立好的 BIM 模型在施工阶段可以导入软件进行进度计划的编制，进行工程变更费用、月度结算、季度结算、根据工程形象进行结算等。因此，招标投标阶段主要使用 BIM 软件建立算量模型进行快速准确算量，使用计价软件与清单规范结合列出清单项并计算其综合单价（部分清单项目综合单价如图 6-11 所示），最后计算工程造价作为招标控制价或投标价，该工程最终的投标报价结果如图 6-12 所示。

序号	项目名称	项目特征描述	单位	暂定工程量	综合单价G (元)	其中 $G=(A+B*(1+C\%)+D+(A+D)+E)*(1+F\%)$						合价
						人工费A	主材费到场价B	主材损耗率C(%)	辅材、机械费D	综合管理E费率(%)	税金F费率(%)	
29	基础模板	1.基础类型:筒壁基础 2.综合模板材质及支模高度 3.含模板制作、安装、拆除等所有内容 4.含完成该项工作的所有费用	m²	1.00	58.65	23.72	22.00	5	6.50	12	3	58.65
30	C30抗水板 (P6)	1.混凝土类型:泵送商品混凝土,泵送方式综合考虑 2.混凝土强度:C30 3.抗渗等级:P6 4.含完成该项工作的所有费用	m³	50.00	413.32	24.50	345.00	5	10.35	12	3	20666.02
31	抗水板模板	1.基础类型:抗水板 2.综合模板材质及支模高度 3.含模板制作、安装、拆除等所有内容 4.含完成该项工作的所有费用	m²	100.00	58.53	25.11	22.00	5	5.00	12	3	5852.79
32	C30条基础	1.混凝土类型:泵送商品混凝土,泵送方式综合考虑 2.混凝土强度:C30 3.含完成该项工作的所有费用	m³	270.00	403.92	39.02	315.00	5	15.81	12	3	109058.03
33	C30独立基础	1.混凝土类型:泵送商品混凝土,泵送方式综合考虑 2.混凝土强度:C30 3.含完成该项工作的所有费用	m³	290.00	377.84	25.79	315.00	5	6.43	12	3	109574.03
34	基础模板	1.综合模板材质及支模高度 2.含模板制作、安装、拆除等所有内容 3.含完成该项工作的所有费用	m²	2000.00	58.65	25.22	22.00	5	5.00	12	3	117309.58
35	C25设备基础	1.混凝土类型:泵送商品混凝土,泵送方式综合考虑 2.混凝土强度:C25 3.含完成该项工作的所有费用	m³	1.00	384.00	25.50	295.00	5	30.81	12	3	384.00
36	设备基础模板	1.基础类型:设备基础 2.综合模板材质及支模高度 3.含模板制作、安装、拆除等所有内容 4.含完成该项工作的所有费用	m²	5.00	71.72	35.00	22.00	5	6.55	12	3	358.60
37	C30基础梁	1.混凝土类型:泵送商品混凝土,泵送方式综合考虑 2.混凝土强度:C30 3.含完成该项工作的所有费用	m³	240.00	397.40	35.00	315.00	5	14.17	12	3	95374.80
38	基础梁模板	1.综合模板材质及支模高度 2.含模板制作、安装、拆除等所有内容 3.含完成该项工作的所有费用	m²	2300.00	58.65	25.22	22.00	5	5.00	12	3	134906.02
		1.混凝土类型:泵送商品混凝土,泵送方式综合考虑										

图 6-11　部分清单投标报价截图

施工总承包工程投标报价汇总表

序号	分部分项工程名称	建筑面积（m²）	合价（元）	单方造价（元/m²）	备注
1	住宅	30953.64	42207688.41	1363.58	
1.1	土建部分	30953.64	41377463.20	1336.76	
1.2	安装部分	30953.64	830225.22	26.82	
2	商业	2310.33	3776418.04	1634.58	
2.1	土建部分	2310.33	3654784.38	1581.93	
2.2	安装部分	2310.33	121633.66	52.65	
3	措施费	33263.97	2677289.91	87.00	商业部分考虑标化安全文明施工和赶工补偿费
3.1	商业部分	2310.33	200998.71	87.00	商业部分考虑标化安全文明施工和赶工补偿费
3.2	住宅部分	30953.64	2476291.20	80.00	补偿费
4	其他费用				
4.1	协调服务费				根据合同按实进行结算
4.2	点工及机械台班				根据合同按实进行结算
5	工程造价	33263.97	48661396.36	1462.89	

图 6-12 投标报价汇总表

习题与思考题

1. 招标工程量清单的组成及编制内容有哪些？

2. 简要说明招标工程量清单的准备工作有哪些？

3. 建设工程招标工程量清单中其他项目清单的编制内容有哪些？

4. 招标控制价的编制内容有哪些？

5. 投标报价的策略有哪些？分别适用于哪些情况？

6. 施工企业拟投标一个单独招标的分部分项工程项目，清单工程量 10000m³。企业经测算完成该分部分项工程施工直接消耗的人、料、机费用为 200 万元（不含增值税进项税额）。估计管理费为 16 万元，利润 30 万元。完成该分部分项工程的措施项目费估计为 24 万元（其中安全文明施工费 18 万元）（不含增值税进项税额）。估计全部规费 29 万元，税金 9 万元。不考虑其他因素，求下列该分部分项工程的数额：

（1）该分部分项工程的工料单价为多少？

（2）该分部分项工程的综合单价为多少？

（3）该项目的措施项目费报价不能低于多少？

7. 某招标工程采用综合评估法评标，报价越低的报价得分越高。评分因素、权重及各投标人的得分情况见表 6-15，请给以下推荐中标人排序并说明理由。

评分因素、权重及各投标人的得分情况   表 6-15

评分因素	权重（%）	投标人得分		
		甲	乙	丙
施工组织设计	30	90	100	80
项目管理机构	20	80	90	100
投标报价	50	100	90	80

7

建设项目施工阶段价款结算

【教学要求】

　　1. 了解建设项目施工阶段的主要合同价款调整；

　　2. 了解常见合同价款的调整事项以及调整方法；

　　3. 了解合同价款的支付与结算过程；

　　4. 了解竣工结算的编制与支付，以及质量保证金的处理和最终结清。

【导读】

　　本章介绍了建设项目施工阶段合同价款的结算和竣工结算的编制与支付，具体包括对主要引起合同价款调整的事项进行阐述以及调整方法的介绍，以及合同价款支付中的预付款和进度款的支付方式和内容等，使读者对整个建设项目施工阶段的各个流程有更深的理解，有助于读者在以后的工程实践当中能够更快地融入与学习。

7.1 合同价款调整

合同价款调整是指在合同价款调整因素出现后，发承包双方根据合同约定，对合同价款进行变动的提出、计算和确认。合同履行过程中，引起合同价款调整的事项有很多，但不同文件当中有着不同的规定要求，本节对发承包双方实际合同履行过程约定调整合同价款的主要若干事项进行描述，重点介绍工程变更、物价波动和工程索赔事项引起的调整。

7.1.1 工程变更引起的合同价款调整

1. 工程变更

工程变更是合同实施过程中由发包人提出或由承包人提出，经发包人批准的对合同工程的工作内容、工程数量、质量要求、施工顺序与时间、施工条件、施工工艺或其他特征及合同条件等的改变。工程变更指令发出后，应当迅速落实指令，全面修改相关的各种文件。承包人也应当抓紧落实，如果承包人不能全面落实变更指令，则扩大的损失应当由承包人承担。

2. 工程变更的范围

在不同的合同文本中规定的工程变更范围可能会有所不同。

（1）在《建设工程施工合同（示范文本）》（GF—2017—0201）中规定：除专用合同条款另有约定外，合同履行过程中发生以下情形的，应按照本条约定进行变更。

1）增加或减少合同中任何工作，或追加额外的工作；

2）取消合同中任何工作，但转由他人实施的工作除外；

3）改变合同中任何工作的质量标准或其他特性；

4）改变工程的基线、标高、位置和尺寸；

5）改变工程的时间安排或实施顺序。

（2）在《中华人民共和国标准施工招标文件》（2007年版）中规定：除专用合同条款另有约定外，在属于合同中发生以下情形之一，应按照本条规定进行变更。

1）取消合同中任何一项工作，但被取消的工作不能转由发包人或其他人实施；

2）改变合同中任何一项工作的质量或其他特性；

3）改变合同工程的基线、标高、位置或尺寸；

4）改变合同中任何一项工作的施工时间或改变已批准的施工工艺或顺序；

5）为完成工程需要追加的额外工作。

3. 工程变更的价款调整方法

（1）分部分项工程费的调整

工程变更引起分部分项工程项目发生变化的，应按照下列规定调整：

1）已标价工程量清单中有适用于变更工程项目的，且工程变更导致的该清单项目的工程数量变化不足 15% 时，采用该项目的单价。直接采用适用的项目单价的前提是其采用的材料、施工工艺和方法相同，也不因此增加关键线路上工程的施工时间。

2）已标价工程量清单中没有适用、但有类似于变更工程项目的，可在合理范围内参照类似项目的单价或总价调整。采用类似的项目单价的前提是其采用的材料、施工工艺和方法基本相似，不增加关键线路上工程的施工时间，可仅就其变更后的差异部分，参考类似的项目单价由发承包双方协商新的项目单价。

3）已标价工程量清单中没有适用也没有类似于变更工程项目的，由承包人根据变更工程资料、计量规则和计价办法、工程造价管理机构发布的信息价格和承包人报价浮动率提出变更。

工程项目的单价，报发包人确认后调整。承包人报价浮动率可按下列公式计算：

招标工程：

$$承包人报价浮动率 L=（1-中标价/招标控制价）×100\% \qquad （7-1）$$

非招标工程：

$$承包人报价浮动率 L=（1-报价值/施工图预算）×100\% \qquad （7-2）$$

4）已标价工程量清单中没有适用也没有类似于变更工程项目，且工程造价管理机构发布的信息价格缺价的，由承包人根据变更工程资料、计量规则、计价办法和通过市场调查等取得有合法依据的市场价格提出变更工程项目的单价，报发包人确认后调整。

（2）措施项目费的调整

工程变更引起施工方案改变并使措施项目发生变化时，承包人提出调整措施项目费的，应事先将拟实施的方案提交发包人确认，并应详细说明与原方案措施项目相比的变化情况。拟实施的方案经发承包双方确认后执行，并应按照下列规定调整措施项目费：

1）安全文明施工费按照实际发生变化的措施项目调整，不得浮动。

2）采用单价计算的措施项目费，按照实际发生变化的措施项目、按照前述已标价工程量清单项目的规定确定单价。

3）按总价（或系数）计算的措施项目费，按照实际发生变化的措施项目调整，但应考虑承包人报价浮动因素，即调整金额按照实际调整金额乘以公式（7-1）或公式（7-2）得出的承包人报价浮动率计算。

如果承包人未事先将拟实施的方案提交给发包人确认，则视为工程变更不引起措施项目费的调整或承包人放弃调整措施项目费的权利。

7.1.2 物价波动引起的合同价款调整

施工合同履行期间，因人工、材料、工程设备和施工机具台班等价格波动影响合同价款时，发承包双方可以根据合同约定的调整方法，对合同价款进行调整。因物价波动引起的合同价款调整方法有两种：一种是采用价格指数调整价格差额，另一种是采用造价信息调整价格差额。承包人采购材料和工程设备的，应在合同中约定主要材料、工程设备价格变化的范围或幅度，如没有约定，则材料、工程设备单价变化超过5%，超过部分的价格按两种方法之一进行调整。

发生合同工程工期延误的，应按照下列规定确定合同履行期应予调整的价格：

（1）因非承包人原因导致工期延误的，计划进度日期后续工程的价格，应采用计划进度日期与实际进度日期两者的较高者；

（2）因承包人原因导致工期延误的，则计划进度日期后续工程的价格，采用计划进度日期与实际进度日期两者的较低者。

发包人供应材料和工程设备的，不适用上述规定，应由发包人按照实际变化调整，列入合同工程的工程造价内。

1. 采用价格指数调整价格差额

采用价格指数调整价格差额的方法，主要适用于施工中所用的材料品种较少，但每种材料使用量较大的土木工程，如公路、水坝等。

（1）价格调整公式

因人工、材料、工程设备和施工机具台班等价格波动影响合同价款时，根据投标函附录中的价格指数和权重表约定的数据，按以下价格调整公式计算差额并调整合同价款：

$$\Delta P = P_0 \left[A + \left(B_1 \times \frac{F_{t1}}{F_{01}} + B_2 \times \frac{F_{t2}}{F_{02}} + B_3 \times \frac{F_{t3}}{F_{03}} + \dots + B_n \times \frac{F_{tn}}{F_{0n}} \right) - 1 \right] \tag{7-3}$$

式中　　　　　　　ΔP——需调整的价格差额；

P_0——根据进度付款、竣工付款和最终结清等付款证书中，承包人应得到的已完成工程量的金额。此项金额应不包括价格调整、不计质量保证金的扣留和支付、预付款的支付和扣回。变更及其他金额已按现行价格计价的，也不计在内；

A——定值权重（即不调部分的权重）；

B_1，B_2，B_3，……，B_n——各可调因子的变值权重（即可调部分的权重）为各可调因子在投标函投标总报价中所占的比例；

F_{t1}，F_{t2}，F_{t3}，……，F_{tn}——各可调因子的现行价格指数，指根据进度付款、竣工付款和最终结清等约定的付款证书相关周期最后一天的前42天的各可调因子的价格指数；

F_{01}，F_{02}，F_{03}，……，F_{0n}——各可调因子的基本价格指数，指基准日的各可调因子的价格指数。

以上价格调整公式中的各可调因子、定值和变值权重，以及基本价格指数及其来源在投标函附录价格指数和权重表中约定。价格指数应首先采用工程造价管理机构提供的价格指数，缺乏上述价格指数时，可采用工程造价管理机构提供的价格代替。

在计算调整差额时得不到现行价格指数的，可暂用上一次价格指数计算，并在以后的付款中再按实际价格指数进行调整。

（2）权重的调整

按变更范围和内容所约定的变更，导致原定合同中的权重不合理时，由承包人和发包人协商后进行调整。

（3）工期延误后的价格调整

由于发包人原因导致工期延误的，则对于计划进度日期（或竣工日期）后续施工的工程，在使用价格调整公式时，应采用计划进度日期（或竣工日期）与实际进度日期（或竣工日期）的两个价格指数中较高者作为现行价格指数。

由于承包人原因导致工期延误的，则对于计划进度日期（或竣工日期）后续施工的工程，在使用价格调整公式时，应采用计划进度日期（或竣工日期）与实际进度日期（或竣工日期）的两个价格指数中较低者作为现行价格指数。

2. 采用造价信息调整价格差额

采用造价信息调整价格差额的方法，主要适用于使用的材料品种较多，相对而言每种材料使用量较小的房屋建筑与装饰工程。

施工合同履行期间，因人工、材料、工程设备和施工机具台班价格波动影响合同价格时，人工、施工机具使用费按照国家或省、自治区、直辖市住房城乡建设主管部门、行业建设管理部门或其授权的工程造价管理机构发布的人工成本信息、施工机具台班单价或施工机具使用费系数进行调整；需要进行价格调整的材料，其单价和采购数应由发包人复核，发包人确认需调整的材料单价及数量，作为调整合同价款差额的依据。

（1）人工单价的调整

人工单价发生变化时，发承包双方应按省级或行业建设主管部门或其授权的工程造价管理机构发布的人工成本文件调整合同价款。

（2）材料和工程设备价格的调整

材料、工程设备价格变化的价款调整，按照承包人提供主要材料和工程设备一览表，根据发承包双方约定的风险范围，按以下规定进行调整。

1）如果承包人投标报价中材料单价低于基准单价，工程施工期间材料单价涨幅以基准单价为基础超过合同约定的风险幅度值时，或材料单价跌幅以投标报价为基础超过合同约定的风险幅度值时，其超过部分按实调整。

2）如果承包人投标报价中材料单价高于基准单价，工程施工期间材料单价跌幅以基准单价为基础超过合同约定的风险幅度值时，或材料单价涨幅以投标报价为基础超过合同约定的风险幅度值时，其超过部分按实调整。

3）如果承包人投标报价中材料单价等于基准单价，工程施工期间材料单价涨、跌幅以基准单价为基础超过合同约定的风险幅度值时，其超过部分按实调整。

4）承包人应当在采购材料前将采购数量和新的材料单价报发包人核对，确认用于本合同工程时，发包人应当确认采购材料的数量和单价。发包人在收到承包人报送的确认资料后3个工作日不予答复的，视为已经认可，作为调整合同价款的依据。如果承包人未报经发包人核对即自行采购材料，再报发包人确认调整合同价款的，如发包人不同意，则不作调整。

7.1.3 工程索赔引起的合同价款调整

1. 索赔的概念及分类

工程索赔是指在工程合同履行过程中，当事人一方因非己方的原因而遭受经济损失或工期延误，按照合同约定或法律规定，应由对方承担责任，而向对方提出工期和（或）费用补偿要求的行为。

（1）按索赔的当事人分类

根据索赔的合同当事人不同，可将工程索赔分为：

1）承包人与发包人之间的索赔。该类索赔发生在建设工程施工合同的双方当事人之间，既包括承包人向发包人的索赔，也包括发包人向承包人的索赔。但是在工程实践中，经常发生的索赔事件，大多是承包人向发包人提出的，本教材中所提及的索赔，如果未作特别说明，即是指此类情形。

2）总承包人和分包人之间的索赔。在建设工程分包合同履行过程中，索赔事件发生后，无论是发包人的原因还是总承包人的原因所致，分包人都只能向总承包人提出索赔要求，而不能直接向发包人提出。

（2）按索赔目的和要求分类

根据索赔的目的和要求不同，可以将工程索赔分为工期索赔和费用索赔。

1）工期索赔，一般是指工程合同履行过程中，由于非因自身原因造成工期延误，按照合同约定或法律规定，承包人向发包人提出合同工期补偿要求的行为。工期顺延的要求获得批准后，不仅可以免除承包人承担拖期违约赔偿金的责任，而且承包人还有可能因工期提前获得赶工补偿（或奖励）。

2）费用索赔，是指工程承包合同履行中，当事人一方因非己方原因而遭受费用损失，按合同约定或法律规定应由对方承担责任，而向对方提出增加费用要求的行为。

（3）按索赔事件的性质分类

根据索赔事件的性质不同，可以将工程索赔分为：

1）工程延误索赔。因发包人未按合同要求提供施工条件，或因发包人指令工程暂停或不可抗力事件等原因造成工期拖延的，承包人可以向发包人提出索赔；如果由于承包人原因导致工期拖延，发包人可以向承包人提出索赔。

2）加速施工索赔。由于发包人指令承包人加快施工速度，缩短工期，引起承包人的人力、物力、财力的额外开支，承包人提出的索赔。

3）工程变更索赔。由于发包人指令增加或减少工程量或增加附加工程、修改设计、变更工程顺序等，造成工期延长和（或）费用增加，承包人就此提出索赔。

4）合同终止的索赔。由于发包人违约或发生不可抗力事件等原因造成合同非正常终止，承包人因其遭受经济损失而提出索赔。如果由于承包人的原因导致合同非正常终止，或者合同无法继续履行，发包人可以就此提出索赔。

5）不可预见的不利条件索赔。承包人在工程施工期间，施工现场遇到一个有经验的承包人通常不能合理预见的不利施工条件或外界障碍，例如，地质条件与发包人提供的资料不符，出现不可预见的地下水、地质断层、溶洞、地下障碍物等，承包人可以就因此遭受的损失提出索赔。

6）不可抗力事件的索赔。工程施工期间，因不可抗力事件的发生而遭受损失的一方，可以根据合同中对不可抗力风险分担的约定，向对方当事人提出索赔。

7）其他索赔。如因货币贬值、汇率变化、物价上涨、政策法令变化等原因引起的索赔。

2. 索赔费用的组成

（1）人工费

人工费的索赔包括：由于完成合同之外的额外工作所花费的人工费用；由于非施工单位责任导致的工效降低所增加的人工费用；法定的人工费增长以及非施工单位责任工程延误导致的人员窝工费和工资上涨费等。

（2）材料费

材料费的索赔包括：由于索赔事件的发生造成材料实际用量超过计划用量而增加的材料费；由于客观原因材料价格大幅度上涨引起的费用。由于非施工单位责任工程延误导致的材料价格上涨和材料超期储存费用。

（3）施工机具使用费

施工机具使用费主要内容是施工机械使用费。施工机械使用费的索赔包括：由于完成额外工作增加的机械使用费；非施工单位责任的工效降低增加的机械使用费；由于发包人或监理工程师原因导致机械停工的窝工费。

（4）分包费用

分包费用的索赔指的是分包人的索赔费。分包人的索赔应如数列入总承包人的索赔款总额以内。

（5）工地管理费

工地管理费的索赔指施工单位完成额外工程、索赔事项工作以及工期延长期间的工地管理费，但如果对部分工人窝工损失索赔时，因其他工程仍然进行，可能不予计算工地管理费。

（6）企业管理费

企业管理费的索赔主要指的是由于发包人原因导致工程延期期间所增加的承包方向公司总部提交的管理费，包括总部职工资、办公大楼折旧、办公用品、财务管理、通信设施以及总部领导人员赴工地检查指导工作等开支。

（7）利息

索赔费用中的利息部分包括：拖期付款利息；由于工程变更的工程延误增加投资的利息；索赔款的利息；错误扣款的利息。这些利息的具体利率，有这样几种规定：按当时的银行贷款利率；按当时的银行透支利率；按合同双方协议的利率。

（8）利润

利润的索赔一般来说，是指由于工程范围的变更、文件有缺陷或技术性错误、发包人未能提供现场等引起的索赔，承包人可以列入利润。索赔利润的款额计算通常是与原报价单中的利润百分率保持一致。

3.索赔费用的计算方法

（1）实际费用法

实际费用法是施工索赔时最常用的一种方法。该方法是按照各索赔事件所引起损失的费用项目分别分析计算索赔值，然后将各个项目的索赔值汇总，即可得到总索赔费用值。这种方法以承包人为某项索赔工作所支付的实际开支为根据，但仅限于由于索赔事件引起的，超过原计划的费用，故也称额外成本法。在这种计算方法中，需要注意的是不要遗漏费用项目。

（2）总费用法

总费用法即总成本法，就是当发生多次索赔事件以后，重新计算该工程的实际总费用，实际总费用减去投标报价时的估算总费用，即为索赔金额，计算公式如下：

$$索赔金额 = 实际总费用 - 投标报价估算总费用 \qquad (7\text{-}4)$$

但这种方法对发包人不利，因为实际发生的总费用中可能有承包人的施工组织不合理因素，承包人在投标报价时为竞争中标而压低报价，中标后通过索赔可以得到补偿。所以，这种方法只有在难以采用实际费用法时采用。

（3）修正的总费用法

修正的总费用法是对总费用法的改进，即在总费用计算的基础上，去掉一些不合理因素，使其更合理。修正的内容如下：

1）将计算索赔款的时段局限于受到外界影响的时间，而不是整个施工期。

2）只计算受影响时段内的某项工作所受影响的损失，而不是计算该时段内所有施工工作所受的损失。

3）与该项工作无关的费用不列入总费用中。

4）对投标报价费用重新进行核算：按受影响时段内该项工作的实际单价进行核算乘以实际完成的该项工作的工程量，得出调整后的报价费用。

按修正后的总费用计算索赔金额的公式如下：

$$索赔金额 = 某项工作调整后的实际总费用 - 该项工作的报价费用 \qquad （7-5）$$

修正后的总费用法与总费用法相比，有了实质性改进，它的准确程度已经接近于实际费用法。

4. 工期索赔的计算

工期索赔，一般是指承包人依据合同对于因非自身原因导致的工期延误向发包人提出的工期顺延要求。

（1）工期索赔中应当注意的问题

1）划清施工进度拖延的责任。因承包人的原因造成施工进度滞后，属于不可原谅的延期；只有承包人不应承担任何责任的延误，才是可原谅的延期。有时工程延期的原因中可能包含有双方责任，此时监理人应进行详细分析，分清责任比例，只有可原谅延期部分才能批准顺延合同工期。可原谅延期，又可细分为可原谅并给予补偿费用的延期和可原谅但不给予补偿费用的延期；后者是指非承包人责任事件的影响并未导致施工成本的额外支出，大多属于发包人应承担风险责任事件的影响，如异常恶劣的气候条件影响的停工等。

2）被延误的工作应是处于施工进度计划关键线路上的施工内容。只有位于关键线路上工作内容的滞后，才会影响到竣工日期。但有时也应注意，既要看被延误的工作是否在批准进度计划的关键路线上，又要详细分析这一延误对后续工作的可能影响。因为若对非关键路线工作的影响时间较长，超过了该工作可用于自由支配的时间，也会导致进度计划中非关键路线转化为关键路线，其滞后将影响总工期的拖延。此时，应充分考虑该工作的自由时间，给予相应的工期顺延，并要求承包人修改施工进度计划。

（2）工期索赔的计算方法

1）直接法。如果某干扰事件直接发生在关键线路上，造成总工期的延误，可以直接将该干扰事件的实际干扰时间（延误时间）作为工期索赔值。

2）比例计算法。如果某干扰事件仅仅影响某单项工程、单位工程或分部分项工程的工期，要分析其对总工期的影响，可以采用比例计算法。

①已知受干扰部分工程的延期时间：

$$工期索赔值 = 受干扰部分工程的延期时间 \times \frac{受干扰部分工程的合同价格}{原合同价格} \qquad （7-6）$$

②已知额外增加的工程量价格：

$$工期索赔值 = 原合同总工期 \times \frac{额外增加的工程量价格}{原合同总价} \qquad (7-7)$$

比例计算法虽然简单方便，但有时不符合实际情况，而且比例计算法不适用于变更施工顺序、加速施工、删减工程量等事件的索赔。

3）网络图分析法。网络图分析法是利用进度计划的网络图，分析关键线路。如果延误的工作为关键工作，则延误的时间为索赔的工期；如果延误的工作为非关键工作，当该工作由于延误超过时差限制而成为关键工作时，可以索赔延误时间与时差的差值；若该工作延误后仍为非关键工作，则不存在工期索赔问题。

该方法通过分析干扰事件发生前和发生后网络计划的计算工期之差来计算工期索赔值，可以用于各种干扰事件和多种干扰事件共同作用所引起的工期索赔。

7.2　合同价款支付与结算

工程预付款和安全文明施工的措施均具有前瞻性，必须在使用前予以保证，因此两种款项具有提前支付的性质。其中，工程预付款的支付时点是开工前，其本质是发包人提供给承包人的"无息贷款"；安全文明施工费的支付时点是开工后，属于施工过程中的提前支付。进度款也属于开工后的施工过程中支付，但进度款是在承包人按照合同约定完成工程量的前提下支付的，因此属于施工过程中的结果性支付。

7.2.1　预付款

工程预付款是在开工前，发包人按照合同约定，预先支付给承包人用于购买合同工程施工所需的材料、工程设备以及组织施工机械和人员进场等的款项。其中，用于购买合同工程施工所需的材料、工程设备的款项称为材料预付款；用于组织施工机械和人员进场等的款项称为动员预付款，也称为开工预付款。

工程是否实行预付款，取决于工程性质、承包工程量的大小及发包人在招标文件中的规定。工程实行预付款的，发包人应按照合同约定支付工程预付款，承包人应将预付款专用于合同工程。支付的工程预付款，按照合同约定在工程进度款中抵扣。

1. 预付款的支付

（1）材料预付款的额度

材料预付款的额度，各地区、各部门的规定不完全相同，主要是保证施工所需材料和构件的正常储备。材料预付款额度一般是根据施工工期、建筑安装工作量、主要材料和构件费用占建筑安装工程费的比例以及材料储备周期等因素经测算来确定。公式计算法是根据主要材料（含结构件等）占年度承包工程总价的比重，材料储备定额天数和年度施工天数等因素，通过公式计算材料预付款额度的一种方法。

其计算公式为：

$$材料预付款数额=\frac{年度工程总价×材料价格（\%）}{年度施工天数}×材料储备定额天数 \quad (7-8)$$

式中　年度施工天数按 365 日历天计算；材料储备定额天数由当地材料供应的在途天数、加工天数、整理天数、供应间隔天数、保险天数等因素决定。

（2）动员预付款的额度

动员预付款的额度，国际上一般规定范围是合同价的 0~20%。根据《建设工程价款结算暂行办法》（财建〔2004〕369 号）的规定，可采用百分比法计算。发包人根据工程的特点、工期长短、市场行情、供求规律等因素，招标时在合同条件中约定动员预付款的百分比。包工包料工程的预付款的支付比例不得低于签约合同价（扣除暂列金额）的 10%，不宜高于签约合同价（扣除暂列金额）的 30%。

另外，对于那些前期资金投入比较大，后期资金投入比较少的工程项目可以在施工合同中采用较高的动员预付款比例，同时还可以设置不同扣回速度进行有效的项目资金调节；对于那些前期资金投入比较少的工程项目，则可以在施工合同中约定，采取较低的动员预付款比例，甚至不设置动员预付款这一款项。

（3）预付款的支付时间

承包人应在签订合同或向发包人提供与预付款等额的预付款保函后向发包人提交预付款支付申请。发包人应在收到支付申请的 7d 内进行核实后向承包人发出预付款支付证书，并在签发支付证书后的 7d 内向承包人支付预付款。发包人没有按合同约定按时支付预付款的，承包人可催告发包人支付；发包人在预付款期满后的 7d 内仍未支付的，承包人可在付款期满后的第 8 天起暂停施工。发包人应承担由此增加的费用和延误的工期，并应向承包人支付合理利润。

2. 预付款的扣回

发包人拨付给承包人的工程预付款属于预支的性质。随着工程进度的推进，拨付的工程进度款数额不断增加，工程所需主要材料、构件的储备逐步减少，原已支付的预付款应以抵扣的方式从工程进度款中予以陆续扣回。预付款应从每一个支付期应支付给承包人的工程进度款中扣回，直到扣回的金额达到合同约定的预付款金额为止。承包人的预付款保函的担保金额根据预付款扣回的数额相应递减，但在预付款全部扣回之前一直保持有效。发包人应在预付款扣完后的 14d 内将预付款保函退还给承包人。预付的工程款必须在合同中约定扣回方式。

（1）材料预付款常用的扣回方式

1）按合同约定扣款。在承包人完成金额累计达到合同总价一定比例（双方合同约定）后，采用等比率或等额扣款的方式分期抵扣。也可针对工程实际情况具体处理，如有些工程工期较短、造价较低，就无需分期扣还；有些工期较长，如跨年度工程，其材料预付款的占用时间很长，根据需要可以少扣或不扣。

2）起扣点计算法。从未完施工工程尚需的主要材料及构件的价值相当于材料预付款数额时起扣，从每次中间结算工程价款中，按材料及构件比重抵扣工程预付款，至竣工之前全部扣清。其基本计算公式如下：

$$T=P-\frac{M}{N}$$

（7-9）

式中　T——起扣点，即工程预付款开始扣回的累计已完工程价值；

　　　P——承包工程合同总额；

　　　M——材料预付款数额；

　　　N——主要材料及构件所占比重。

该方法对承包人比较有利，最大限度地占用了发包人的流动资金，但是，显然不利于发包人资金使用。

（2）动员预付款常用的扣回方式

1）等值扣回法。即规定在工程中期支付证书中工程量清单累计金额超过合同价值20%的当月开始扣回，止于合同规定竣工日期前3个月的当月，在此期间，从中期支付证书中逐月按等值扣回。这种方法虽然简单，易掌握，但当工程进度缓慢或因其他原因工程款支付不多的情况下，会出现扣回额大于或接近工程支付额，而使中期支付证书出现负值或接近零，而且实际工程往往没法准确确定工期，所以实际采用不多。

2）"超一扣二"法。动员预付款在进度付款证书的累计金额未达到签约合同价的30%之前不予扣回，在达到签约合同价30%之后，开始按工程进度以固定比例（即每完成签约合同价的1%，扣回动员预付款的2%）分期从各月的进度付款证书中扣回，全部金额在进度付款证书的累计金额达到签约合同价的80%时扣完。

3. 预付款担保

（1）预付款担保的概念及作用

预付款担保是指承包人与发包人签订合同后领取预付款前，承包人正确、合理使用发包人支付的预付款而提供的担保。其主要作用是保证承包人能够按合同规定的目的使用并及时偿还发包人已支付的全部预付金额。如果承包人中途毁约，中止工程，使发包人不能在规定期限内从应付工程款中扣除全部预付款，则发包人有权从该项担保金额中获得补偿。

（2）担保的形式

预付款担保的主要形式为银行保函。预付款担保的担保金额与发包人的预付款是等值的。预付款一般逐月及为银行保险，预付款担保的担保金额也相应逐月减少。承包人的预付款保函的担保金额根据预付款扣回的数额相应扣减，但在预付款全部扣回之前一直保持有效。

预付款担保也可以采用发承包双方约定的其他形式，如由担保公司提供担保，或采取抵押等担保形式。

4. 安全文明施工费的预付

财政部、应急部《关于印发〈企业安全生产费用提取和使用管理办法〉的通知》（财资〔2022〕136号）第十九条对企业安全费用的使用范围作了规定，建设工程施工阶段的安全文明施工费包括的内容和使用范围，应符合此规定。

发包人应在工程开工后的28d内预付不低于当年施工进度计划的安全文明施工费总额的60%，其余部分按照提前安排的原则进行分解，与进度款同期支付。发包人没有按时支付安全文明施工费的，承包人可催告发包人支付；发包人在付款期满后的7d内仍未支付的，若发生安全事故，发包人应承担相应责任。

承包人对安全文明施工费应专款专用，在财务账目中单独列项备查，不得挪作他用，否则发包人有权要求其限期改正；逾期未改正的，造成的损失和延误的工期由承包人承担。

7.2.2　进度款

进度款是在合同工程施工过程中，发包人按照合同约定对付款周期内承包人完成的合同价款给予支付的款项，也是合同价款期中的结算支付。建设工程合同是先由承包人完成建设工程，后由发包人支付合同价款的特殊承揽合同，由于建设工程具有投资大、施工期长等特点，合同价款的履行顺序主要通过"阶段小结、最终结清"来实现。当承包人完成了一定阶段的工程量后，发包人就应该按合同约定履行支付工程进度款的义务。

1. 进度款支付流程

（1）承包人出具已完成的工程量报告并附具进度付款申请单。《建设工程施工合同（示范文本）》（GF—2017—0201）规定，除专用合同条款另有约定外，工程量的计量按月进行。承包人应于每月25日向监理人报送上月20日至当月19日已完成的工程量报告，并附具进度付款申请单、已完成工程量报表和有关资料。

（2）监理人根据已完工程量报告审核实际完成的工程量。监理人应在收到承包人提交的工程量报告后7d内完成对承包人提交的工程量报表的审核并报送发包人，以确定当月实际完成的工程量。监理人对工程量有异议的，有权要求承包人进行共同复核或抽样复测。承包人应协助监理人进行复核或抽样复测，并按监理人要求提供补充计量资料。承包人未按监理人要求参加复核或抽样复测的，监理人复核或修正的工程量视为承包人实际完成的工程量。监理人未在收到承包人提交的工程量报表后的7d内完成审核的，承包人报送的工程量报告中的工程量视为承包人实际完成的工程量，据此计算工程价款。

（3）发包人出具进度款支付证书。发包人应在收到承包人进度款支付申请后的14d内根据计量结果和合同约定对申请内容予以核实，确认后向承包人出具进度款支付证书。若发承包双方对有的清单项目的计量结果出现争议，发包人应对无争议部分的工程计量结果向承包人出具进度款支付证书。

（4）发包人支付进度款。发包人应在签发进度款支付证书后的14d内，按照支付证书列明的金额向承包人支付进度款。

（5）若发包人逾期未签发进度款支付证书，则视为承包人提交的进度款支付申请已被发包人认可，承包人可向发包人发出催告付款的通知。发包人应在收到通知后的14d内，按照承包人支付申请的金额向承包人支付进度款。发包人未按规定支付进度款的，承包人可催告发包人支付，并有权获得延迟支付的利息；发包人在付款期满后的7d内仍未支付的，承包人可在付款期满后的第8d起暂停施工。发包人应承担由此增加的费用和延误的工期，向承包人支付合理利润，并应承担违约责任。

（6）发现已签发的任何支付证书有错、漏或重复的数额，发包人有权予以修正，承包人也有权提出修正申请。经发承包双方复核同意修正的，应在本次到期的进度款中支付或扣除。

进度款支付流程图如图7-1所示。

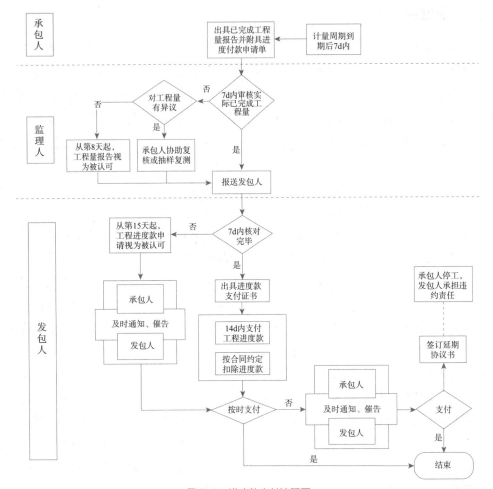

图 7-1　进度款支付流程图

2. 承包人支付申请的内容

承包人应在已完工程进度款支付申请中详细说明此周期认为有权得到的款额，包括分包人已完工程的价款。支付申请应包括下列内容：

（1）累计已完成的合同价款；

（2）累计已实际支付的合同价款；

（3）本周期合计完成的合同价款：

1）本周期已完成单价项目的金额；

2）本周期应支付的总价项目的金额；

3）本周期已完成的计日工价款；

4）本周期应支付的安全文明施工费；

5）本周期应增加的金额。

（4）本周期合计应扣减的金额：

1）本周期应扣回的预付款；

2）本周期应扣减的金额。

（5）本周期实际应支付的合同价款。

发承包双方应按照合同约定的时间、程序和方法，根据工程计量结果，办理期中价款结算，支付进度款。进度款支付周期，应与合同约定的工程计量周期一致。其中，工程量的正确计量是发包人向承包人支付进度款的前提和依据。计量和付款周期可采用分段或按月结算的方式，按照《关于完善建设工程价款结算有关办法的通知》（财建［2022］183号）、《建设工程价款结算暂行办法》（财建［2004］369号）及《建设工程工程量清单计价规范》GB 50500—2013的规定：

（1）已完工程的结算价款。已标价工程量清单中的单价项目，承包人应按工程计量确认的工程量与综合单价计算；如综合单价发生调整的，以发承包双方确认调整的综合单价计算进度款。已标价工程量清单中的总价项目，承包人应按合同中约定的进度款支付分解，分别列入进度款支付申请中的安全文明施工费和本周期应支付的总价项目的金额中。

（2）结算价款的调整。承包人现场签证和得到发包人确认的索赔金额应列入本周期应增加的金额中。发包人提供的甲供材料金额，应按照发包人签约提供的单价和数量从进度款支付中扣除，列入本周期应扣减的金额中。

（3）进度款的支付比例。政府机关、事业单位、国有企业建设工程进度款支付应不低于已完成工程价款的80%；同时，在确保不超出工程总概（预）算以及工程决（结）算工作顺利开展的前提下，除按合同约定保留不超过工程价款总额3%的质量保证金外，进度款支付比例可由发承包双方根据项目实际情况自行确定。在结算过程中，若发生进度款支付超出实际已完成工程价款的情况，承包单位应按规定在结算后30d内向发包单位返还多收到的工程进度款。

（4）当年开工、当年不能竣工的新开工项目可以推行过程结算。发承包双方通过合同约定，将施工过程按时间或进度节点划分施工周期，对周期内已完成且无争议的工程量（含变更、签证、索赔等）进行价款计算、确认和支付，支付金额不得超出已完工部分对应的批复概（预）算。经双方确认的过程结算文件作为竣工结算文件的组成部分，竣工后原则上不再重复审核。

（5）进度款的结算方式。①按月结算与支付。即实行按月支付进度款、竣工后结算的办法。合同工期在两个年度以上的工程，在年终进行工程盘点，办理年度结算。②分段结算与支付。即当年开工、当年不能竣工的工程按照工程形象进度，划分不同阶段，支付工程进度款。当采用分段结算方式时，应在合同中约定具体的工程分段划分方法，付款周期应与计量周期一致。

7.3   竣工结算与支付

工程竣工结算是指工程项目完工并经竣工验收合格后，发承包双方按照施工合同的约定对所完成的工程项目进行的合同价款的计算、调整和确认。财政部、建设部于2004年10月发布的《建设工程价款结算暂行办法》规定，工程完工后，发承包双方应按照约定的合同价款及合同价款调整内容以及索赔事项，进行工程竣工结算。工程竣工结算分为单位工程竣工结算、单项工程竣工结算和建设项目竣工总结算。《住房和城乡建设部办公厅关于印发工程造价改革工作方案的通知》（建办标〔2020〕38号）中指出，应"加强工程施工合同履约和价款支付监管，引导发承包双方严格按照合同约定开展工程款支付和结算，全面推行施工过程价款结算和支付"。

7.3.1   竣工结算

1.竣工结算文件的编制

（1）竣工结算文件的编制依据

工程竣工结算文件编制的主要依据包括：

1)《建设工程工程量清单计价规范》；

2）工程合同；

3）发承包双方实施过程中已确认的工程量及其结算的合同价款；

4）发承包双方实施过程中已确认调整后追加（减）的合同价款；

5）建设工程设计文件及相关资料；

6）投标文件；

7）其他依据。

（2）编制竣工结算文件的计价原则

在采用工程量清单计价的方式下，工程竣工结算的编制应当遵循下列计价原则：

　　1）分部分项工程和措施项目中的单价项目应依据双方确认的工程量与已标价工程量清单的综合单价计算；如发生调整的，以发承包双方确认调整的综合单价计算。

　　2）措施项目中的总价项目应依据合同约定的项目和金额计算。如发生调整的，以发承包双方确认调整的金额计算，其中安全文明施工费必须按照国家或省级、行业建设主管部门的规定计算。

　　3）其他项目应按下列规定计价：

　　①计日工应按发包人实际签证确认的事项计算；

　　②暂估价应按发承包双方按照《建设工程工程量清单计价规范》GB 50500—2013的相关规定计算；

　　③总承包服务费应依据合同约定金额计算，如发生调整的，以承包双方确认调整的额计算；

　　④施工索赔费用应依据发承包双方确认的索赔事项和金额计算；

　　⑤现场签证费用应依据发承包双方签证资料确认的金额计算；

　　⑥暂列金额应减去工程价款调整（包括索赔、现场签证）金额计算，如有余额归发包人。

　　4）规费和税金应按照国家或省级、行业建设主管部门的规定计算。

　　5）其他原则。采用总价合同的，应在合同总价基础上，对合同约定能调整的内容及超过合同约定范围的风险因素进行调整；采用单价合同的，在合同约定风险范围内的综合单价应固定不变，并应按合同约定进行计量，且应按实际完成的工程量进行计量。此外，发承包双方在合同工程实施过程中已经确认的工程计量结果和合同价款，在竣工结算办理中应直接计入结算。

　　2. 竣工结算的程序

　　（1）竣工结算文件的提交

　　工程完工后，承包商应当在工程完工后的约定期限内提交竣工结算文件。未在规定期限内完成的并且提不出正当理由延期的，承包人经发包人催告后仍未提交竣工结算文件或没有明确答复的，发包人有权根据已有资料编制竣工结算文件，作为办理竣工结算和支付结算款的依据，承包人应予以认可。

　　（2）竣工结算文件的审核

　　竣工结算文件的审核一般委托给工程造价咨询机构，具体审核内容如下：

　　1）审核竣工结算编制依据。审核编制依据主要包括：工程竣工报告、竣工图及竣工验收单；工程施工合同或施工协议书；施工图预算或招标投标工程的合同标价；设计交底及图纸会审记录资料；设计变更通知单及现场施工变更记录；经建设单位签证认可的施工技术措施、技术核定单；预算外各种施工签证或施工记录；合同中规定的定额，材料预算价格，构件、成品价格；国家或地区新颁发的有关规定。审计时要审核编制依据是否符合国家有关规定，资料是否齐全，手续是否完备，对遗留问题处理是否合规。

2）审核工程量。工程量是决定工程造价的主要因素，核定施工工程量是工程竣工结算审计的关键。审计的方法可以根据施工单位编制的竣工结算中的工程量计算表，对照图纸尺寸进行计算审核，也可以依据图纸重新编制工程量计算表进行审计。审核重点如下：

①重点审核投资比例较大的分项工程，如基础工程、钢筋混凝土工程、钢结构以及高级装饰项目等；

②要重点审核容易混淆或出漏洞的项目。

3）审核分部分项工程、措施项目清单计价。

①审核结算所列项目的合理性。注意由于清单计价招标中漏项、设计变更、工程洽商纪要等发生的高估冒算、弄虚作假问题；工程项目、工作内容、项目特征、计算单位是否与清单计算规则相符，是否有重复内容；重点审核价高、工程量较大或子目容易混淆的项目，保证工程造价准确。

②审核综合单价的正确性。除合同另有约定外，由于设计变更引起工程量增减的部分，属于合同约定幅度以内的，应执行原有的综合单价；工程量清单漏项或由于设计变更引起新的工程量清单项目、设计变更增减的工程量属于合同约定幅度以外的其相应综合单价由承包商提出，经发包人确认后作为结算的依据。审计时以当地的预算定额确定的人工、材料、机械台班消耗量为最高控制线，参考当地建筑市场人、材、机价格，根据施工企业报价合理确定综合单价。

③审核计算的准确性。审核计算公式的数字运算是否正确，是否有故意计算、合计错误以及笔误等。

4）审核变更及隐蔽工程的签证。

①对工程变更要核查原施工图的设计、图纸答疑和原投标预算书的实际所列项目等资料是否有出入，对原投标预算书中未做的项目要予以取消；

②变更增加的项目是否已包括在原有项目的工作内容中，以防止重复计算；

③变更签证的手续是否齐全，书写内容是否清楚、合理。含糊不清和缺少实质性内容的要深入现场核查并向现场当事人进行了解，核查后加以核定。

5）审核规费、税金及其他费用。

①审核费率计算是否正确，计算基础是否符合规定，有无错套费率等级情况；

②审核费率的采用是否正确；

③审核各项独立费的计取是否正确。

6）审核施工企业资质。严格审核施工企业的资质，对挂靠、无资质等级及无取费证书的施工企业，应降低综合单价或审计确定综合单价及造价。

7）审核工程合同。工程合同审计是投资审计的一项重要内容，必须仔细查阅相关文件资料是否齐全、合法合规。

（3）竣工结算文件的确认与异议处理

发包人应仔细核对承包人提交的竣工结算文件，认为承包人还应进一步补充资料和修改结算文件的，应向承包人提出核实意见，承包人在收到核实意见后按照发包人提出的合理要求补充资料，修改竣工结算文件，并应再次提交给发包人复核后批准。发包人应在收到承包人再次提交的竣工结算文件后予以复核，并将复核结果通知承包人。发承包双方对复核结果无异议的，应在竣工结算文件上签字确认，竣工结算办理完毕，发包人应当按照竣工结算文件及时支付竣工结算款。

发包人或承包人对复核结果认为有误的，无异议部分按照上述规定办理不完全竣工结算，有异议部分由发承包双方协商解决，协商不成的，按照合同约定的争议解决方式处理。

发包人在收到承包人竣工结算文件后不核对竣工结算或未提出核对意见的，应视为承包人提交的竣工结算文件已被发包人认可，竣工结算办理完毕。

承包人在收到发包人提出的核实意见后不确认也未提出异议的，应视为发包人提出的核实意见已被承包人认可，竣工结算办理完毕。

竣工结算程序流程图如图 7-2 所示。

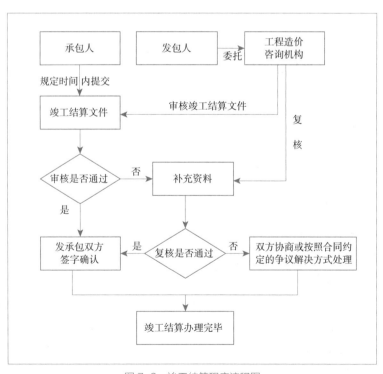

图 7-2　竣工结算程序流程图

（4）质量争议工程的竣工结算

发包人对工程质量有异议，拒绝办理工程竣工结算的，按以下情形分别处理：

1）已经竣工验收或已竣工未验收但实际投入使用的工程，其质量争议按该工程保修合同执行，竣工结算按合同约定办理。

2）已竣工未验收且未实际投入使用的工程以及停工、停建工程的质量争议，双方应就有争议的部分委托有资质的检测鉴定机构进行检测，根据检测结果确定解决方案，或按工程质量监督机构的处理决定执行后办理竣工结算，无争议部分的竣工结算按合同约定办理。

7.3.2　竣工结算款支付

1. 承包人提交竣工结算申请

除专用合同条款另有约定外，承包人应在工程竣工验收合格后 28d 内向发包人和监理人提交竣工结算申请单，并提交完整的结算资料，有关竣工结算申请单的资料清单和份数等要求由合同当事人在专用合同条款中约定。竣工结算申请单（表 7-1）应包括下列内容：

（1）竣工结算合同价格；

（2）支付人已支付承包人的款项；

（3）应扣留的质量保证金（已缴纳履约保证金的或者提供其他工程质量担保方式的除外）；

（4）发包人应支付承包人的合同价款。

2. 发包人签发竣工结算支付证书

发包人应在收到承包人提交竣工结算款支付申请后规定时间内予以核实，向承包人签发竣工结算支付证书。竣工结算支付证书见表 7-2。

3. 支付竣工结算款

发包人签发竣工结算支付证书后的规定时间内，按照竣工结算支付证书列明的金额向承包人支付结算款。

发包人在收到承包人提交的竣工结算款支付申请后规定时间内不予核实，不向承包人签发竣工结算支付证书的，视为承包人的竣工结算款支付申请已被发包人认可；发包人应在收到承包人提交的竣工结算款支付申请规定时间内，按照承包人提交的竣工结算款支付申请列明的金额向承包人支付结算款。

发包人未按照规定的程序支付竣工结算款的，承包人可催告发包人支付，并有权获得延迟支付利息。发包人在竣工结算支付证书签发后或者在收到承包人提交的竣工结算款支付申请规定时间内仍未支付的，除法律另有规定外，承包人可与发包人协商将该工程折价，也可直接向人民法院申请将该工程依法拍卖。承包人就该工程折价或拍卖的价款优先补偿。

4. 合同解除的价款结算与支付

发承包双方协商一致解除合同的，按照达成的协议办理结算和支付合同价款。

竣工结算申请单　　　　　　　　　　　　表 7-1

工程名称：　　　　　　　　　　　　标段：　　　　　　　　　　　　编号：

致：_____（发包人全称）

　　我方于　　至　　期间已完成合同约定的工作内容，工程已经完工，根据施工合同的约定，现申请支付竣工结算合同额为（大写）_____（小写_____元），请予核准。

序号	名称	申请金额（元）	复核金额（元）	备注
1	竣工结算合同价款总额			
2	累计已实际支付的合同价款			
3	应扣留的质量保证金			
4	应支付的竣工结算款金额			

承包人（章）

造价人员_____　　承包人代表_____　　日期_____

复核意见： □与实际施工情况不相符，修改意见见附件。 □与实际施工金额相符，具体金额由造价工程师复核。 　　　　监理工程师_____ 　　　　日　　　期_____	复核意见： 　　你方提出的竣工结算款申请经复核，竣工结算款总额为（大写）_____（小写：_____元），扣除前期支付以及质量保证金后应支付的金额为（大写）_____（小写：_____元）。 　　　　　　造价工程师_____ 　　　　　　日　　　期_____

审核意见：

□不同意。

□同意，支付时间为本表签发后 15d 内。

发包人（章）
发包人代表_____
日　　　期_____

　　注：1. 在选择栏的"□"内做标识"√"。
　　　　2. 本表一式四份，由承包人填写，发包人、监理人、造价咨询人、承包人各存一份。

（1）不可抗力解除合同

　　由于不可抗力解除合同的，发包人除应向承包人支付合同解除之日前已完成工程但尚未支付的合同价款，还应支付下列金额：

　　1）合同中约定应由发包人承担的费用；

　　2）已实施或部分实施的措施项目应付价款；

　　3）承包人为合同工程合理订购且已交付的材料和工程设备货款。发包人一经支付此项货款，该材料和工程设备即成为发包人的财产；

　　4）承包人撤离现场所需的合理费用，包括员工遣送费和临时工程拆除、施工设备运离现场的费用；

工程竣工结算支付证书   表 7-2
（监理〔　　　〕付　号）

合同名称：　　　　　　　　　　　　　　　　　　　合同编号：

致：
　　经审核承包人的工程竣工价款支付申请书（承包〔　　　〕付　号），应支付给承包人的工程价款金额共计
（大写）　　　　　　（小写：　　　　　元）。
根据施工合同约定，请贵方在收到此证书后的　　　　　天之内完成审批，将上述工程价款支付给承包人。

监理机构：
总监理工程师：
日期：　年　月　日

建设单位审核意见：

发包单位盖章：
负责人签字：
日期：　年　月　日

注：本证书一式四份，由监理机构代写。发包人、监理人各一份，承包人两份。办理结算时使用。

　　5）承包人为完成合同工程而预期开支的任何合理费用，且该项费用未包括在本款其他各项支付之内。

　　发承包双方办理结算合同价款时，应扣除合同解除之日前发包人应向承包人收回的价款。当发包人应扣除的金额超过了应支付的金额，则承包人应在合同解除后的 56d 内将其差额退还给发包人。

　　（2）违约解除合同

　　1）承包人违约。因承包人违约解除合同的，发包人应暂停向承包人支付任何价款。发包人应在合同解除后规定时间内核实合同解除时承包人已完成的全部合同价款以及按施工进度计划已运至现场的材料和工程设备货款，按合同约定核算承包人应支付的违约金以及造成损失的索赔金额，并将结果通知承包人。发承包双方应在规定时间内予以确认或提出意见，并办理结算合同价款。如果发包人应扣除的金额超过了应支付的金额，则承包人应在合同解除后的规定时间内将其差额退还给发包人。发承包双方不能就解除合同后的结算达成一致的，按照合同约定的争议解决方式处理。

　　2）因发包人违约解除合同的。发包人除应按照有关不可抗力解除合同的规定向承包人支付各项价款外，还需按合同约定核算发包人应支付的违约金以及给承包人造成损失或损害的索赔金额费用。该笔费用由承包人提出，发包人核实后与承包人协商确定后的规定时间内向承包人签发支付证书。协商不能达成一致的，按照合同约定的争议解决方式处理。

7.3.3 质量保证金

建设工程质量保证金是指发包人与承包人在建设工程承包合同中约定，从应付的工程款中预留，用以保证承包人在缺陷责任期内对建设工程出现的缺陷进行维修的资金。

1. 缺陷责任期的确定

（1）缺陷责任期相关概念

1）缺陷。缺陷是指建设工程质量不符合工程建设强制标准、设计文件以及承包合同的约定。

2）缺陷责任期。缺陷责任期是指承包人按照合同约定承担缺陷修复义务，且发包人预留质量保证金（已缴纳履约保证金的除外）的期限。

（2）缺陷责任期的期限

从工程通过竣工验收之日起计，缺陷责任期一般为1年，最长不超过2年，由发承包双方在合同中约定。由于承包人原因导致工程无法按规定期限进行竣工验收的，缺陷责任期从实际通过竣工验收之日起计。由于发包人原因导致工程无法按规定期限进行竣工验收的，在承包人提交竣工验收报告90d后，工程自动进入缺陷责任期。

2. 质量保证金的预留

发包人应按照合同约定方式预留质量保证金，质量保证金总预留比例不得高于工程价款结算总额的3%。合同约定由承包人以银行保函替代预留质量保证金的，保函金额不得高于工程价款结算总额的3%。在工程项目竣工前，已经缴纳履约保证金的，发包人不得同时预留工程质量保证金。采用工程质量保证担保、工程质量保险等其他方式的，发包人不得再预留质量保证金。

3. 质量保证金的使用

缺陷责任期内，由承包人原因造成的缺陷，承包人应负责维修，并承担鉴定及维修费用。如承包人不维修也不承担费用，发包人可按合同约定从质量保证金或银行保函中扣除，费用超出质量保证金额的，发包人可按合同约定向承包人进行索赔。承包人维修并承担相应费用后，不免除对工程的损失赔偿责任。由他人及不可抗力原因造成的缺陷，发包人负责组织维修，承包人不承担费用，且发包人不得从质量保证金中扣除费用。

4. 质量保证金的退还

缺陷责任期内，承包人认真履行合同约定的责任，到期后，承包人向发包人申请返还质量保证金。

发包人在接到承包人返还质量保证金申请后，应于14d内会同承包人按照合同约定的内容进行核实。如无异议，发包人应当按照约定将质量保证金返还给承包人。对返还期限没有约定或者约定不明确的，发包人应当在核实后14d内将质量保证金返还承包人，逾期未返还的，依法承担违约责任。发包人在接到承包人返还质量保证金申请后 14d 内不予答复，经催告后 14d 内仍不予答复的，视同认可承包人的返还保证金申请。

7.3.4 最终结清

最终结清，是指合同约定的缺陷责任期终止后，承包人已按合同规定完成全部剩余工作且质量合格的，发包人与承包人结清全部剩余款项的活动。

1. 最终结清申请单

缺陷责任期终止后，承包人已按合同规定完成全部剩余工作且质量合格的，发包人签发缺陷责任期终止证书，承包人可按合同约定的份数和期限向发包人提交最终结清申请单（表 7-3），并提供相关证明材料，详细说明承包人根据合同规定已经完成的全部工程价款金额以及承包人认为根据合同规定应进一步支付的其他款项。发包人对最终结清申请单内容有异议的，有权要求承包人进行修正和提供补充资料，由承包人向发包人提交修正后的最终结清申请单。

最终结清申请单　　　　　　　　　　　表 7-3
（承包〔　　　〕付结　号）

合同名称：＿＿＿＿＿＿＿＿＿＿＿＿＿＿＿　　　　合同编号：＿＿＿＿＿

致：＿＿＿＿＿＿＿＿＿＿＿＿＿＿＿＿＿＿＿ 　　依据施工合同约定，我方已完成合同工程＿＿＿＿＿＿工程的施工，收到发包人签发的□合同工程完工证书 / □缺陷责任期终止证书。现申请该工程的□完工付款 / □最终结清 / □临时付款。 　　经核计，我方应获得工程价款合计为（大写）＿＿＿＿＿＿（小写：＿＿＿＿＿＿元），截至本次申请已得到各项付款金额总计为（大写）＿＿＿＿＿＿（小写：＿＿＿＿＿＿元），现申请□完工付款 / □最终结清 / □临时付款金额总计为（大写）＿＿＿＿＿＿（小写：＿＿＿＿＿＿元），请贵方审核。 　　附件：计算材料、证明文件等。   　　　　　　　　　　　　　　　　　　　　　　承包人：（现场机构名称及盖章） 　　　　　　　　　　　　　　　　　　　　　　项目经理： 　　　　　　　　　　　　　　　　　　　　　　日　　期：　年 月 日
发包人审核后，另行签发意见。   　　　　　　　　　　　　　　　　　　　　　　发包人：（名称及盖章） 　　　　　　　　　　　　　　　　　　　　　　签收人：（签名） 　　　　　　　　　　　　　　　　　　　　　　日　　期：　年 月 日

注：本证书一式＿＿＿＿份，由承包人填写，发包人签收后，发包人＿＿＿＿份，承包人＿＿＿＿份。

2. 最终支付证书

发包人应在收到承包人提交的最终结清申请单后的规定时间内予以核实，向承包人签发最终支付证书。发包人未在约定时间内核实，又未提出具体意见的，视为承包人提交的最终结清申请单已被发包人认可。

3. 最终结清付款

发包人应在签发最终结清支付证书后的规定时间内，按照最终结清支付证书列明的金额向承包人支付最终结清款。承包人按合同约定接受了竣工结算支付证书后，应被认为已无权再提出在合同工程接收证书颁发前所发生的任何索赔。承包人在提交的最终结清申请中，只限于提出工程接收证书颁发后发生的索赔。提出索赔的期限自接受最终支付证书时终止。发包人未按期支付的，承包人可催告发包人在合理的期限内支付，并有权获得延迟支付的利息。

最终结清时，如果承包人被扣留的质量保证金不足以抵减发包人工程缺陷修复费用的，承包人应承担不足部分的补偿责任。

最终结清付款涉及政府投资资金的，按照国库集中支付等国家相关规定和专用合同条款的约定办理。

承包人对发包人支付的最终结清款有异议的，按照合同约定的争议解决方式处理。

习题与思考题

1. 工程索赔的分类有哪些？

2. 材料预付款和动员预付款的扣回方式有哪些？

3. 进度款的支付流程是什么？

4. 竣工结算的编制程序是什么？

5. 某市政工程投标截止日期为 2020 年 4 月 20 日，确定中标人后，工程于 2020 年 6 月 1 日开工。施工合同约定，工程价款结算时人工、钢材、水泥、砂石料及施工机具使用费采用价格指数法调差，各项权重系数及价格指数见表 7-4。2020 年 8 月，承包人当月完成清单子目价款 2000 万元，当月按已标价工程量清单价格确认的变更金额为 200 万元，则本工程 2020 年 8 月的价格调整金额为多少万元？

权重系数及价格指数   表 7-4

权重系数	人工	钢材	水泥	砂石料	施工机具使用费	定值部分
	0.15	0.10	0.20	0.10	0.10	0.35
2020 年 3 月指数	100.0	84.0	104.5	115.6	110.0	—
2020 年 4 月指数	100.0	86.0	105.5	120.0	110.0	—
2020 年 8 月指数	105.0	90.0	107.8	135.0	110.0	—

6.某施工现场主导施工机械一台，由承包人租得。施工合同约定，当发生索赔事件时，该机械台班单价、租赁费分别按900元/台班、400元/台班计；人工工资、窝工补贴分别按100元/工日、50元/工日计；以人工费与机械费之和为基数的综合费率为30%。在施工过程中，发生如下事件：①出现异常恶劣天气导致工程停工2天，人员窝工20个工日；②因恶劣天气导致工程修复用工10个工日，主导机械1个台班。为此承包人可向发包人索赔的费用为多少元？

7.某工程合同价款总额为20000万元，其中主要材料占比40%，合同中约定的工程预付款为5400万元，则按起扣点计算法计算的预付款起扣点为多少万元？

8

建设项目竣工决算和新增资产的确定

【教学要求】

1. 了解建设项目竣工决算的作用；

2. 了解建设项目竣工决算的编制内容；

3. 了解各类新增资产的确定方法。

【导读】

本章介绍了建设项目竣工决算的概念及作用，对竣工决算的编制内容以及编制程序作出了详细的介绍，并对新增资产的确定方法作出了描述。

8.1　建设项目竣工决算

8.1.1　建设项目竣工决算的概念及作用

1. 建设项目竣工决算的概念

建设项目竣工决算是指所有建设项目竣工后，建设单位按照国家有关规定在新建、改建和扩建工程建设项目竣工验收阶段编制的竣工决算报告。竣工决算是以实物数量和货币指标为计量单位，综合反映竣工项目从筹建开始到项目竣工交付使用为止的全部建设费用、建设成果和财务情况的总结性文件，是竣工验收报告的重要组成部分。竣工决算是正确核定新增固定资产价值、考核分析投资效果、建立健全经济责任制的依据，是反映建设项目实际造价和投资效果的文件。

建设项目竣工时，应编制建设项目竣工财务决算。建设周期长、建设内容多的项目中，单项工程竣工，具备交付使用条件的，可编制单项工程竣工财务决算。建设项目全部竣工后应编制竣工财务总决算。

2. 建设项目竣工决算的作用

建设项目竣工决算是正确核定新增固定资产价值，反映竣工项目建设成果的文件，是办理固定资产交付使用手续的依据。各编制单位要认真执行有关的财务核算办法，严肃财政纪律，实事求是地编制建设项目竣工财务决算，做到编报及时、数字准确、内容完整。建设项目竣工决算的作用主要表现在以下方面：

（1）建设项目竣工决算是综合、全面地反映竣工项目建设成果及财务情况的总结性文件。它采用货币指标、实物数量、建设工期和各种技术经济制指标综合、全面地反映建设项目自开始建设到竣工为止的全部建设成果和财务状况。

（2）建设项目竣工决算是办理交付使用资产的依据，也是竣工验收报告的重要组成部分。建设单位与使用单位在办理交付资产的验收交接手续时，通过竣工决算反映了交付使用资产的全部价值，包括固定资产、流动资产、无形资产和其他资产的价值。同时，它还详细提供了交付使用资产的名称、规格、数量、型号和价值等明细资料，是使用单位确定各项新增资产价值并登记入账的依据。

（3）建设项目竣工决算是分析和检查设计概算的执行情况，考核投资效果的依据。竣工决算反映了竣工项目计划、实际的建设规模、建设工期以及设计和实际的生产能力，反映了概算总投资和实际的建设成本，同时还反映了所达到的主要技术经济指标。通过对这些指标计划数、概算数与实际数进行对比分析，不仅可以全面掌握建设项目计划和概算执行情况，而且可以考核建设项目投资效果，为今后制订基建计划，降低建设成本、提高投资效果提供必要的资料。

3. 竣工结算与竣工决算的区别

（1）二者包含的范围不同

竣工结算是指按工程进度、施工合同、施工监理情况办理的工程价款结算，以及根据工程实施过程中发生的超出施工合同范围的工程变更情况，调整施工图预算价格，确定工程项目最终结算价格。它分为单位工程竣工结算、单项工程竣工结算和建设项目竣工总结算。竣工结算工程价款等于合同价款加上施工过程中合同价款调整数额减去预付及已结算的工程价款再减去保修金。

竣工决算包括从筹集到竣工投产全过程的全部实际费用，即包括建筑工程费、安装工程费、设备及工器具购置费用及预备费和投资方向调节税等费用。按照财政部、国家发展和改革委员会和住房和城乡建设部的有关文件规定，竣工决算是由竣工财务决算说明书、竣工财务决算报表、建设工程竣工图和工程造价对比分析四部分组成。

（2）编制人和审查人不同

单位工程竣工结算由承包人编制，发包人审查；实行总承包的工程，由具体承包人编制，在总承包人审查的基础上，发包人审查。单项工程竣工结算或建设项目竣工总结算由总（承）包人编制，发包人可直接审查，也可以委托具有相应资质的工程造价咨询机构进行审查。

建设工程竣工决算的文件，由建设单位负责组织人员编写，上报主管部门审查，同时抄送有关设计单位。大中型建设项目的竣工决算还应抄送财政部、中国建设银行总行和省、自治区、直辖市的财政局和中国建设银行分行各一份。

（3）二者的目标不同

竣工结算是在施工完成已经竣工后编制的，反映的是基本建设工程的实际造价。竣工决算是竣工验收报告的重要组成部分，是正确核算新增固定资产价值、考核分析投资效果、建立健全经济责任的依据，是反映建设项目实际造价和投资效果的文件。竣工决算要正确核定新增固定资产价值、考核投资效果。

8.1.2 竣工决算的内容

竣工决算由竣工财务决算说明书、竣工财务决算报表、建设工程竣工图、工程造价对比分析四部分组成。前两部分又称之为建设项目竣工财务决算，是竣工决算的核心内容和重要组成部分。

1. 竣工财务决算说明书

竣工财务决算说明书主要反映竣工工程建设成果和经验，是对竣工决算报表进行分析和补充说明的文件，是全面考核分析工程投资与造价的书面总结，其内容主要包括：

（1）项目概况；

（2）会计账务处理、财产物资清理及债权债务的清偿情况；

（3）项目建设资金计划及到位情况，财政资金支出预算、投资计划及到位情况；

（4）项目建设资金使用、项目结余资金分配情况；

（5）项目概（预）算执行情况及分析，竣工实际完成投资与概算差异及原因分析；

（6）尾工工程情况；

（7）历次审计、检查、审核、稽查意见及整改落实情况；

（8）主要技术经济指标的分析、计算情况；

（9）项目管理经验、主要问题和建议；

（10）预备费动用情况；

（11）项目建设管理制度执行情况、政府采购情况、合同履行情况；

（12）征地拆迁补偿情况、移民安置情况；

（13）需说明的其他事项。

2. 竣工财务决算报表

竣工财务决算报表包括：建设项目概况表、建设项目竣工财务决算表、资金情况明细表、建设项目交付使用资产总表、基本建设项目交付使用资产明细表、待摊投资明细表、待核销基建支出明细表、转出投资明细表。小型建设项目可以将报表适当合并和简化。有关表格形式分别见表8-1~表8-8。

（1）建设项目概况表（表8-1）

建设项目概况表反映建设项目的基本概况，内容包括该项目总投资、建设起止时间、新增生产能力、建设成本、完成主要工程量和基本建设支出情况，为全面考核和分析投资效果提供依据，可按下列要求填写：

建设项目概况表   表8-1

建设项目（单项工程）名称			建设地址				项目	概算批准金额	实际完成金额	备注
主要设计单位			主要施工企业				建筑安装工程			
占地面积（m³）	设计	实际	总投资（万元）	设计	实际	基建支出	设备、工具、器具			
							待摊投资			
新增生产能力	能力（效益）名称			设计	实际		其中：项目建设管理费			
							其他投资			
建设起止时间	设计	自　年　月　日至　年　月　日					待核销基建支出			
	实际	自　年　月　日至　年　月　日					转出投资			
概算批准部门及文号							合计			
完成主要工程量	建设规模					设备（台、套、t）				
	设计		实际			设计			实际	
尾工工程	单项工程项目，内容		批准概算		预计未完成部分投资额		已完成投资额		预计完成时间	
	小计									

1）建设项目名称、建设地址、主要设计单位和主要施工单位，要按全称填列；

2）表中占地面积包括设计面积和实用面积；

3）表中各项目的设计、概算、计划等指标，根据批准的设计文件和概算、计划等确定的数字填列；

4）表中所列新增生产能力、完成主要工程量的实际数据根据建设单位统计资料和施工单位提供的有关成本核算资料填列；

5）表中基建支出是指建设项目从开工起至竣工为止发生的全部基本建设支出，包括形成资产价值的交付使用资产，如固定资产、流动资产、无形资产、其他资产支出，还包括不形成资产价值而按照规定应核销的非经营项目的待核销基建支出和转出投资；

6）表中尾工工程是指全部工程项目验收后尚遗留的少量尾工工程，在表中应明确填写尾工工程内容、完成时间，这部分工程的实际成本可根据实际情况进行估算并加以说明，完工后不再编制竣工决算。

（2）建设项目竣工财务决算表（表8-2）

建设项目竣工财务决算表反映竣工的项目从开工到竣工为止全部资金来源和资金运用的情况，它是考核和分析投资效果，落实结余资金，并作为报告上级核销基本建设支出和基本建设拨款的依据。在编制该表前，应先编制出项目竣工年度财务决算，根据编制出的竣工年度财务决算和历年财务决算编制项目的竣工财务决算。此表采用平衡表形式，即资金来源合计等于资金支出合计。

建设项目竣工财务决算表　　　　　　　表 8-2

项目名称：××		单位：万元	
资金来源	金额	资金支出	金额
一、基建拨款		一、基本建设支出	
1.中央财政资金		（一）交付使用资产	
其中：一般公共预算资金		1.固定资产	
中央基建投资		2.流动资产	
财政专项资金		3.无形资产	
政府性基金		（二）在建工程	
国有资本经营预算安排的基建项目资金		1.建筑安装工程投资	
2.地方财政资金		2.设备投资	
其中：一般公共预算资金		3.待摊投资	
地方基建投资		4.其他投资	
财政专项资金		（三）待核销基建支出	
政府性资金		（四）转出投资	
国有资本经营预算安排的基建项目资金		二、货币资金合计	
二、部门自筹资金（非负债性资金）		其中：银行存款	
三、项目资本		财政应返还额度	

续表

项目名称：××		单位：万元	
资金来源	金额	资金支出	金额
1. 国家资本		其中：直接支付	
2. 法人资本		授权支付	
3. 个人资本		现金	
4. 外商资本		有价证券	
四、项目资本公积		三、预付及应收款合计	
五、基建借款		1. 预付备料款	
其中：企业债券资金		2. 预付工程款	
六、待冲基建支出		3. 预付设备款	
七、应付款合计		4. 应收票据	
1. 应付工程款		5. 其他应收款	
2. 应付设备款		四、固定资产合计	
3. 应付票据		固定资产原价	
4. 应付工资及福利费		减：累计折旧	
5. 其他应付款		固定资产净值	
八、未交款合计		固定资产清理	
1. 未交税金		待处理固定资产损失	
2. 未交结余财政资金			
3. 未交基建收入			
4. 其他未交款			
合计		合计	

补充材料：基建借款期末余额：
基建结余资金：

注：资金来源合计扣除财政资金拨款与国家资本、资本公积重叠部分。

1）资金来源包括基建拨款、部门自筹资金、项目资本、项目资本公积、基建借款、上级拨入投资借款、企业债券资金、待冲基建支出、应付款和未交款以及上级拨入资金和企业留成收入等。

①项目资本是指经营性投资者按国家有关项目资本金的规定，筹集并投入项目的非负债资金，在项目竣工后，相应转为生产经营企业的国家资本、法人资本、个人资本和外商资本；

②项目资本公积是指经营性项目对投资者实际缴付的出资额超过其资金的差额（包括发行股票的溢价净收入）、资产评估确认价值或者合同、协议约定价值与原账面净值的差额、接收捐赠的财产、资本汇率折算差额，在项目建设期间作为资本公积，项目建成交付使用并办理竣工决算后，转为生产经营企业的资本公积；

③基建收入是基建过程中形成的各项工程建设副产品变价净收入、负荷试车的试

运行收入以及其他收入，在表中基建收入以实际销售收入扣除销售过程中所发生的费用和税后的实际纯收入填写。

2）表中"交付使用资产""基建拨款""部门自筹资金"等项目，是指自开工建设至竣工时的累计数，上述有关指标应根据历年批复的年度基本建设财务决算和竣工年度的基本建设财务决算中资金平衡表相应项目的数字进行汇总填写。

3）表中其余项目费用办理竣工验收时的结余数，根据竣工年度财务决算中资金平衡表的有关项目期末数填写。

4）资金支出反映建设项目从开工准备到竣工全过程资金支出的情况，内容包括基建支出、应收生产单位投资借款、库存器材、货币资金、有价证券和预付及应收款以及拨付所属投资借款和库存固定资产等。资金支出金额等于资金来源总额。

5）补充材料的"基建借款期末余额"反映竣工时尚未偿还的基本投资借款额，应根据竣工年度资金平衡表内的"基建投资借款"项目期末数填写；"基建结余资金"反映竣工的结余资金，根据竣工决算表中有关项目计算填写。

6）基建结余资金可以按下列公式计算：

$$基建结余资金 = 基建拨款 + 项目资本 + 项目资本公积 + 基建借款 \\ + 待冲基建支出 - 基本建设支出 \tag{8-1}$$

（3）资金情况明细表（表8-3）

资金情况明细表反映了项目的资金来源情况，其形式与表8-2中的资金来源一侧类似，不同的是需要将资金的批准情况与到位情况详细列出。我国的基础设施项目的资金以财政拨款为主，财政部门需要严格管理资金的流向，编制此表是财政资金管理的需要。如果项目建设的资金来源于企业等非财政渠道，可以简化或不填写此表。

资金情况明细表　　　　　　　　　　　　　　　　　　　表8-3

项目名称：	单位：		
资金来源类别	合计		备注
	预算下达或概算批准金额	实际到位金额	需备注预算下达文号
一、财政资金拨款			
1. 中央财政资金			
其中：一般公共预算资金			
中央基建投资			
财政专项资金			
政府性基金			
国有资本经营预算安排的基建项目资金			
政府统借统还非负债性资金			
2. 地方财政资金			

项目名称：	单位：		
资金来源类别	合计		备注
	预算下达或概算批准金额	实际到位金额	需备注预算下达文号
其中：一般公共预算资金			
地方基建投资			
财政专项资金			
政府性资金			
国有资本经营预算安排的基建项目资金			
行政事业性收费			
政府统借统还非负债性资金			
二、项目资本金			
其中：国家资本			
三、银行贷款			
四、企业债券资金			
五、自筹资金			
六、其他资金			
合计			

补充资料：项目缺口资金：
缺口资金落实情况：

（4）建设项目交付使用资产总表（表8-4）

建设项目交付使用资产总表反映建设项目建成后新增固定资产、流动资产、无形资产和其他资产价值的情况和价值，作为办理财产交接、检查投资计划完成情况和分析投资效果的依据。编制"交付使用资产总表"的同时，还需编制"交付使用资产明细表"。

建设项目交付使用资产总表（单位：元）　　　　　表8-4

序号	单项工程项目名称	总计	固定资产					流动资产	无形资产
			合计	建筑物及构筑物	其他	设备	其他		

交付单位：　　　　　负责人：　　　　　接收单位：　　　　　负责人：

基本建设项目交付使用资产总表具体编制方法如下：

1）表中各栏目数据根据交付使用资产明细表的固定资产、流动资产、无形资产的各相应项目的汇总数分别填写，表中总计栏的总计数应与竣工财务决算表中的交付使用资产的金额一致。

2）表中第3栏、第4栏、第8栏和第9栏的合计数，应分别与竣工财务决算表交付使用的固定资产、流动资产、无形资产、其他资产的数据相符。

（5）基本建设项目交付使用资产明细表（表8-5）

基本建设项目交付使用资产明细表反映交付使用的固定资产、流动资产、无形资产价值的明细情况，是办理资产交接和接收单位登记资产账目的依据，是使用单位建立资产明细账和登记新增资产价值的依据。编制时要做到齐全完整，数字准确，各栏目价值应与会计账目中相应科目的数据保持一致。基本建设项目交付使用资产明细表具体编制方法是：

基本建设项目交付使用资产明细表　　　　　　　　　　表 8-5

单位：

序号	单项工程名称	固定资产									流动资产		无形资产	
		建筑工程				设备、工具、器具、家具								
		结构	面积	金额	其中：分摊待摊投资	名称	规格型号	数量	金额	其中：设备安装费	其中：分摊待摊投资	名称	金额	名称	金额

1）表中"建筑工程"项目应按单项工程名称填列其结构、面积和金额。其中"结构"是指项目按钢结构、钢筋混凝土结构、混合结构等结构形式填写；"面积"则按各项目实际完成面积填写；"金额"按交付使用资产的实际价值填写。

2）表中"固定资产"部分要在逐项盘点后，根据盘点实际情况填写，工具、器具和家具等低值易耗品可分类填写。

3）表中"流动资产""无形资产"项目应根据建设单位实际交付的名称和价值分别填列。

（6）竣工财务决算其他报表（表8-6~表8-8）

竣工财务决算报表其他报表如下：待摊投资明细表（表8-6）、待核销基建支出明细表（表8-7）、转出投资明细表（表8-8）。

1）待摊投资明细表反映了项目建设中不能单独形成资产但在建设与管理过程

中实际发生，又与建设项目整体建成密切相关的一项重要建设费用支出。合理分摊此项费用才能正确核算建设项目竣工后交付使用资产的价值，该类支出属于间接投资，且种类繁多，有一定的弹性，包括勘察设计费、土地征用补偿费、招标投标费、安全管理费、环境影响评价费等，需要根据项目建设中该类费用的实际发生情况如实填写表 8-6。

待摊投资明细表　　　　　　　　　　　　表 8-6

项目名称：　　　　　　　　　　　　　　　　　　　　　　　　单位：

项目	金额	项目	金额
1. 勘察费		25. 社会中介机构审计（查）费	
2. 设计费		26. 工程检测费	
3. 研究试验费		27. 设备检验费	
4. 环境影响评价费		28. 负荷联合试车费	
5. 监理费		29. 固定资产损失	
6. 土地征用及迁移补偿费		30. 器材处理亏损费	
7. 土地复垦及补偿费		31. 设备盘亏及损毁	
8. 土地使用税		32. 报废工程损失	
9. 耕地使用税		33.（贷款）项目评估费	
10. 车船税		34. 国外借款手续费及承诺费	
11. 印花税		35. 汇兑损益	
12. 临时设施费		36. 坏账损失	
13. 文物保护费		37. 借款利息	
14. 森林植被保护费		38. 减：存款利息收入	
15. 安全生产费		39. 减：财政贴息资金	
16. 安全鉴定费		40. 企业债券发行费用	
17. 网络租赁费		41. 经济合同仲裁费	
18. 系统运行维护监理费		42. 诉讼费	
19. 项目建设管理费		43. 律师代理费	
20. 代建管理费		44. 航道维护费	
21. 工程保险费		45. 航标设施费	
22. 招标投标费		46. 航测费	
23. 合同公证费		47. 其他待摊投资性质支出	
24. 可行性研究费		合计	

2）待核销基建支出明细表反映了在建设管理过程中实际发生的，不能计入基本建设工程的建造成本但应该予以核销的投资支出。这部分投资支出和固定资产的建造没有直接联系，所以不计入交付使用资产的价值，拨款单位应该在基建拨款中冲转，投资借款单位应该转给生产单位，由生产单位从规定的还款资金来源中归还银行借款。

该部分支出包括退耕还林、取消项目可行性研究等不能形成资产的财政投资支出，以及棚户区改造等对个人或家庭的财政补助支出。表 8-7 按照建设过程中费用的实际发生情况填写，经拨款单位批准后予以核销。

待核销基建支出明细表　　　　　　表 8-7

项目名称：　　　　　　　　　　　　　　　　　　　　　　　　　　　　　　单位：

不能形成资产部分的财政投资支出				用于家庭或个人的财政补助支出			
支出类别	单位	数量	金额	支出类别	单位	数量	金额
1. 江河清障				1. 补助群众造林			
2. 航道清淤				2. 户用沼气工程			
3. 飞播造林				3. 户用饮水工程			
4. 退耕还林（草）				4. 农村危房改造工程			
5. 封山（沙）育林（草）				5. 垦区及林区棚户区改造			
6. 水土保持				……			
7. 城市绿化							
8. 毁损道路修复							
9. 护坡及清理							
10. 取消项目可行性研究							
11. 项目报废							
……				合计			

3）转出投资明细表反映了建设单位发生的构成基本建设投资完成额，并经批准转拨给其他单位的投资支出，该部分投资形成的资产不归建设单位所有，故需单独列出。内容包括：①拨付主办单位的投资，指与其他单位共同兴建工程而拨给主办单位的投资，以及为修建铁路专用线等工程而拨给承办单位的投资。②拨付统建单位的投资，指参加统建住宅，按规定拨付统建单位、建成后产权不归本单位所有的投资。③移交其他单位的未完工程，指由于计划变更等原因，报经批准，无偿移交给其他单位继续施工的未完工程。④拨付地方建筑材料业基地建设，按规定拨付的地方建筑材料基地投资。⑤供电贴费，指按规定支付给电力部门 110kV 以下的供电贴费。表 8-8 的形式与表 8-3 类似，按照实际转出投资形成资产的明细填写。

转出投资明细表　　　　　　表 8-8

项目名称：　　　　　　　　　　　　　　　　　　　　　　　　　　　　　　单位：

序号	单项工程名称	建筑工程				设备、工具、器具、家具							流动资产		无形资产	
		结构	面积	金额	其中：分摊待摊投资	名称	规格型号	单位	数量	金额	设备安装费	其中：分摊待摊投资	名称	金额	名称	金额
1																
2																
3																

续表

序号	单项工程名称	建筑工程				设备、工具、器具、家具							流动资产		无形资产	
		结构	面积	金额	其中：分摊待摊投资	名称	规格型号	单位	数量	金额	设备安装费	其中：分摊待摊投资	名称	金额	名称	金额
4																
5																
6																
7																
8																
	合计															

交付单位：　　　　　　负责人：　　　　　　　　接受单位：　　　　　　负责人：

盖章：　　　　　年 月 日　　　　　盖章：　　　　　年 月 日

需注意的是，在编制项目竣工财务决算时，项目建设单位应当按照规定将待摊投资按合理比例分摊计入交付使用资产价值、转出投资价值和待核销基建支出。

3. 建设工程竣工图

建设工程竣工图是真实地记录各种地上、地下建筑物、构筑物等情况的技术文件，是工程进行交工验收、维护、改建和扩建的依据，是国家的重要技术档案。全国各建设、设计、施工单位和各主管部门都要认真做好竣工图的编制工作。国家规定：各项新建、扩建、改建的基本建设工程，特别是基础、地下建筑、管线、结构、井巷、桥梁、隧道、港口、水坝以及设备安装等隐蔽部位，都要编制竣工图。为确保竣工图质量，必须在施工过程中（不能在竣工后）及时做好隐蔽工程检查记录，整理好设计变更文件。编制竣工图的形式和深度，应根据不同情况区别对待，其具体要求包括：

（1）凡按图竣工没有变动的，由承包人（包括总包和分包承包人，下同）在原施工图上加盖"竣工图"标志后，即作为竣工图。

（2）凡在施工过程中，虽有一般性设计变更，但能将原施工图加以修改补充作为竣工图的，可不重新绘制，由承包人负责在原施工图（必须是新蓝图）上注明修改的部分，并附以设计变更通知单和施工说明，加盖"竣工图"标志后，作为竣工图。

（3）凡结构形式改变、施工工艺改变、平面布置改变、项目改变以及有其他重大改变，不宜再在原施工图上修改、补充时，应重新绘制改变后的竣工图。由原设计原因造成的，由设计单位负责重新绘制；由施工原因造成的，由承包人负责重新绘图；由其他原因造成的，由建设单位自行绘制或委托设计单位绘制。承包人负责在新图上加盖"竣工图"标志，并附以有关记录和说明，作为竣工图。

（4）为了满足竣工验收和竣工决算需要，还应绘制反映竣工工程全部内容的工程设计平面示意图。

（5）重大的改建、扩建工程项目涉及原有的工程项目变更时，应将相关项目的竣工图资料统一整理归档，并在原图案卷内增补必要的说明一起归档。

4. 工程造价对比分析

对控制工程造价所采取的措施、效果及其动态的变化需要进行认真的比较对比，总结经验教训。批准的概算是考核建设工程造价的依据。在分析时，可先对比整个项目的总概算，然后将建筑安装工程费、设备及工器具费和其他工程费用逐一与竣工决算表中所提供的实际数据和相关资料及批准的概算、预算指标、实际的工程造价进行对比分析，以确定竣工项目总造价是节约还是超支，并在对比的基础上，总结先进经验，找出节约和超支的内容和原因，提出改进措施。在实际工作中，应主要分析以下内容：

（1）考核主要实物工程量。对于实物工程量出入比较大的情况，必须查明原因。通过严格审查批准的施工图设计、施工图预算书、设计交底及会议纪要、设计变更记录、施工记录或施工签证单及其他施工发生的费用记录、招标控制价、承包合同、工程结算资料等有关资料、竣工图及各种竣工验收资料来复核决算工程量与批复概算的差异。

（2）考核主要材料消耗量。在建筑安装工程投资中，材料费一般占直接工程费的70%左右，所以要按照竣工决算表中所列明的三大材料实际超概算的消耗量，查明是在工程的哪个环节超出量最大，再进一步查明超耗的原因。

（3）考核建设单位管理费、措施费和间接费的取费标准。建设单位管理费、措施费和间接费的取费标准要按照国家和各地的有关规定，根据竣工决算报表中所列的建设单位管理费与概预算所列的建设单位管理费数额进行比较，依据规定查明是否有多列或少列的费用项目，确定其节约超支的数额，并查明原因。

（4）主要工程子目的单价和变动情况。在工程项目的投标报价或施工合同中，项目的子目单价早已确定，但由于施工过程或设计的变化等原因，经常会出现单价变动或新增加子目单价如何确定的问题。因此，要对主要工程子目的单价进行核对，对新增子目的单价进行分析检查，如发现异常应查明原因。

8.1.3　竣工决算的编制

1. 竣工决算的编制依据

（1）国家有关法律法规；

（2）经批准的可行性研究报告、初步设计、概算及概算调整文件；

（3）招标文件及招标投标书，施工、代建、勘察设计、监理及设备采购等合同，政府采购审批文件、采购合同；

（4）历年下达的项目年度财政资金投资计划、预算；

（5）工程结算资料；

（6）有关的会计及财务管理资料；

（7）其他有关资料。

2. 竣工决算的编制步骤

（1）收集整理和分析有关依据资料。

在编制竣工决算文件之前，应系统地整理所有的技术资料、工料结算的经济文件、施工图纸和各种变更与签证资料，并分析它们的准确性。

（2）清理各项财务、债务和结余物资。

在收集、整理和分析有关资料中，要特别注意建设工程从筹建到竣工投产或使用的全部费用的各项账务，债权和债务的清理，做到工程完毕账目清晰，既要核对账目，又要查点库存实物的数量，做到账与物相等，账与账相符，对结余的各种材料、工器具和设备，要逐项清点核实，妥善管理，并按规定及时处理，收回资金。对各种往来款项要及时进行全面清理，为编制竣工决算提供准确的数据和结果。

（3）核实工程变动情况。

重新核实各单位工程、单项工程造价，将竣工资料与原设计图纸进行查对、核实，必要时可实地测量，确认实际变更情况；根据经审定的承包人竣工结算等原始资料，按照有关规定对原概、预算进行增减调整，重新核定工程造价。

（4）编制建设工程竣工决算说明。

按照建设工程竣工决算说明的内容要求，根据编制依据材料填写在报表中的结果，编写文字说明。

（5）填写竣工决算报表。

按照建设工程决算表格中的内容，根据编制依据中的有关资料进行统计或计算各个项目和数量，并将其结果填到相应表格的栏目内，完成所有报表的填写。

（6）做好工程造价对比分析。

（7）清理、装订好竣工图。

（8）上报主管部门审查存档。

将上述编写的文字说明和填写的表格经核对无误，装订成册，即为建设工程竣工决算文件。将其上报主管部门审查，并把其中财务成本部分送交开户银行签证。竣工决算在上报主管部门的同时，抄送有关设计单位。大中型建设项目的竣工决算还应抄送财政部、中国建设银行总行和省、自治区、直辖市的财政局和中国建设银行分行各一份。建设工程竣工决算的文件，由建设单位负责组织人员编写，在竣工建设项目办理验收使用一个月之内完成。

3. 竣工结算编制实例

【例 8-1】某大型建设项目 2018 年开始建设，2019 年年底有关财务核算资料如下：

（1）已经完成部分单项工程，经验收合格后，已经交付使用的资产包括：

1）固定资产价值 73812 万元。

2）为生产准备的使用期在一年以内的备品备件、工具、器具等流动资产价值 20600 万元。

3）建造期间购置的专利权、非专利技术等无形资产1380万元，摊销期4年。

（2）基本建设支出中的未完成项目包括：

1）建筑安装工程投资12000万元。

2）设备及工器具投资34000万元。

3）建设单位管理费、勘察设计费等待摊投资2100万元。

4）其他投资110万元。

（3）非经营项目发生的待核销基建支出80万元。

（4）转出投资900万元。

（5）购置需要安装的器材20万元，其中待处理器材8万元。

（6）银行存款470万元。

（7）预付工程款18万元。

（8）建设单位自用的固定资产原值57558万元，累计折旧12022万元。

（9）中央一般公共预算资金拨款20000万元，地方基建基金拨款18000万元。

（10）自筹资金拨款50000万元。

（11）国家资本金500万元。

（12）建设单位向商业银行借入的借款100000万元。

（13）建设单位年完成交付生产单位使用的资产价值中，400万元属于利用投资借款形成的待冲基建支出。

（14）应付工程设备款额60万元货款和尚未支付的应付工程款2036万元。

（15）未交税金30万元。

（16）尚未偿还贷款500万元。

根据上述有关材料编制的竣工财务决算表见表8-9。

建设项目竣工财务决算表　　　　　　　　　　　　　　　　表8-9

项目名称：某大型建设项目		单位：万元	
资金来源	金额	资金支出	金额
一、基建拨款	38000	一、基本建设支出	144982
1.中央财政资金	20000	（一）交付使用资产	95792
其中：一般公共预算资金		1.固定资产	73812
中央基建投资		2.流动资产	20600
财政专项资金		3.无形资产	1380
政府性基金		（二）在建工程	48210
国有资本经营预算安排的基建项目资金		1.建筑安装工程投资	12000
2.地方财政资金	18000	2.设备投资	34000
其中：一般公共预算资金		3.待摊投资	2100

续表

项目名称：某大型建设项目		单位：万元	
资金来源	金额	资金支出	金额
地方基建投资		4. 其他投资	110
财政专项资金		（三）待核销基建支出	80
政府性资金		（四）转出投资	900
国有资本经营预算安排的基建项目资金		二、货币资金合计	470
二、部门自筹资金（非负债性资金）	50000	其中：银行存款	470
三、项目资本	500	财政应返还额度	
1. 国家资本	500	其中：直接支付	
2. 法人资本		授权支付	
3. 个人资本		现金	
4. 外商资本		有价证券	
四、项目资本公积		三、预付及应收款合计	18
五、基建借款	100000	1. 预付备料款	
其中：企业债券资金		2. 预付工程款	18
六、待冲基建支出	400	3. 预付设备款	
七、应付款合计	2096	4. 应收票据	
1. 应付工程款	2036	5. 其他应收款	
2. 应付设备款	60	四、固定资产合计	45556
3. 应付票据		固定资产原价	57558
4. 应付工资及福利费		减：累计折旧	12022
5. 其他应付款		固定资产净值	45536
八、未交款合计	30	固定资产清理	20
1. 未交税金	30	其中：待处理固定资产损失	8
2. 未交结余财政资金			
3. 未交基建收入			
4. 其他未交款			
合计	191026	合计	191026

补充材料：基建借款期末余额：400 万元

基建结余资金：43910 万元

注：资金来源合计扣除财政资金拨款与国家资本、资本公积重叠部分。

8.2 新增资产价值的确定

8.2.1 新增资产的分类

按照新的财务制度和企业会计准则，新增资产按资产性质可分为固定资产、流动资产、无形资产和其他资产四大类。

1. 固定资产

固定资产是指使用期限超过一年，单位价值在规定标准以上（如：1000 元、1500 元或 2000 元），并且在使用过程中保持原有物质形态的资产；包括房屋及建筑物、机电设备、运输设备、工具器具等。

2. 流动资产

流动资产是指可以在一年或者超过一年的营业周期内变现或者耗用的资产。它是企业资产的重要组成部分。流动资产按资产的占用形态可分为现金、存货（指企业的库存材料、在产品、产成品、商品等）、银行存款、短期投资、应收账款及预付账款。

3. 无形资产

无形资产是指特定主体所控制的，不具有实物形态，对生产经营长期发挥作用且能带来经济利益的资源，主要有专利权、非专利技术、商标权、商誉等。

4. 其他资产

其他资产是指除固定资产、无形资产、流动资产以外的资产。形成其他资产原值的费用主要是开办费、以经营租赁方式租入的固定资产改良支出、生产准备费、样品样机购置费和农业开荒费等。

8.2.2　新增资产的确定方法

1. 新增固定资产价值的确定

新增固定资产价值是以独立发挥生产能力的单项工程为对象的。单项工程建成经有关部门验收鉴定合格，正式移交生产或使用，即应计算新增固定资产价值。一次交付生产或使用的工程一次计算新增固定资产价值，分期分批交付生产或使用的工程，应分期分批计算新增固定资产价值。在计算时应注意以下几种情况：

（1）对于为了提高产品质量、改善劳动条件、节约材料消耗、保护环境而建设的附属辅助工程，只要全部建成，正式验收交付使用后就要计入新增固定资产价值。

（2）对于单项工程中不构成生产系统，但能独立发挥效益的非生产性项目，如住宅食堂、医务所、托儿所、生活服务网点等，在建成并交付使用后，也要计算新增固定资产价值。

（3）凡购置达到固定资产标准而不需安装的设备、工具、器具，应在交付使用后计入新增固定资产价值。

（4）属于新增固定资产价值的其他投资，应随同受益工程交付使用的同时一并计入。

（5）交付使用财产的成本，应按下列内容计算：

1）房屋、建筑物、管道、线路等固定资产的成本包括建筑工程成本和应分摊的待摊投资；

2）动力设备和生产等固定资产的成本包括需安装设备的采购成本、安装工程成本、设备基础支柱等建筑工程成本或砌筑锅炉及各种特殊炉的建筑工程成本、应分摊

的待摊投资;

3)运输设备及其他不需要安装的设备、工具、器具、家具等固定资产一般仅计算采购成本，不计分摊的"待摊投资"。

（6）共同费用的分摊方法。新增固定资产的其他费用，如果是属于整个建设项目或两个以上单项工程的，在计算新增固定资产价值时，应在各单项工程中按比例分摊。分摊时，什么费用应由什么工程负担应按具体规定进行。一般情况下，建设单位管理费按建筑工程、安装工程、需安装设备价值总额按比例分摊，勘察设计费等费用则按建筑工程造价分摊。

2. 新增流动资产价值的确定

流动资产是指可以在一年内或者超过一年的一个营业周期内变现或者运用的资产，包括现金及各种存款以及其他货币性资金、应收及预付款项、短期投资、存货以及其他流动资产等。

（1）货币性资金

货币性资金是指现金、各种银行存款及其他货币资金，其中现金是指企业的库存现金，包括企业内部各部门用于周转使用的备用金；各种存款是指企业的各种不同类型的银行存款；其他货币资金是指除现金和银行存款以外的其他货币资金，根据实际入账价值核定。

（2）应收及预付款项

应收账款是指企业因销售商品、提供劳务等应向购货单位或受益单位收取的款项；预付款项是指企业按照购货合同预付给供货单位的购货定金或部分货款。应收及预付款项包括应收票据、应收款项、其他应收款、预付货款和待摊费用。一般情况下，应收及预付款项按企业销售商品、产品或提供劳务时的成交金额入账核算。

（3）短期投资

短期投资包括股票、债券、基金。股票和债券根据是否可以上市流通分别采用市场法和收益法确定其价值。

（4）存货

存货是指企业的库存材料、在产品、产成品等。各种存货应当按照取得时的实际成本计价。存货的形成，主要有外购和自制两个途径。外购的存货，按照买价加运输费、装卸费、保险费、途中合理损耗、入库前加工、整理及挑选费用以及缴纳的税金等计价；自制的存货，按照制造过程中的各项实际支出计价。

3. 新增无形资产价值的确定

（1）无形资产的计价原则

1）投资者按无形资产作为资本金或者合作条件投入时，按评估确认或合同协议约定的金额计价；

2）购入的无形资产，按照实际支付的价款计价；

3）企业自创并依法申请取得的，按开发过程中的实际支出计价；

4）企业接受捐赠的无形资产，按照发票账单所持金额或者同类无形资产市价作价；

5）无形资产计价入账后，应在其有效使用期内分期摊销，即企业为无形资产支出的费用应在无形资产的有效期内得到及时补偿。

（2）无形资产的计价方法

1）专利权的计价。专利权分为自创和外购两类。自创专利权的价值为开发过程中的实际支出，主要包括专利的研制成本和交易成本。研制成本包括直接成本和间接成本：直接成本是指研制过程中直接投入发生的费用（主要包括材料费用、工资费用、专用设费、资料费、咨询鉴定费、协作费、培训费和差旅费等）；间接成本是指与研制开发有关的费用（主要包括管理费、非专用设备折旧费、应分摊的公共费用及能源费用）。交易成本是指在交易过程中的费用支出（主要包括技术服务费、交易过程中的差旅费及管理费手续费、税金）。外购专利权的价值为其实际转让价格，由于专利权是具有独占性并能带来超额利润的生产要素，因此，专利权转让价格不按成本估价，而是按照其所能带来的超额收益计价。

2）专有技术（又称非专利技术）的计价。专有技术具有使用价值和价值，使用价值是专有技术本身应具有的，专有技术的价值在于专有技术的使用所能产生的超额获利能力，应在研究分析其直接和间接的获利能力的基础上，准确计算出其价值。如果专有技术是自创的，一般不作为无形资产入账，自创过程中发生的费用，按当期费用处理。对于外购专有技术，应由法定评估机构确认后再进行估价，其方法往往通过能产生的收益采用收益法进行估价。

3）商标权的计价。如果商标权是自创的，一般不作为无形资产入账，而将商标设计、制作、注册、广告宣传等发生的费用直接作为销售费用计入当期损益。只有当企业购入或转让商标时，才需要对商标权计价。商标权的计价一般根据被许可方新增的收益确定。

4）土地使用权的计价。根据取得土地使用权的方式不同，土地使用权可有以下几种计价方式：当建设单位向土地管理部门申请土地使用权并为之支付一笔出让金时，土地使用权作为无形资产核算；当建设单位获得土地使用权是通过行政划拨的，这时土地使用权就不能作为无形资产核算；在将土地使用权有偿转让、出租、抵押、作价入股和投资，按规定补交土地出让价款时，才作为无形资产核算。

4. 新增其他资产价值的确定

（1）开办费是指在筹建期间发生的费用，不能计入固定资产或无形资产价值的费用，主要包括筹建期间人员工资、办公费、员工培训费、差旅费、印刷费、注册登记费以及不计入固定资产和无形资产购建成本的汇兑损益、利息支出等。根据现行财务制度规定，企业筹建期间发生的费用，应于开始生产经营起一次计入开始生产经营当期的损益。企业筹建期间开办费的价值可按其账面价值确定。

（2）以经营租赁方式租入的固定资产改良工程支出的计价，应在租赁有限期内摊入制造费用或管理费用。

习题与思考题

1. 竣工决算的作用是什么？

2. 竣工决算的内容有哪些？

3. 无形资产的分类有哪些？

4. 某建设项目由两个单项工程组成，其竣工结算的有关费用见表 8-10。已知该项目建设单位管理费、土地征用费、建筑设计费、工艺设计费分别为 100 万元、120 万元、60 万元、40 万元。则单项工程 B 的新增固定资产价值是多少？

某建设项目竣工结算有关费用 　　　　　　　　表 8-10

项目名称	建筑工程（万元）	安装工程（万元）	需安装设备（万元）
单项工程 A	3000	—	—
单项工程 B	1000	800	1200

9

装配式建筑计价

【教学要求】

　　1.了解装配式建筑的基础概念和类型；

　　2.了解装配式建筑计价体系的特点，掌握装配式建筑的计价过程；

　　3.了解当前装配式建筑发展面临的问题及相应的解决措施。

【导读】

　　本章介绍了装配式建筑的基础知识及计价过程，通过对比分析装配式建筑计价与传统现浇式建筑计价得出装配式建筑计价的不同之处，并系统分析了装配式建筑造价偏高的原因，最后以装配式混凝土结构为例对装配式建筑的计价过程进行了详细的介绍，使读者对整个装配式建筑计价体系有清晰的认知。

9.1　装配式建筑概述

9.1.1　装配式建筑基础知识

装配式建筑是指建筑的结构系统、外围护系统、设备与管线系统、内装系统的主要部分采用工厂生产的预制部品部件在工地集成的建筑，包括装配式混凝土结构、钢结构、现代木结构以及其他符合装配式建筑技术要求的结构体系建筑。

按照《国务院办公厅关于促进建筑业持续健康发展的意见》（国发办〔2017〕19号）的要求，装配式建筑应具有标准化设计、工业化生产、装配化施工、一体化装修、信息化管理的特点。

1. 标准化设计

标准化设计要求各专业一体化设计，依据标准进行合理拆分，从而形成具有固定功能、固定特性的建筑部品。如此一来大大减少了设计周期，从而降低了设计成本以及造价，不仅如此，标准化的部件提高了构件的质量和品控，更有利于构件的制作运输和安装，构件施工质量得到保证。

2. 工业化生产

工业化生产是指把组成建筑的各种部品构件以工厂生产的形式制作生产，并送至项目现场进行安装，而不是以现浇的形式进行施工。它是立足于第一个特性的基础之上，在构件工厂中统一生产制造各类部品部件，集规模化和高效化于一身的生产模式。与传统现浇结构相比，构配件的质量得到了较大提升。

3. 装配化施工

装配化施工是指以构配件的吊装形式取代大多数包括钢筋加工和浇筑混凝土在内的现场施工的工作内容的建造方式。它的特点主要是机械化程度高、施工快、工期短、节能减排效果明显、劳动力成本低、噪声小、湿作业少。

4. 一体化装修

一体化装修是指以工业化模式设计好的装修部品，以干作业的形式完成建筑的装修工程。与传统的装修方式相比，一体化装修具有工期短、质量较高、维护成本低等特点，推动住宅一体化装修是我国建筑市场发展的必然趋势。

5. 信息化管理

信息化管理是指利用前沿信息技术，如BIM建筑信息模型（Building Information Modeling）、虚拟现实（VR）技术、无线射频技术（RFID）等，实现装配式建筑全周期信息化管理和数据共享。前沿信息技术不仅可以应用于建筑施工过程，提高设计图纸的准确性和施工的高效性和智能化，并且可以应用于项目的运营期，方便项目的运营管理。

9.1.2 装配式建筑类型

装配式建筑工程按预制构件的形式和施工方法分为装配式板材建筑、装配式盒式建筑、建筑式砌块建筑、装配式骨架板材建筑及装配式升板升层建筑等类型，按结构体系不同可分为装配式框架结构、装配式剪力墙结构、装配式框架－剪力墙结构、特殊装配式结构等，按结构系统材料不同主要可分为装配式混凝土结构工程、装配式钢结构工程、装配式木结构工程及其组合结构。本节以按材料分类的三种装配式混凝土工程进行详细说明。

1. 装配式混凝土结构工程

装配式混凝土结构工程是指以工厂化生产的钢筋混凝土预制构件为主，通过现场节点连接装配的方式建造的混凝土结构建筑物。一般分为全装配建筑和部分装配建筑两大类：全装配建筑一般为底层或抗震设防要求低的多层建筑；部分装配建筑的主要构件采用预制构件，在现场通过现浇混凝土连接，形成装配整体式结构的建筑物。

（1）装配式混凝土结构类型

目前装配式混凝土建筑主要有两种类型，分别是全装配建筑和部分装配建筑。

1）全装配建筑。全装配建筑将建造所需的所有钢筋混凝土构件在工厂预先生产，然后运送到现场进行安装。构件之间的连接主要是采用柔性连接技术，建筑结构在受震破坏之后具有较好的恢复性能，在破坏部位进行修复即可重复使用，能够实现较好的经济效益，消除浪费。另外这种结构具有生产效率高、施工速度快、产品质量好的优点，对于体量大的建筑采取工厂化生产方式能取得较好的效果。

2）部分装配建筑。部分装配建筑结合了装配建筑式与现浇整体式的优点，在工厂预制的部分钢筋混凝土构件进行现场安装后与现场浇筑混凝土结构形成整体结构。预制构件主要包括：预制的楼梯、梁、楼板、外墙等，与现浇结构的连接主要是通过强连接节点即刚性节点连接的，不仅节省了模板，提高了施工速度，同时结构的整体性、强度、刚度以及抗震性能都较好。

（2）装配式混凝土建筑的优点

在工业化进程和产业化发展的大环境下，装配式混凝土建筑特有的行业优势及重要作用逐渐地凸显，其主要的特点表现如下：

1）提高工程质量，降低成本费用。装配式混凝土建筑在构件标准化设计的基础上先在工厂进行构件预制，然后通过运送到现场装配的，一方面，可以有效地确保构件的质量，避免现浇构件中因施工及养护不足导致的质量缺陷问题，满足用户质量需求。另一方面，标准化设计减少了实施过程中的工程变更及索赔，能够有效地控制工程造价。

2）确保施工进度，提升施工效率。传统的现浇模式很容易受到外界自然环境因素的影响，工期往往是一拖再拖。而装配式混凝土建筑在工厂预制构件通过可靠装配的方式可以避免受外界环境干扰因素，大大减少了现浇模式时间的耗费，有效地确保了工程进度。装配式混凝土建筑与信息化技术、高效管理方式的有效结合，可以实现构件高精度批量生产的目标，有助于提升建筑生产的效率。

3）节约劳动力，绿色节能环保。建筑业是劳动力需求巨大的行业，装配式混凝土建筑在构件吊装与组装的过程中减少了现场的施工人员，有效地节约了劳动力。此外，构件的工厂标准化预制能降低噪声、废气废水的产生，对节能环保具有重要作用，符合建筑绿色化发展，很大程度上减少了建筑垃圾，节约了建筑生产的原材料。

2. 装配式钢结构工程

装配式钢结构工程是指在工厂生产的钢结构部件，在施工现场通过螺栓连接或焊接等方式组装和连接而成的钢结构建筑。对于钢结构装配式建筑工程，围护系统是一个关键因素，钢结构系统必须与围护系统配合紧密、和谐统一。

（1）装配式钢结构的工程建筑体系

装配式钢结构的工程建筑体系包括主体结构体系、围护体系（三板体系：外墙板、内墙板、楼层板）、部品部件（阳台、楼梯、整体卫浴、厨房等）、设备装修（水、电、暖、装饰装修）等。钢结构是最适合工业化装配式的结构体系：一是因为钢材具有良好的机械加工性能，适合工厂化生产和加工制作；二是与混凝土相比，钢结构较轻，适合运输、装配；三是钢结构适合高强螺栓连接，便于装配和拆卸。

（2）装配式钢结构的优点

现代建筑中，钢结构代表了当今世界建筑发展的潮流。随着我国经济建设的迅猛发展，现代建筑钢结构的应用越来越多，已经显示出作为建筑业新的经济增长点的良好势头，其主要的特点表现如下：

1）易于工厂化生产。与其他建筑结构形式相比，钢结构具有自重轻、抗震性能好、施工周期短、节能、环保、绿色等优势，符合国家节能减排和可持续发展政策，易于实现工厂化生产；

2）可通过 BIM 平台实现一体化。钢结构的设计、生产、施工以及安装可通过 BIM 平台实现一体化，进而实现钢结构的装配化、工业化和商品化；

3）符合"绿色建筑"概念。钢结构可以实现现场干作业，降低环境污染，材料还可以回收利用，符合国家倡导的环境保护政策，是一种最符合"绿色建筑"概念的结构形式。

3. 装配式木结构工程

装配式木结构工程是指以原木、锯材、集成材等木质材料作为木结构构件、部品部件，在工厂预制，现场装配而成的木结构建筑。目前我国现代装配式木结构工程是利用新科技手段，将木材经过层压、胶合、金属连接等工艺处理，所构成整体结构性能远超原木结构的现代木结构体系。

（1）装配式木结构类型

我国现行《木结构设计标准》GB 50005—2017 将木结构分为普通木结构、胶合木结构和轻型木结构三种结构体系。

1）普通木结构。普通木结构是指承重构件采用方木或原木制作的单层或多层木结构。

2）胶合木结构。胶合木结构是一种根据木材强度分级的工程木产品，通常是由二层或二层以上的木板叠层胶合在一起形成的构件。胶合木结构随着建筑设计、生产工艺及施工手段等技术水平的不断发展和提高，其适用范围也越来越大。以层板胶合木材料制作的拱、框架、桁架及梁、柱等均属胶合木结构。

3）轻型木结构。轻型木结构是利用均匀密布的小木构件来承受房屋各种平面和空间作用的受力体系。轻型木结构建筑的抗力由主要结构构件（木构架）与次要结构构件（面板）的组合而得。

（2）装配式木结构工程的优点

1）安全稳定性高。现代装配式木结构建筑在抗震安全性、防火安全性等方面都有着强有力的竞争优势，木结构建筑由于质量相对较小、韧性强，从而可以有效减缓瞬间冲击，有效载荷并吸收能量，并且还能明显缓解周期性疲劳破坏。木结构构件的碳化层具有很强的保护作用，其材质本身独特的微孔结构使其拥有较低导热系数，这一特性可以大大提高耐火性。同时，木结构内部在改装上具有便捷性特点，可以通过安装自动喷淋系统、改造增加防火间隔、控制消防间距等手段提高防火能力。

2）环保性强。木结构建筑的环保性能贯穿其生产到拆除的所有环节。在处理大气污染问题时，有效降低温室效应的首要措施就是减少碳排放，木材生产的碳排放量是所有建材种类中最小的。而在处理土地污染问题时，木结构建筑的建筑垃圾更易于处理。由于装配式木结构部件的预制化程度高，其中一部分建筑垃圾可以被二次再利用。而无法二次利用的报废木制建材，不需要通过占用土地资源进行掩埋，也不包含大量固体化学废弃物，可以变废为宝成为其他行业的原材料。

3）设计灵活性极强。木结构在设计上不受自身尺寸的拘束使得设计灵活性极强，这个特点可以很好地满足设计需求的多样性，进而使其在改造上更为方便。这一优势使得木结构建筑可以在工厂提前预制，然后在施工现场实时进行装配，不受气候条件和四季更替的影响，并且能够在最大程度上缩小部件规格的误差，减少预装构件由于误差在实际装配中所产生的负面效应，进而有效提高施工效率，减少劳动力成本，提升木结构建筑的工业化生产水准。

4）舒适性好。相比于其他任何材料建成的建材结构形式，轻型木结构建筑的保温节能性都是最优选择。同时，木质结构的生物特性在南方雨季环境中能够很好地发挥自身生物材料特性调整室内湿度进行吸潮，而室内干燥时又可以放出水分保证空气湿度，让居住者体会到实在的"冬暖夏凉"的感受。不仅如此，木结构的纯天然颜色特性可以很好地调和屋内外光线，使得漫射出的光线柔和亲人，呼应装饰颜色，带给居住者融合自然的体验感并提升归属感。

9.1.3　装配式建筑预制率和装配率

预制率也称建筑单体预制率，是指混凝土结构装配式建筑 ±0.000 以上主体结构和围护结构中预制构件部分的混凝土用量占建筑单体混凝土用量的比率。其中，预制构件包括以下类型：墙体（剪力墙、外挂墙板）、柱/斜撑、梁、楼板、楼梯、凸窗、空调板、阳台板、女儿墙。建筑单体预制率的计算公式为：

$$建筑单体预制率=\frac{（室外地坪以上主体结构+围护结构）预制构件混凝土用量体积}{对应部分混凝土总用量体积}×100\% \qquad (9-1)$$

建筑单体装配率是指装配式建筑中预制构件、建筑部品的数量（或面积）占同类构件或部品总数量（或面积）的比率。建筑单体装配率的计算公式为：

$$建筑单体装配率=\frac{预制构件、建筑部品的数量（或面积）}{同类构件、部品总数量（或面积）} \qquad (9-2)$$

预制率是设计阶段的衡量工业化程度最简单的方法，也是政府制定装配式建筑扶持政策的主要依据指标。装配率是衡量单位建筑结构装配化程度的一项重要指标，是影响单体建筑整体造价的重要因素。简单讲，预制率单指预制混凝土的比例，而装配率除了需要考虑预制混凝土之外还需要考虑其他预制部品部件（如一体化装修、管线分离、干式工法施工等）的综合比例。

9.1.4　装配式建筑部品部件

建筑部品化就是运用现代化的工业生产技术将柱、梁、墙、板、屋盖甚至是整体卫生间、整体厨房等建筑构配件、部件实现工厂化预制生产，使之在运输至建筑施工现场后可进行"搭积木"式的简捷化的装配安装，以下对柱、梁、墙等 6 种部品部件进行简要介绍：

（1）梁柱部品是指由结构层、饰面层、保温层等中的两种或两种以上产品按一定的构造方式组合而成，满足一种或几种预制梁、预制柱功能要求的产品。

（2）墙体部品是指由墙体材料、结构支撑体、隔声材料、保温材料、隔热材料、饰面材料等中的两种或者两种以上产品按一定的构造方法组合而成，满足一种或几种墙体功能要求的产品。主要分为承重外墙板部品、承重内墙板部品与剪力墙部品。

（3）楼板部品是指由面层、结构层、附加层（保温层、隔声层等）、吊顶层等中的两种或者两种以上产品按一定的构造方法组合而成，满足一种或几种楼板功能要求的产品。主要分为叠合楼板、吊顶、空调板、窗台板与遮阳板。

（4）屋顶部品是指由屋面饰面层、保护层、防水层、保温层、隔热层、屋架等中的两种或者两种以上产品按一定的构造方法组合而成，满足一种或几种屋顶功能要求的产品。

（5）隔墙部品是指由墙体材料、骨架材料、门窗等中的两种或者两种以上产品按一定构造方法组合而成的非承重隔断和隔断，满足一种或几种隔墙和隔断功能要求的产品。主要分为非承重内隔墙部品与非承重外隔墙部品。

（6）阳台部品是指由阳台地板、栏板、栏杆、扶手、连接件、排水设施等产品，按一定构造方法组合而成，满足一个或多个阳台功能要求的产品。主要分为阳台板与栏杆。

9.2　装配式建筑工程造价的特殊之处

众所周知，建筑业是国民经济的支柱产业，建筑业对社会经济发展、城乡建设和人民生活水平改善都起着举足轻重的作用，这些年我国的建筑行业取得了突飞猛进的发展，在许多领域都达到了世界先进水平，尤其是近几年，我国无论从建设规模还是建设速度上，都让世界叹为观止。随着建筑业的发展，装配式建筑作为一种国家大力提倡并推广使用的建筑方式，由于它具有节能、环保、节约工期、模块化集成、工业化程度高等特点，能适应我国绿色节能环保的建筑理念要求，且符合建筑工业化的发展趋势，越来越成为各个大型项目的首选。为深入挖掘装配式建筑工程造价的特别之处，本文将从装配式建筑计价体系的特点、装配式建筑工程造价的计价过程、装配式建筑工程造价偏高的原因分析三个维度进行介绍。

9.2.1　装配式建筑计价体系的特点

1. 施工工艺决定计价思想发生转变

装配式建筑施工方法的最大特点是构件由现场或者工厂预制，运输到现场进行安装，这与传统的梁、板、柱等需要在现场浇筑的方式有本质上的不同。这一特点导致了装配式建筑的清单项目或者定额子目的工作内容发生较大变化，原有在现场发生的钢筋绑扎、模板支护等工作不需要了，而又多出了构件吊装、接缝处理等一系列工作内容，这使套用原来清单项目或者定额子目变得不再适用。另外，随着装配式构件的集成化，有些工作已经集成为单一构件或者成套构件，按材料构件价格采购即可。如整体卫生间、厨房是以整套价格交易，价格中包含了设计、制作、运输、组装等费用，不再以其具体包括的施工内容分列清单、依次计量、分项计价再汇总得到其价格，仅需区分不同规格、功能或等级确定其价格。因此，需要另外设立与装配式建筑相匹配的清单或者定额项目，根据实际情况设定工作内容，根据市场行情确定构件价格。

2. 造价构成及计价方式发生变化

采用装配式建筑后，原有的大量构件由现场建造变为构件工厂制作。一方面，使造价构成中各项费用的比例产生了变化。比如：传统建造方式中，现场浇筑混凝土构件所消耗的大量人工和机械费用，在采用装配式建筑时都转为工厂构件预制时的消耗，这部分费用均核算在预制构件采购价格中，即在工程造价中视为材料费的一部分，导致材料费比例增加，而现场实际消耗的人工和机械费用比例降低，且预制构件的价格确定主要是依赖于市场，而不是依赖于定额。另一方面，主要价格水平发生变化。原有的施工工艺中现场消耗较大，但对工人和机械的要求相对不高，单价水平偏低，采用装配式建筑后，手工作业量减少，机械装配量增加，现场施工工艺变得简单，但对工人和机械的要求较高，单价普遍提高。这就需要在计价中采用比较符合实际的价格水平，而不能采用原有的工人和机械信息单价。

3. 有关费用计取方法发生变化

本文所述有关费用主要是指除分部分项工程所直接消耗人材机费用以外的其他费用，如措施费、管理费、利润、规费等。采用装配式建筑时，此类费用项目的构成和计算方式都有了一定变化。在措施费方面，装配式建筑节省了大量的现场浇筑工作量，也就减少了大量的现场模板、支架、钢筋绑扎等工作，此类措施费用相应减少，相关费用已经核算到构件单价中；由于现场制作工作减少，使现场扬灰、粉尘等环境问题明显改善，现场用水、降温、养护等费用降低，相应措施费用发生变化；由于装配式建筑受环境气候影响相对较小，冬雨季施工费等费用也会减少；与施工现场大型机械有关的措施费，如垂直运输、堆场搬运、吊装等相关的措施费用相应增加。因此，以传统的取费方式确定装配式建筑的措施项目往往是不符合实际的。在费用的取费方面，对于不同的建筑、不同的装配率，其物资量、劳动力所占比例都有所不同，管理费、利润计取基数与费率没有统一的标准，如现行的管理费、利润、规费等费用的计算基数为人材机费，或者人工和机械费，或者单纯以人工费为基数。由于装配式建筑可有效缩短工期，现场工作环节减少，现场管理费相应减少，费率应保持不变或相应降低，因此，为保证计价的相对客观，本教材计价示例对于管理费和利润均以人工费为计取基数，有关费率参考现浇方式。装配式建筑中，构件作为材料费进行核算，且其中含有一定的预制过程中的人工和机械费用，即本来在现场消耗的人工和机械费转移到预制构件的材料价格中，使得材料费明显上升。

4. 对市场信息价格依赖程度加强

在装配式建筑中，随着集成化预制生产和标准化水平的逐步提高，对于工程量（消耗量）来说，按照定额或者实际发生计量是比较容易核算的，但在构配件的价格方面，在编制招标控制价或者投标报价时是难以准确确定的。原因在于以下几点：第一，虽然装配式建筑发展较快，但是标准化水平并不是很高，不同项目的预制构件差异比较明显，这一特点决定了预制构件难以确定一个相对固定的价格；第二，不同项目的预制构件由于不同厂家生产、不同运输距离等原因，导致预制构件的市场价格水平难于统一，地域性因素影响价格比较明显。上述原因导致编制信息价格十分困难，工作量较大，且信息价格的准确性也值得商榷。由于构件信息价格对招标控制价、投标报价以及竣工结算价等影响巨大，如果缺乏反映装配式建筑工程构件价格的市场动态信息，报价又没有统一的市场标准，会导致控制价、投标报价的确定难度增加，失真的概率增大。因此，装配式建筑造价确定对市场信息价格的依赖程度较高。

9.2.2 装配式建筑工程造价的计价过程

1. 投资估算

就投资估算而言，在确定建设项目之前具有决定性意义的工作包括对投资与成本、效益及风险等的计算、论证和评价其中决定性的作用。而批复后的可行性研究报告中的投资估算，更加决定了整个项目的总投资金额，因此它的准确性尤为重要。

2016 年住房和城乡建设部印发了《装配式建筑工程消耗量定额》，对 8 类装配率不同的装配式混凝土住宅和装配式钢结构住宅工程的投资估算分别给出了参考指标，使得装配式建筑的估算有了清晰、统一的标准。

就装配式混凝土高层住宅来看，当 PC 率为 20% 时，参考指标的单方造价为 2231.00 元 /m^2，其中建筑安装工程费为 1896.00 元 /m^2；PC 率为 40% 时，参考指标的单方造价为 2396.00 元 /m^2，其中建筑安装工程费为 2037.00 元 /m^2；PC 率为 60% 时，参考指标的单方造价为 2559.00 元 /m^2，其中建筑安装工程费为 2175.00 元 /m^2。而就目前 ×× 省 ×× 市 2022 年 1~3 月的市场价格计算传统结构的混凝土高层住宅仅主体结构，建筑安装工程费单方造价已达到 1300~1400 元 /m^2，加上二次结构、门窗、屋面、土方地基处理、装饰装修、水暖电安装、设备购置及安装等，建筑安装工程费单方造价已超过 2800 元 /m^2。据有关数据统计，30% 的 PC 率，预计费用增加 350~400 元 /m^2，40% 的 PC 率，预计费用增加 400~450 元 /m^2，PC 率越高，成本增加幅度越大，再加上 10% 的工程建设其他费用和 5% 的预备费，40% 的 PC 率的情况下，装配式混凝土高层住宅的单方造价已经超过 3765 元 /m^2，就算考虑地区差异和时间差异，也远远超过了《装配式建筑工程消耗量定额》中给出的估算参考指标。

所以，在编制装配式建筑投资估算时，不能仅靠估算指标，而是要结合市场实际情况以及不断积累的工程造价数据资料，作出合理的估算金额，才能为投资与成本、效益和风险、收益率和投资回收期等的计算和论证评价提供合理的基础数据。

2. 初步设计概算

初步设计概算在一定程度上影响着投资资金的分配和设计的经济合理性，而且目前许多建设项目实行 EPC 工程总承包模式，而多数工程总承包模式的承包价是以初步设计概算造价为基础的。因此设计概算在工程建设领域的作用越来越大，受到的重视程度也越来越高。但是目前的概算定额对于装配式建筑几乎没有涉及。而在实际操作中只能用《装配式建筑工程消耗量定额》结合市场行情进行编制，而编制人员的专业技术水平以及初步设计文件的深度和设计人员的专业技术水平成为初步设计概算准确性的关键因素。

3. 施工图预算

目前我国施工阶段的计价模式有两种模式，一种是工程量清单计价，另一种是成本加酬金的计价模式。国内的建设工程项目招标多数采用工程量清单的计价模式，由于《房屋建筑与装饰工程工程量计算规范》GB 50854—2013 对装配式建筑的清单计量规范不全，只有关于预制构件的清单子项，但是所给出的项目的特征描述只反映了影响综合单价的基本问题，对关于装配式混凝土建筑的产品质量要求、工艺、工法、运输吊装要求、技术体系没有进行全面的说明，导致现有装配式混凝土建筑工程量清单不能反映这种建造模式的特点，工程量清单的特征描述是否准确全面取决于清单编制人员的专业水平，为工程施工中的进度计量和竣工结算增加了不确定因素，增加了建设单位的风险。

目前的工程量计算规范仅列出了混凝土预制构件（柱、梁、屋架、板、楼梯、其他构件），而目前的装配式建筑已经发展到不仅限于混凝土预制构件，已经形成集成化设计、工业化生产、装配化施工、一体化装修的工业模式，包括全装修集成、装配式厨房、装配式卫生间等，甚至空调机房等设备管道等都可以在工厂预制集成、现场装配，而 2013 版《计价规范》没有相应的清单项，需要补充清单项，在计量规则、工作内容、特征描述等方面没有统一的规定和标准。

9.2.3 装配式建筑工程造价偏高的原因分析

目前装配式建筑存在造价高于传统建筑的问题，本文从设计原因、施工原因等 4 个方面进行分析。

1. 设计原因

统一的标准化户型设计模块尚未形成，国家标准处于逐步完善阶段，导致工厂的构件只能在某个项目中使用，没有形成标准化构件，需要多次建模，加大了模具费用，导致构件材料费的增加；目前设计人员的专业水平以及建筑设计行业的现状，导致施工图设计深度不够，与装配式施工工艺结合不够紧密，需要装配式结构拆分和深化设计，从而加大了生产和施工成本；混凝土和钢筋含量的增加也导致了装配式建筑工程造价的增加。

2. 预制率（PC 率）的影响

与传统结构对比，装配式建筑费用增加部分包括 PC 构件增加费、金属构件、预埋件增加费、吊装机械增加费、PC 板密封胶嵌缝增加费、窗框增宽增加费（增加窗框刚度，防止吊装时破坏）、措施费增加（道路加厚加宽、机械进出场费、吊装安全专项措施增加费等）、管理成本增加（装配式结构拆分和深化设计费、安全管理费增加、管理人员增加费、现场管理费增加等）。

PC 率增加导致费用增加的内容有：PC 预制率的提升必然导致预制构件费用会有一部分增加（预制构件的费用高于传统构件），预制率增加导致 PC 构件数量的增加，对吊装和人工的要求提高，必然增加人工和机械费用，同时导致金属构件、预埋件、连接片、斜撑、吊装辅料、PE 条、嵌缝打胶等费用增加，间接费同时相应增加。

就高层住宅而言，PC 率 20% 时，材料费占比为 66.59%，人工费占比为 18.23%；PC 率 40% 时，材料费占比为 71.53%，人工费占比为 15.08%；60% 时，材料费占比为 75.93%，人工费占比为 12.36%。

总的来说，PC 率越高，材料成本越高，人工费占比降低，单方造价越高。

3. PC 构件材料费高

就北京地区而言，2022 年 2 月的厂家报价预制叠合板不含税价格为 4070.80 元 $/m^3$，预制复合保温外墙板（L 形）不含税价格为 4646.02 元 $/m^3$，预制复合保温外墙板（U 形）不含税价格为 4800.88 元 $/m^3$，预制隔墙为 3269.91 元 $/m^3$，C30 的预制复合墙板 – PCF 板更是达到 6407 元 $/m^3$，预制复合保温装饰板 4124 元 $/m^3$，预制式构件瓷板饰面 540 元 $/m^2$，石材饰面 752 元 $/m^2$，而且价格还有上升趋势。

4. 施工原因

装配式构件的安装对施工人员的专业技术水平要求高，而目前建筑产业高水平的专业技术人员较少，培训成本高，导致人工成本增加；装配式建筑构件的安装对吊装机械性能及机械操作人员水平的要求高，导致机械成本增加；装配式建筑须要通过后浇混凝土连接，而后浇混凝土及钢筋均为零星工程，相对成本比传统结构高出一半左右；装配式构件需要增加堆放场地、增加二次运输及道路加宽加厚、增加安全措施、增加装配式结构拆分和深化设计、增加吊装保护等措施，导致措施费和管理费增加。

由于装配式建筑技术水平和生产能力要求都相对较高，因此很少有国家能够满足装配式建筑的标准，而大多数国家主要采用的是混合装配式建筑形式。而将现浇式建筑和装配式建筑进行有机结合，能够推动我国建筑工程行业的发展和进步。

通过对现浇式和装配式构件项目名称进行分析发现，大多数混合装配式混凝土构件既可以采用现浇式又可以采用装配式进行建造，少部分混凝土构架仅可使用现浇式或装配式一种方式进行建造。由于我国现浇式建筑的计价体系已经发展得较为成熟，因此下文只对采用装配式的部品部件进行计价说明。

9.3　装配式建筑计价方式及需注意的要点

装配式建筑由现场生产柱、墙、梁、楼板、楼梯、屋盖、阳台等转变成交易购买（或者自行工厂制作）成品混凝土构件，原有的套取相应的定额子目来计算柱、墙、梁、楼板、楼梯、屋盖、阳台等造价的做法不再适用，集成为单一构件部品的商品价格。现场建造变为构件工厂制作，原有的工料机消耗量对造价的影响程度降低，市场询价与竞价显得尤为重要。现场手工也变为机械装配施工，随着建筑装配率的提高，装配式建筑愈发体现安装工程计价的特点，生产计价方式向安装计价方式转变。工程造价管理由"消耗量定额与价格信息并重"向"价格信息为主、消耗量定额为辅"转变，造价管理的信息化水平需提高，市场化程度需增强。

随着建筑部品的集成化，整体卫生间、整体厨房是以整套价格交易，价格中包含了设计、制作、运输、组装等费用，不再以其具体包括的施工内容分列清单、依次计量、分项计价再汇总得到其价格，仅需区分不同规格或等级实现所需的完备功能，对于部品而言造价管理的重心应由关注现场生产转向比较其功能质量。随着建筑构件部品社会化、专业化生产、运输与安装，造价管理模式由现场生产计价方式向市场竞争计价方式转变，更加需要关注合同交易与市场价格。

由于本章 9.2 节中已从宏观角度对装配式建筑的特殊计价方式进行了阐述，且装配式混凝土结构应用较为广泛，因此下文主要以装配式混凝土结构工程为例对装配式建筑计价有关内容进行详细说明。

9.3.1　装配式混凝土结构工程计价示例

【例 9-1】某市安置房项目，规划总用地面积 $73892m^2$，总建筑面积 $219786m^2$，其中地上建筑面积 $168816m^2$，地下建筑面积 $50970m^2$。项目主体为 16 栋高层住宅，配套地下车库及相应设施。该项目 16 栋高层住宅楼全部采用装配整体式混凝土剪力墙结构，安置房层高 2800mm，所有预制剪力墙高度统一为 2780mm。预制剪力墙宽度为 1200~3000mm，每隔 300mm 设置一个规格，小于 1200mm 采用现浇方式处理。该项目装配式建筑比例 100%，单体预制率 40%。PC 构件设于标准层，主要预制构件为预制剪力墙、预制非承重墙、预制阳台板、预制楼梯、预制叠合板等。根据设计文件及施工要求，编制其工程量清单见表 9-1。

某市安置房项目预制构件工程量清单　　　　　　　　　　　　　表 9-1

序号	项目编码	项目名称	项目特征	计量单位	工程数量
1	010512007001	大型板：A 类预制剪力墙	1. 单体体积：$0.668m^3$； 2. 单件尺寸：1200mm×2780mm； 3. 混凝土强度等级：C40	块	32
2	010512007002	大型板：A 类预制剪力墙	1. 单体体积：$0.829m^3$； 2. 单件尺寸：1500mm×2780mm； 3. 混凝土强度等级：C40	块	48
3	010512007003	大型板：A 类预制剪力墙	1. 单体体积：$1.0m^3$； 2. 单件尺寸：1800mm×2780mm； 3. 混凝土强度等级：C40	块	128

续表

序号	项目编码	项目名称	项目特征	计量单位	工程数量
4	010512007004	大型板：A类预制剪力墙	1. 单体体积：1.168m³； 2. 单件尺寸：2100mm×2780mm； 3. 混凝土强度等级：C40	块	96
5	010512007005	大型板：A类预制剪力墙	1. 单体体积：1.321m³； 2. 单件尺寸：2400mm×2780mm； 3. 混凝土强度等级：C40	块	48

　　试取表 9-1 中第一项"A类预制剪力墙，单体体积：0.668m³，单件尺寸：1200mm×2780mm，混凝土强度等级：C40，数量 32 块"组价计算综合单价和分部分项工程费。经询价知该地区的人工工资单价为 95.9 元/工日，干混砂浆罐式搅拌机 194元/台班。

　　【解】（1）组价分析

　　查阅"010512007001"清单项，工作内容包括：①模板制作、安装、拆除、堆放、运输及清理板内杂物、刷隔离剂等；②混凝土制作、运输、浇筑、振捣、养护；③构件运输、安装；④砂浆制作、运输；⑤接头灌缝、养护。则匹配的定额项目单位估价表见表 9-2。

剪力墙安装定额的单位估价表　　　　　　　　　　　表 9-2

工作内容：支撑杆连接件预埋，结合面清理，构件吊装、就位、校正、垫实、固定、接头钢筋调直，构件打磨，坐浆料辅助，填缝料填缝，搭设和拆除钢支撑。

计量单位：10m³

定额编号				7-1-6	7-1-7	7-1-8	7-1-9
项目名称				实心剪力墙			
				外墙板		内墙板	
				墙厚（mm）			
				≤ 200	> 200	≤ 200	> 200
基价（元）				1224.57	937.30	979.76	761.37
其中	人工费（元）			1222.63	935.36	978.01	759.62
	材料费（元）			—	—	—	—
	机械费（元）			1.94	1.94	1.75	1.75
类别	名称	单位	单价（元）	数量			
材料	预制混凝土外墙板	m³	—	10.050	10.050	—	—
	预制混凝土内墙板	m³	—	—	—	10.050	10.050
	垫铁	t	—	0.013	0.010	0.010	0.008
	干混砌筑砂浆 DM M20	m³	—	0.100	0.100	0.090	0.090
	PE 棒	m	—	40.751	31.242	52.976	40.615
	垫木	m³	—	0.012	0.012	0.010	0.010
	斜支撑杆件 φ48×3.5	套	—	0.487	0.373	0.377	0.289
	预埋铁件	t	—	0.009	0.007	0.007	0.006
	定位钢板	t	—	0.005	0.005	0.004	0.004
	其他材料费	%	—	0.600	0.600	0.600	0.600
机械	干混砂浆罐式搅拌机公称储量 20000L	台班	193.93	0.010	0.010	0.009	0.009

从表9-2的表头中看到，某地剪力墙安装定额的工作内容已满足了清单项大型板"010512007"对工作内容的要求。

（2）未计价材费计算

从表9-2中看到，材料费为"—"，也就是说"0"，是因为表中所列材料都是"未计价材"，必须根据当地的市场价格确定材料单价后新组价计算。通过询价知，符合表9-2中所列材料的单价见表9-3。

材料单价询价表   表9-3

项次	名称	单位	单价（元）
1	预制混凝土外墙板	m³	483.00
2	预制混凝土内墙板	m³	456.00
3	垫铁	t	4100.00
4	干混砌筑砂浆 DM M20	m³	396.00
5	PE 棒	m	18.00
6	垫木	m³	1200.00
7	斜支撑杆件 $\phi48 \times 3.5$	套	130.00
8	预埋铁件	t	4130.00
9	定位钢板	t	4080.00

据此，定额项目"7-1-6"中未计价材费计算见表9-4。

未计价材费计算表   表9-4

项次	名称	单位	单价（元）	定额消耗量	材料费（元）
1	预制混凝土外墙板	m³	483.00	10.050	4854.15
3	垫铁	t	4100.00	0.013	53.30
4	干混砌筑砂浆 DM M20	m³	396.00	0.100	39.60
5	PE 棒	m	18.00	40.751	733.52
6	垫木	m³	1200.00	0.012	14.40
7	斜支撑杆件 $\phi48 \times 3.5$	套	130.00	0.487	63.31
8	预埋铁件	t	4130.00	0.009	37.17
9	定位钢板	t	4080.00	0.005	20.40
	1~9 项合计				5815.85
10	其他材料费	%		0.600	34.90
	未计价材合计				5850.75

（3）综合单价计算

本列综合单价组价为清单"010512007 A 类预制剪力墙"1 项对应定额"7-1-6 实心剪力墙外墙板，墙厚 ≤ 200mm"1 项。清单工程量为 1 块，定额工程量为 0.668m³，人工费单价 1222.63 元 /10m³，材料费单价 5850.75 元 /10m³，机械费单价 1.94/10m³，则综合单价列式计算如下：

人工费 =0.668/10/1 × 1222.63=81.67（元 / 块）

材料费 =0.668/10/1 × 5850.75=390.83（元 / 块）

机械费 =0.668/10/1 × 1.94=0.13（元 / 块）

管理费 =81.67 × 33%=26.95（元 / 块）

利润 =81.67 × 20%=16.33（元 / 块）

综合单价 =81.67+390.83+0.13+26.95+16.33=515.91（元 / 块）

（4）分部分项工程费计算

表 9-1 中第 1 项"A 类预制剪力墙"，清单工程量为 32 块，则分部分项工程费 =32 × 515.91=16509.12（元）

注：本例由于资料收集欠缺，忽略了套筒注浆和嵌缝、打胶的计价，建议读者在具体详细设计资料时将此两项组价到预制剪力墙板安装清单项目中。

9.3.2　装配式建筑计价注意要点

装配式混凝土建筑主要指以装配式剪力墙结构为代表的装配式混凝土结构为主要结构的新型建筑体系，是目前建筑业热门的发展方向，是我国近些年大力推广的建筑体系。然而相对于传统建筑而言，装配式建筑在我国处于刚刚起步阶段，各个方面还很不完善，尤其是工程造价方面，这就大大制约了装配式建筑的发展，因此本教材就装配式混凝土建筑基于工程量清单计价模式的工程造价管理并将其分为设计、发承包、施工、结算四个阶段以对装配式建筑计价要点进行讨论与分析。

1. 设计阶段

（1）加强设计管理技术经济意识

在设计阶段，首先要加强设计人员的技术经济意识，把设计与概算联系起来。加强装配式建筑设计中工程量清单计价的应用，遵循工程量清单计价规范中的计量规则，对构件的深化设计统一计量标准。根据项目的需要，结合装配式建筑特点对项目工程量清单进行有效的补充，同时关注市场动态，运用新工艺、新材料、新方法，并考虑其设计经济性。在进行施工图的设计时，应根据项目的特点和定位进行合理的设计，就 PC 构件制作方案、拆分方案、吊安装方案、围护方案、装饰装修方案等进行充分的分析论证。

其次，由于装配式建筑构件的深化设计为工程造价控制的关键，其着力推行标准化设计同样重要。这需要经过国家协会或整个行业相关部门共同探索和编制通用的设计原则，设计单位可重复使用，生产厂家规模化生产，采用标准化模数设计，提高模具的使用率，降低摊销成本，既优质又经济。同时，还应强化设计变更管理，尽可能地把设计变更提前，变更发生得越早，对造价控制越有利，越能达到工程造价管理目标。

另外，业主应选择有着丰富装配式建筑设计经验的单位，这样可减少设计中的错误，有助于业主进行造价管理。由于装配式建筑的设计难度较高，设计部门需对建筑设计、构件深化方案以及深化施工图设计进行全面而仔细的校核，防止因设计错误而导致后面出现的工程变更，减少造价管理难度。例如，装配式建筑中的梁、板、柱，在设计中将预留管线孔洞位置，大小尺寸准确标注出来。如果设计单位对此不了解或者设计不精确甚至直接忽略，这将会在施工后期引起大量的开孔作业，从而造成预制构件的成本大幅增加，而工程量清单中并无此类开孔费用的支出，这对工程造价影响很大。

（2）合理确定预制装配率及建设规模

在设计初期方案优化阶段，可以运用价值工程等一些科学的分析方法进行方案优选，提高投资效益。比如，在装配式建筑现有的生产能力和标准化建设下，装配式建筑中预制率的高低，对整个项目建设的工程造价影响很大，不同的预制率水平，决定了不同的经济合理性，要求我们在设计阶段就进行技术与经济分析，进行限额设计，做到更有效的造价控制。通常，在满足各地区强制要求的前提下，合理地确定预制装配率，对工程成本控制很重要。一般来讲，装配式建筑预制装配率在 40% 以上时，工程建设成本会随着预制装配率的提高而增加。

此外，在进行装配式建筑设计时，还要合理确定各类型 PC 构件的比例，在满足装配率要求的情况下，尽可能设计水平构件。一方面是因为竖向构件的成本要大于水平构件，如对预制梁、叠合楼板、楼梯、阳台等采用预制装配式施工技术，可以减少施工时脚手架和模板的搭设，从而降低造价。另外，考虑到竖向构件比水平构件的安全隐患要高，应优先选择增量成本低且安全性较高的水平构件，其次选择内外墙，少采用柱等竖向预制构件。

总之，在对原有建筑要求保持不变的前提下，通过施工生产的一体化的促进，对预制装配率的合理确定，是能大幅度降低工程造价的。在工程建设规模方面，当装配式建筑具有一定体量时，其设计成本能做到很大程度上的摊销。在 PC 构件的生产和施工中，PC 构件生产的一次性投入及施工机械的使用费等，同样会随着工程建设规模的扩大而变低。因此，合理地确定建设规模，可以起到降低工程造价的作用。

2. 发承包阶段

（1）编制招标工程量清单

在装配式建筑造价管理中，工程量清单计价模式强制性地规范了招标工程量清单的准确性，并且明确指出这属于招标人的工作，承包商则需要按照提供的图纸完成施工建设工作，因此，就形成了按图纸施工与按工程量清单计价之间的冲突。鉴于此，招标工程量清单更显重要，编制质量的好坏直接影响到发承包双方的切身利益。结合我国装配式建筑编制招标工程量清单的经验，需要重视如下四个方面：

1）重视分部分项工程量清单列项。在这个过程中，要遵循全面的原则，需要细致地进行编制，尽可能地避免遗漏和错误的情况出现。在编制中，技术标准规范是最基本的参考，需要遵循且严格按照要求执行。此外，还需要重视装配式建筑的设计文件和招标文件，尤其要关注装配式建筑独特的设计需求，并且将其与项目特征描述严格分开。以此为基础，需要针对装配式建筑新出现的工艺、方法和材料等对项目内容进行及时更新，确保项目工程量清单的动态性和全面性。

2）合理确定措施项目清单。措施项目清单是对于常规施工方案的一种体现，因此，在编制过程中需要注意尽可能地避免出现遗漏事项的情况。比如构件堆放、施工现场布置等，这些都容易被忽略和遗漏。对装配式建筑来说，施工方案不同，最终的成本会有较大的差异，鉴于此，措施项目清单的编制需要首先明确施工方案的可行性，需要对施工组织设计进行研究和分析，从而保障两者的合理性，进而保障措施项目清单的准确性。

3）对项目特征要全面描述。项目特征非常重要，要对清单项目的内容作出详细而精准的描述，比如在装配式建筑中，预制构件有规则构件，也有部分的非规则构件，两者的吊装和安装有不同的要求，对于这些细节内容，需要编制的过程中尽可能地涉及，详细地进行描述，尤其是涉及单位成本大幅度变化的情况，更要明确说明。

4）其他项目清单也要清晰具体。装配式建筑中的预制构件涉及的特殊材料、施工工艺以及对特定部位的测试等产生的费用，都需要在合同中明确列出。一般来说，这些费用都是承包商承担，并且会列入合同中，在编制招标工程量清单的过程中，可以将这部分的清单在其他项目清单中列项。

将这四个问题弄清楚，就可以在编制招标工程量清单的过程中更具有针对性，从而更有效率，让编制出来的招标工程量清单更符合装配式建筑工程的实际情况，更能够满足装配式建筑工程的要求。

（2）编制招标控制价

所谓的招标控制价，指的是最高投标限价。招标控制价对装配式建筑造价管理意义重大，既是确定造价的前提，更是控制造价的保障，还是管控风险的措施。鉴于招标控制价的重要作用，在编制招标控制价的过程中，需要特别注意如下三个方面：

1）明确计价规则。因为涉及增值税，因此，装配式建筑招标控制价编制过程中对于预制构件是自行采购还是业主供应会有很大的不同，选择其中之一，需要与之相适应的针对性的计价规则。此外，还需要考虑和研究财税部门的相关规定，针对装配式建筑项目的具体情况，结合招标文件提出来的具体要求，选择最合适的计价规则。明确计价规则是前提，为招标控制价的编制奠定了基础。

2）明确运输费用是否包含在预制构件价格中。预制构件包含了人工费以及其他各种费用。在编制招标控制价过程中，需要明确运输费用是否已经包含在内，这个非常重要。如果遇到预制构件的价格高于市场价格，而信息价格的来源又不能明确为合法的情况，一般都会采用暂估价来处理。如果信息价中发现有缺项，此时需要进行市场询价。

3）通过合理组价来形成综合单价。首先需要注意的是定额子目套用这一问题，在这个过程中特别注意要全面而精准地反映定额子目。此外，还需要全面理解定额计量和清单计量的不同，以此为基础，确定消耗量。对于人、材、机的价格以及构件单价的来源等，一般在招标控制价编制时以风险幅度的上限体现在招标文件中，这个是被允许的，也是最为常见的做法。

重视这三个方面，就能够在编制招标控制价的过程中游刃有余，灵活处理招标控制价编制中遇到的问题。

（3）编制投标报价

投标报价是承包商所提出的装配式建筑的建设价格。投标报价所列出来详细子项具体的价格能够为后期的价格调整提供很好的参考和借鉴。投标报价是投标人决定的，在编制投标报价的时候注意几个核心要点：

1）预制构件价格决定的合理性。投标人对于投标价格的确认，一方面是参考市场基本价格，另一方面也会考虑到投标竞争。此外，投标人自身的管理能力对于投标价格也有直接的影响，而采购渠道也会影响到投标价格。投标价格是综合实力的体现，在招标投标活动中以合理的投标价格力争投标成功。

2）风险防范的自主性。在招标文件中都会明确提出综合单价风险范围，针对这一问题，投标人需要自主决定。然而，有两点需要投标人高度重视：一是投标人对于风险的一个理性、科学的判断；二是投标人对于自身的风险管控能力的客观评估和把握。掌握了这两点，投标人对于风险防范这一问题就能有更大的把握。

3）人工工日单价的灵活确定。对于这个问题，既可以采用市场上基本的工日单价，也可以根据造价信息提供的参考单价进行决策。到底选择何种方式来确定人工工日单价，投标人可以灵活选择，结合投标的实际情况，选择更符合要求、更体现效率的确定方式。

3. 施工阶段

（1）建立科学的变更、签证管理制度

1）严格控制设计变更。在装配式建筑工程实施过程中，结合现场实际情况，会出现对原有的设计图纸进行变更的情况。通常在由设计或施工单位提出设计变更并审核通过后，对原有的施工内容进行改变，合同清单内的相应价格便随之进行调整。造价管理人员需要加强工程变更审核力度，要按照工程计量规范及合同约定的计价方式，对设计变更引起的施工方案调整、施工计划等影响合同价款调整的相关材料进行审核，确保施工方案成本管理最优，严控项目投资偏差过大。

2）做好现场签证索赔管理。施工过程中会出现一些突发情况或零星事项，通常会进行施工现场签证，合理地利用好现场签证会使得施工更加高效。施工现场负责人结合现场的实际情况，对施工设计方案进行优化，增减相应项目或改变原定的施工技术，然后进行签证确认。每一个签证事项都会引起合同价款的调整，所以控制好现场签证管理，对施工阶段工程造价管理显得尤为重要。做好签证管理需对施工方案进行分析评价，确保施工计划的合理性。同时，处理好索赔事项，减少项目参与各方的纠纷，维护好各方利益，以确保工程项目的顺利实施。

3）灵活运用工程变更估价。结合我国装配式建筑的现状可以发现，工程变更的情况是比较常见的。一旦出现工程变更，必然会导致工程价款有不同程度的变化，此时，需要对工程综合单价作出改变，重新进行确定。其中，施工工艺的变更以及施工时间和顺序的变更都是非常重要的，需要引起高度重视。施工单位在投标中的每一个子项目，对于报价都进行了深思熟虑，是比较合理而科学的，在这种情况下可以灵活加以运用。比如，为了更好地发挥出工程变更估价原则的作用，可以尽可能地规避其本身的不足。对于因为装配式建筑安装高度、方法以及机械等方面的变化而造成的估价变更，需要及时做好签证。通过签证的办理，更好地确保发承包双方的权益，并且保证不会在结算的时候出现纠纷。工程变更估价在装配式建筑中经常出现，对于工程变更估价的操作，需要结合特定的工程项目实际，在施工阶段的造价管理过程中加以重视，并且尽快地解决工程变更估价，切实为装配式建筑工程的施工提供保障，保证工程施工能够顺利进行，并且尽可能地降低成本。

4）重视措施项目变更责任划分。在当下建筑市场的计价标准中，通常都是根据完全现场浇筑来运算措施项目，包括安全施工费用、超高收费和垂直运输收费等，因为装配式技术所应用的大部分均为预制构件部品，在实际施工过程中，包括拆卸工作、现场模板和安装脚手架等在内工作任务明显减轻，措施项目的施工时间和内容会发生改变，所以不能完全根据建筑面积来进行运算。在装配式建筑施工过程中，出现措施项目变更是比较常见的，由于前期不太可能对整个工程施工有全面的把握，因此，措施项目变更在所难免。一般来说，在施工过程中，承包人往往会对施工方案和施工组织设计进行不同程度的更改，一旦出现这种情况，需要引起高度的重视。投标人通过高质量的投标获得了承包资格，成为承包人。此时，如果承包人提出对施工方案和施工组织措施的变更，必然会引起连锁反应，进而导致施工措施项目费用的变化。在现实中，这种情况引起的措施项目费用变化往往是费用增加。之所以出现这样的情况，和承包人出于自身利益考虑有直接的关系。不少承包人通过变更施工方案和施工组织设计，将投标中高质量的施工方案和施工组织设计变为了符合我国相关规定的相对低质量的施工方案和施工组织措施，这种情况下必然会减少支出，承包人会获得额外的收益。还有的承包人以低质量低价格投标成功，之后通过施工方案和施工组织设计的变更，使其变为高质量高价格的施工方式和施工组织设计，要求发包人增加费用，这种情况也比较常见。不管是这两种情况中的哪一种，发包人应该坚持自己的原则，如果不是因为发包人的原因而导致的施工方案和施工组织设计变更，也就是说在发包人无过错的情况下导致的措施项目变更，发包人可以拒绝增加新的款项，抑或是减少款项。

（2）完善有效的造价控制措施

1）建立项目成本控制体系。一是要强化组织机构和人员管理。装配式建筑 PC 构件安装时对技术工人要求较高，要求现场管理人员有较强的专业能力，做好人员管理协调安排。建立专门施工组织机构，落实现场管理责任制、奖惩制，明确个人职责，将造价控制落实到施工各个环节。在工程准备阶段，要对工程进行分解，编制详细的造价计划并随时检查实施。在施工过程中，根据造价计划进行检查、纠偏，做好造价控制，仔细核算工程造价，根据出现的费用偏差分析，进行人员组织上的纠偏措施。二是要强化材料管理。装配式建筑主要材料采用 PC 构件和配套安装产品，在工程的总造价中，材料费用占比较传统建筑更高，部分材料例如防水胶条和密封胶等更是需要从国外进口，因此必须要对材料成本进行有效的管控。确定施工材料时需要按照施工合同明确材料的技术标准以及参数，选择物美价廉的材料，采购人员要到建筑市场收集相关信息，对比分析材料的生产厂家，选择最佳的材料供应商。材料使用时，要采取限额领料的方法，从源头上堵住可能造成材料浪费的漏洞，要编制原材料使用控制方案，严格控制其价格和数量。由于原材料价格是由市场决定的，因此主要是控制其消耗量，对于辅助材料的控制，可以安排专人统计其消耗量，做出辅助材料消耗情况表，供后续施工中参考执行。三是要强化施工机械管理。装配式建筑构件具有体积大、自重大的特点，施工现场使用的机械大多是大型机械，不仅造价高，而且维修与保养费用也很高，如果因操作不当造成机械损坏或报废，将会造成巨大的经济损失。因此，对施工机械的使用应建立一系列的制度，例如要专人专机，避免人员和机械的随意搭配导致机械的经常损坏。并且要定期对机械操作人员进行培训，使他们熟练掌握操作技能和机械保养常识，以降低造成机械损坏的概率。

2）做好 PC 构件的造价控制。一是要精细化地进行 PC 构件造价管控。施工企业在进行装配式建筑施工时，工程技术人员需要做好 PC 构件的材料控制工作，降低 PC 构件生产成本，充分考虑各项因素，如 PC 构件的运输方式、PC 构件的存储摆放、装配件材料的质量检验等。只有对这些基本因素进行全面的核算，才能实现工程成本的有效控制。例如针对装配式建筑工程所需 PC 构件钢筋、混凝土、预埋件数量存在差异的情况，施工企业与构件厂家可以采用以钢筋型号单价分别计价的方法。这种更加精确的造价控制方式的应用，使得企业对于现场 PC 构件的造价控制变得更合理，避免了浪费。二是要优化企业生产经营整合。装配式建筑工程 PC 构件使用率对装配式建筑成本有着较大影响，施工企业可以同设计单位、构件生产厂进行深度合作，在合作中对生产经营进行整合。通过企业经营模式的调整，将企业范围扩大到施工图设计、构件生产和装配施工于一体，充分发挥规模化经济效益，以降低装配式建筑的生产成本。目前国内一些企业已经通过工程实践建立了完整的 PC 构件流水线生产，形成了较为全面的装配式建筑生产模式，在建筑市场激烈的竞争中取得了胜利。三是要提高现场施工安装水平。PC 构件在经过设计与生产后，需要根据详细的、科学的装配计划进行现场安装，高效的施工安装水平能够缩短工程时间，避免浪费，有利于成本的控制。施工中可组织多个工序进行流水施工，在各机械都合理的工作范围内，根据 PC 构件的质量与吊装机械的参数分析，尽可能选择性价比高的吊装机械。同时，应避免 PC 构件二次搬运损伤，防止因重型吊装设备闲置而增加安装成本。在安装前，可以利用信息化技术进行模拟安装实验，找出潜在的问题，提高安装质量，同时降低成本。

4. 结算阶段

（1）严格核对合同条款和工程量清单

1）依照合同进行价款调整。在装配式建筑中，合同管理是价款变化和调整的基本依托，通过合同，进一步明确和细化发承包双方的权责，这是基本的做法。针对这种情况，发承包双方应该重视合同管理，将合同管理作为装配式建筑造价管理效能和水平提升的一个突破口，通过规范合同管理来达到装配式建筑造价管理的预期管理目标。首先，加强合同的造价管理，需对签约合同中约定的计价规则、风险范围、价格调整因素、签证索赔等重要条款依据，进行深入地分析和研究，完成工程竣工结算。装配式建筑工程中，占据造价成本最大的 PC 构件，以及大型安装机械所产生的费用应为项目造价管理的重点。这些主要成本费用部分在合同中明确风险承担范围，在全面履行合同要求的前提下，需要对过程中产生的变更、索赔进行合理性分析，从而真正达到造价管理的目的。其次，装配式建筑本身会出现越来越多新技术、新材料。因此，在发承包阶段的造价管理中会出现很多暂估价形式的预制构件，如何对这部分暂估价形式的预制构件进行造价管理就显得很重要。针对这一问题，《计价规范》给出了指导性的建议，但是在实际的装配式建筑造价管理中实用性并不是很强。比如，发承包人共同作为招标人的情况下，此时的责任往往比较分散，难以界定，如果总承包人进行招标，随后与发标人出现意见不同的情况，比较难以调节，很难达成一致的意见，容易产生纠纷。鉴于此，如何确定暂估价需要创新思维指导，在装配式建筑造价管理不断发展的过程中加以解决。

2）合理进行工程造价核实。在装配式建筑竣工结算阶段，造价管理主要是确定整个工程的总造价。从我国装配式建筑造价管理的情况来看，最后竣工结算的总造价往往会超过签约合同价，这个是比较常见的现象。在这个阶段，造价管理不仅仅是验收之后总造价的确定，更为重要的是，通过造价管理能够为后续的使用和维修奠定基础，提供保障。在这个阶段，需要对合同条款进行严格的核对，对工程量清单进行明确，通过逐一地查看，确保所获得这个阶段的相关资料符合前期合同中的协商和规定，并且不违背相关的法律法规。在这个过程中，应该将重点放在预制构件施工中，新增的合同条款是否符合规范和要求，在竣工之后是否完全按照增加条款协议完成，对完成的质量进行核实。不管是对合同条款进行严格核对，还是对工程量清单的逐一核查，都是竣工结算阶段造价管理的重中之重。通过对这两个方面的聚焦和侧重，使得工程造价管理更具针对性和方向性。

（2）重视进度、质量等因素带来的造价调整

装配式建筑施工中会运用到大量的大型吊装设备进行施工作业，这是装配式建筑的最基本的作业方式，是由装配式建筑本身的特点决定的。然而，大型吊装设备的作业受天气因素的影响较大，大风大雨等极端天气下为了确保作业安全往往停工，从而导致工程进度出现一定的延误，不能完全按照计划中的工程进度施工。此外，预制构件如果不能够及时供应，抑或是组织不当导致预制构件供应不足，这些情况下都会停工。一旦停工，必然造成人员和设备的浪费，带来费用的增加。在竣工结算阶段，需要对发承包双方的责任进行界定。然而，在现实中，很多装配式建筑在这种情况下的责任划分很难明确，很容易就出现责任交叉的问题，这给价款调整带来了很大的挑战。此外，因为质量问题而导致停工，进而造成造价调整也比较常见。装配式建筑需要大量的预制构件，这些预制构件的设计、生产、运输、装配等各个环节都面临很多潜在的不利因素，会造成预制构件的质量问题。一旦出现质量问题，因为质量而造成停工，则影响较大。其实，个别的预制构件出现质量问题并不一定就能引起价格变化，引发造价调整，这个需要具体分析，如果市场上其他预制构件供应商有充足的供应，则价格可能不会变化，不会带来造价调整。因此，需要详细分析质量问题的原因，如果是多种原因交织，则此时的价格调整就非常复杂。

9.4 装配式建筑计价管理问题及对策

装配式建筑是以构件工厂预制化生产、现场装配式安装为模式，以标准化设计、工厂化生产、装配化施工、一体化装修和信息化管理为特征，整合从研发设计、生产制造、现场装配等各个业务领域，实现建筑产品节能、环保、全周期价值最大化的可持续发展的新型建筑生产方式。

在市场经济条件下，装配式建筑能否得到有效应用和推广，很大程度取决于其造价水平和计价体系的科学性和完善性。由于装配式建筑的设计体系、造价构成、施工工艺及后期维护保养等与传统建筑施工技术相比有较大差异，因而需要有与之相适应的计价规则和标准作为指导和依据。目前装配式建筑计价体系尚处于起步阶段，还需要进一步地完善和改进。在实际工作中，由于装配式建筑计价体系的不完善，只能直接使用或者借鉴现有的传统计价标准和规范。本节就装配式建筑的计价特点进行分析并提出对策建议完善装配式建筑计价体系。

9.4.1 装配式建筑计价管理面临的问题

1. 构件价格信息的缺失与失真

消耗量定额中各类预制构配件均按外购成品现场安装进行编制，构件信息价格对招标控制价、投标报价以及竣工结算价等影响巨大，构件价格的合理确定与科学适用

是装配式建筑造价管理的基础。由于目前我国装配式建筑标准化设计程度很低，构件部品的非标准化、多元化必然引起构件信息价格不完备性和差异性。缺乏反映装配式建筑工程构件价格的市场动态信息，报价也没有统一的市场标准，导致构件价格信息的缺失与失真。

目前预制装配式建筑通常仅是将现浇转移到构件厂，没有固定产品，按照项目要求被动生产，构件的标准化程度不够，构件部品是个性化的，有些项目甚至使用专利产品，比如国内防水胶条的使用周期和墙体的使用周期严重不匹配，进口产品的价格差异很大。虽然一定程度上可以通过定额计价的方式确定成品构件价格，但预制构件价格中不仅包含人工费、钢筋与混凝土等原材料费和模板等摊销费，还增加了工厂土地费用、厂房与设备摊销费、专利费用、财务费用以及税金等，使得构件价格的确定存在很大的不确定性。

2. 管理费、利润和规费等计取基数与费率的适用问题

目前国内多数省份的管理费、利润、规费的计取基数不是（或者不仅是）人材机之和，比如规费的计取基数仅是人工费。构件部品作为一种产品，已经凝结了人工费、材料费、机械费以及措施费等费用，装配式建筑的构件部品价格视为材料费，使得装配式建筑的材料费明显上升、人工费与措施费下降。由于造价中的人工费很大一部分已进入产品中，不同装配率下材料费、人工费的占比不同，使得装配式建筑的管理费、利润和规费的计取基数和费率不宜采用目前现浇方式下的计取基数和费率，需要调整。

3. 计量规范的完备性和准确性需要完善

由于装配化施工与混凝土现浇方式的施工工艺和施工方法等方面存在差异，导致装配式建筑分部分项工程的列项有其独特的要求。虽然《房屋建筑与装饰工程工程量计算规范》GB 50854—2013 中有一些预制构件的工程量清单项目，但由于装配式建筑的工艺工法、质量要求仍在探索阶段，工程量清单子项目难以完全确定，计量规范给出的工程量清单项目具有滞后性（比如项目不全）、项目特征描述也仅仅列出了影响综合单价的常规内容，甚至有些描述不够全面，导致工程量清单不明确，这使得目前装配式建筑实施清单计价模式存在一定的障碍。现有的计量规范不足以满足装配式建筑工程造价管理的需要，制约了装配式建筑的市场培育和顺利发展。

4. 定额消耗量体系不够健全

在原《房屋建筑和装饰工程消耗量定额》中列有装配式建筑相关定额子目，但相关定额子目比较简略，适用性不强，已经不能满足要求，故国家制定了《装配式建筑工程消耗量定额》，作为建设各方进行消耗量计算的主要依据，在一定程度上满足了目前装配式建筑计价的需要。但随着越来越多的新工艺、新技术应用，和越来越精细化、市场化的计价，相关定额还需要不断的扩充、修正和完善。就目前情况看，在人工、机械、脚手架等项目消耗量确定及零星材料费确定等方面还存在一些问题，如定额消

耗量与实际施工消耗量差距较大，项目划分类别不合理，没有充分考虑装配式与现浇方式结合施工的影响，以及不同项目子目零星材料取费过于粗略等问题。

9.4.2 完善装配式建筑计价管理对策

1. 建立面向市场的信息价格体系和发布制度

工程计价中各种要素单价的确定是主要工作之一，装配式建筑是近年来才发展起来的，市场化程度较高，各项技术发展较快，但市场数据不多，占主要比重的预制构件价格并没有充分的市场数据可供参考。另外，受地域、制造工艺、运输距离等影响，价格差异较大，目前还不能设定一个比较符合实际的价格水平。因此，信息价格是编制控制价和投标报价的主要依据。鉴于此，应该逐步建立起面向市场的装配式建筑信息价格体系，并及时向社会发布，以方便装配式建筑的计价工作。信息价格应该体现出地域差异性、市场适宜性和时间及时性等特点。要鼓励和支持有能力的企业编制企业信息价格系统，结合自身的技术水平和实际情况，编制自用的信息价格系统。

2. 科学确定费用构成及取费标准

从工程计价角度分析，装配式建筑与传统建造方式不但是施工工艺和方式的差别，在造价构成和比例方面也存在一定差异，这一点需要在制定计价规则时结合装配式建筑的实际特点合理地设定费用构成和取费标准。例如，在装配式混凝土结构、装配式住宅钢结构的预制构件安装项目中，机械吊装的工程消耗量会有所增加，使用机械的要求也会更高，费用会有所提高，这项费用应列入机械消耗量（费用）中，而不应按现行定额将其列入垂直运输措施项目中，列入垂直运输项目中按面积计算是比较粗略的，不利于工程计价。另外，实际工作中很多情况都是现浇和装配式结合施工，很难严格区分哪些属于装配式部分，哪些属于现浇部分；相应管理费、利润及规费等取费，也会因为此项费用是否计入直接费而产生很大的差异。鉴于此情况，应该在结合实际的基础上，按照装配式建筑的特点对重要的费用项目进行科学划分，并结合实际消耗数据科学确定相关取费费率。

3. 逐步建立完善的清单计量和计价体系

随着装配式建筑的快速发展，市场份额会逐渐加大，对相关造价标准和规范的要求越来越高，鉴于装配化施工与混凝土现浇方式的差异性，需要逐步建立完善的装配式建筑清单计量和计价体系。虽然在《房屋建筑与装饰工程工程量计算规范》GB 50854—2013中设置了预制构件工程量清单项目，由于装配式建筑的工艺工法、质量要求在不断的发展，《房屋建筑与装饰工程工程量计算规范》GB 50854—2013给出的工程量清单项目具有滞后性，导致项目设定、项目特征描述不够全面，使得目前装配式建筑实施清单计价模式存在一定障碍，现有的计量规范不足以满足装配式建筑工程造价管理的需要，制约了装配式建筑的市场培育和顺利发展。因此，应该针对装配式建筑的特点，逐步建立起装配式建筑工程量清单体系，明确清单计量规则，逐步完善项目的设定，并根据实际情况列明项目特征描述和工作内容，为装配式建筑的清单计价提供技术保障和支撑。

4. 科学合理地建立定额消耗量体系

解决定额消耗量体系不够完善的问题，需要对定额不断的进行补充和更新。鉴于装配式建筑的市场化程度较高、技术发展较快，应鼓励有实力、有能力的企业开发企业定额，并定期向社会公布。一方面，可以作为官方定额的补充和参考，共同促进行业发展；另一方面，也可增加企业的行业知名度和权威性，促进企业制度完善、技术提高，起到行业引领和示范的作用。

装配式建筑以其自身优势得到了市场的认可，近些年发展迅速。随着新技术、新工艺的不断涌现，以及标准化、产业化的进一步加强，装配式建筑造价高等一些制约因素将会得到有效化解。工程计价工作对于装配式建筑的推广和发展是非常重要的，建立和完善适应当前发展现状，并符合未来发展方向的工程计价体系，是装配式建筑发展的技术基础，也是制度保障。

习题与思考题

1. 如何理解装配式建筑的内涵？

2. 装配式建筑与传统建筑有哪些不同？

3. 如何进行装配式建筑计价？

参考文献

[1] 中华人民共和国住房和城乡建设部 . 建设工程工程量清单计价规范 : GB 50500—2013[S]. 北京 : 中国计划出版社，2013.

[2] 中国建设工程造价管理协会 . 建设项目全过程造价咨询规程 : CECA/GC 4—2017[S]. 北京 : 中国计划出版社，2017.

[3] 中华人民共和国住房和城乡建设部 . 建设工程造价鉴定规范 : GB/T 51262—2017[S]. 北京 : 中国建筑工业出版社，2017.

[4] 中华人民共和国住房和城乡建设部 . 建设工程造价咨询规范 : GB/T 51095—2015[S]. 北京 : 中国建筑工业出版社，2015.

[5] 中华人民共和国住房和城乡建设部 . 建设工程造价指标指数分类与测算标准 : GB/T 51290—2018[S]. 北京 : 中国建筑工业出版社，2018.

[6] 中华人民共和国住房和城乡建设部 . 工程造价术语标准 : GB/T 50875—2013[S]. 北京 : 中国计划出版社，2013.

[7] 中华人民共和国住房和城乡建设部 . 建设工程施工合同（示范文本）: GF—2017—0201[S]. 北京 : 中国计划出版社，2017.

[8] 中国建设工程造价管理协会 . 建设项目投资估算编审规程 : CECA/GC 1—2015[S] 北京 : 中国计划出版社，2015.

[9] 中国建设工程造价管理协会 . 建设项目设计概算编审规程 : CECA/GC 2—2015[S] 北京 : 中国计划出版社，2015.

[10] 中国建设工程造价管理协会 . 建设项目工程竣工决算编制规程 : CECA/GC 9—2013[S]. 北京 : 中国计划出版社，2013.

[11] 中国建设工程造价管理协会 . 建设工程招标控制价编审规程 : CECA/GC 6—2011[S]. 北京 : 中国计划出版社，2011.

[12] 中国建设工程造价管理协会 . 建设项目工程结算编审规程 : CECA/GC 3—2010[S]. 北京 : 中国计划出版社，2010.

[13] 中国建设工程造价管理协会 . 建设项目施工图预算编审规程 : CECA/GC 5—2010[S]. 北京 : 中国计划出版社，2010.

[14] 王雪青 . 工程估价 [M]. 3 版 . 北京 : 中国建筑工业出版社，2020.

[15] 全国造价工程师执业资格考试培训教材编审委员会 . 建设工程计价 [M]. 北京 : 中国计划出版社，2021.

[16] 严玲，尹贻林 . 工程计价学 [M]. 4 版 . 北京 : 机械工业出版社，2021.

[17] 全国造价工程师执业资格考试培训教材编审委员会 . 建设工程造价管理 [M]. 北京 : 中国计划出版社，2021.

[18] 马永军，杨志远 . 基于模糊神经网络的公路造价估算模型探究 [J]. 公路工程，2017，42（6）: 41-47.

[19] 包训福 . 基于模糊数学方法的电子洁净厂房造价估算研究 [D]. 南昌：南昌大学，2021.

[20] 蓝筱晟 . 基于模糊数学的绿色建筑投资决策研究 [J]. 重庆建筑，2017，16（3）：13-15.

[21] 蔡璧蔓 . 基于 BP 神经网络的装配式建筑投资估算方法研究 [D]. 长沙：长沙理工大学，2019.

[22] 傅鸿源，杨毅 .BP 神经网络在建筑工程估算中的应用分析 [J]. 重庆大学学报，2008（9）：1078-1082.

[23] 翁珍燕 . 基于灰色理论的市政工程造价方法探究 [J]. 福建建材，2021（10）：92-94.

[24] 董留群，刘井周 . 基于灰色系统理论的建筑工程项目投资估算实证研究 [J]. 项目管理技术，2016，14（3）：68-72.

[25] 田建东 . 装配式建筑工程计量与计价 [M]. 南京：东南大学出版社，2021.

[26] 肖光明 . 装配式建筑工程计量与计价 [M]. 北京：机械工业出版社，2020.

[27] 陈彬 . 基于工程量清单计价模式下的装配式建筑造价管理研究 [D]. 成都：西南石油大学，2019.

[28] 李林 . 装配式技术在建筑工程计量与计价中的应用研究 [J]. 价值工程，2020，39（11）：243-245.